KB149608

무너지지 않는
아이

무너지지 않는 아이
한 걸음 떨어져 단단하게 지켜 주는 '비계 양육'

초판 1쇄 펴낸날 | 2021년 11월 15일

지은이 | 해럴드 S. 코플위츠
옮긴이 | 박정은
펴낸이 | 류수노
펴낸곳 | (사)한국방송통신대학교출판문화원
　　　　03088 서울시 종로구 이화장길 54
　　　　대표전화 1644-1232
　　　　팩스 02-741-4570
　　　　홈페이지 http://press.knou.ac.kr
　　　　출판등록 1982년 6월 7일 제1-491호

출판위원장 | 이기재
편집 | 박혜원 · 이강용
본문 디자인 | 티디디자인
표지 디자인 | 김민정

© Child Mind Institute, Inc, 2021
ISBN 978-89-20-04201-0 13590

값 17,500원

한 걸음 떨어져 단단하게 지켜 주는 '비계 양육'

무너지지 않는 아이

해럴드 S. 코플위츠 지음 │ 박정은 옮김

지식의날개

차례

서문

내 아이는 자립할 수 있을까?

얼마 전에 한 가족이 나를 찾아왔다. 그 집의 여덟 살짜리 아들 헨리가 1학년 교실에서 쫓겨났기 때문이다. 헨리는 읽기 수업 시간에 잔뜩 화가 나서 다른 학생에게 연필을 집어 던지고 고릴라처럼 으르렁거렸다고 한다. 그 모습을 본 선생님은 사태가 심각하다고 판단했고, 학교 측은 헨리가 전문가의 감정을 받지 않으면 교실로 돌아올 수 없다고 부모에게 통보했다.

진료실에서 만난 헨리는 천사 같은 아이였다. 헨리의 부모는 호감형 외모에 키가 크고 외향적인 사람들이었다. 하지만 헨리가 교실에서 폭발적으로 분노를 터트리고 쫓겨나기까지 한 상황 때문에 격앙되어 있었고 당황한 기색을 감추지 못했다. 아들에게 주의력결핍 과잉행동장애ADHD나 불안증, 또는 어떤 행동상의 문제가 있을까 봐 걱정하고 있었다. 헨리 아빠는 내게 물었다. "학교 측이 과잉 반응하는 건가요?"

그것이 바로 우리가 알아내야 할 문제였다.

나는 헨리와 잠시 이야기를 나눠 본 후에 아이의 말하는 능력은 훌륭하다는 결론을 내렸다. 헨리는 처음엔 조금 수줍어했지만, 화제가 여름 스포츠에 이르자 눈동자를 반짝거리며 이야기했다. 그리고 결국 수업 시간에 그토록 화가 났던 이유도 말해 주었다. 옆에 앉은 아이가 헨리의 글자 쓰는 속도가 느리다며 놀리고, 헨리를 '멍청이'라고 한 것이 이 모든 사태의 발단이었다. 나는 책 하나를 꺼내 헨리에게 읽어 보게 했고 헨리는 제대로 읽어 내지 못했다. 즉, 글자와 특정 소리를 연결 짓지 못했다. 헨리는 자신의 읽고 쓰는 능력이 다른 아이들보다 못하다는 것을 알고 있었고, 그 '멍청이'라는 말이 아픈 곳을 찔렀기 때문에 화가 났다고 털어놓았다.

곧바로 우리는 헨리에게 어떤 행동상의 문제가 아니라 일종의 난독증이 있다고 판정했다(헨리의 엄마와 할아버지에게도 난독증이 있었다). 선생님들이 왜 이 사실을 눈치채지 못했는지는 모르겠지만 이제 중요한 것은 헨리에게 진단적 평가가 필요하다는 사실이었다. 평가에는 특히 읽기 능력에 중점을 두어 학업적인 면에서의 강점과 약점을 평가하는 전문적인 검사가 포함된다. 그런 다음 문제를 해결하기 위한 교정 과정이 필요하다. 난독증은 치료할 수 있는 증상이므로 이 영리한 아이는 도움을 받는다면 읽는 법을 배울 수 있을 것이다.

진료가 끝나자 헨리의 부모에게는 문제를 해결하기 위한

실행 계획이 생겼고, 헨리는 훨씬 더 마음이 편안해졌다. 우리가 논의한 전략은 헨리에게 학습장애 때문에 겪게 될 현실적인 문제들에 대처하는 방법을 가르치는 것뿐만 아니라 헨리와 헨리 가족이 이 증상을 잘 받아들일 수 있도록 치료적, 정서적 지원을 하는 데 초점을 맞춘 것이었다. 아이는 진료실을 나가기 전 나를 꼭 껴안으며 우리가 언제 다시 볼 수 있느냐고 물었다.

그 첫 번째 시간 이후 몇 달이 지났다. 헨리는 다감각 접근법을 활용한 집중적인 읽기 능력 향상 프로그램에 참여하고 있고 시험을 볼 때 추가 시간이 필요하다는 전문적인 판정을 받았다. 읽는 법을 배우는 동시에, 난독증을 부끄러워하지 않고 자신의 일부로 받아들이는 법을 배우고 있다. 헨리는 앞으로도 글을 읽을 때 다른 아이들보다 더 긴 시간이 필요하겠지만, 그것에 맞춰 적응해 나갈 것이다. 대학에 지원하고 수능 시험을 치를 때 추가 시간을 받을 수 있을 것이고 십여 년에 걸쳐 시간 관리 교육을 받을 것이며, 어려움을 극복하는 데서 오는 자신감도 생길 것이고 그러한 것들이 삶 전반에 힘이 되어 줄 것이다. 어떤 면에서는 학습장애가 없는 또래들보다 그 고된 과정을 더 잘 대비할 수 있을 것이다.

헨리 부모의 역할은 헨리가 이 문제를 자신의 일부로 받아들이도록 격려하고, 아이에게 무엇이 필요한지 이해하며, 어떻게 지내야 하는지 직접 보여 주는 것이다. 사실상 그들은 헨리를 아주 어릴 때부터 어른이 될 때까지 가르칠 것이고, 부모의 지도에 따라 결점이나 약점을 강점으로 바꿀 수 있을 것이다. 나는 그런 사례를 셀 수 없을 정도로 많이 보아 왔다. 헨리 가족 모두가 '멍청이' 사건을 과거 한때의 일로 추억하게 되는 날이 반드시 찾아올 것이다.

그러나 헨리 부모가 헨리에게는 아무 문제가 없다고 주장하며(많은 부모가 속상하고 당황스럽고 자신을 방어하고 싶을 때 이렇게 반응한다) 학교를 바꾸거나 교사를 탓하는 방식으로 대응했다면 문제는 더 나빠지기만 했을 것이다. 난독증은 방치되면 자해와 자살, 반사회적 행동으로 연결된다. 불법 행위를 저지르는 청소년의 70%가 난독증을 앓고 있다.

또, 정반대로 헨리 부모가 과잉 반응을 보이며 헨리를 혼자서는 살아갈 수 없는 모자란 아이처럼 취급했다면 그것 또한 마찬가지로 안 좋은 영향을 미쳤을 것이다. 헨리 부모는 그런 상황이 반갑지 않았지만, 불편함은 잠시 제쳐 두고 아들에게 필요한 도움을 주었으며 그렇게 함으로써 앞으로 아들뿐만 아니라 가족 전체에게 심각한 영향을 미칠 수 있었던 수많은 문제를 예방할 수 있었다.

누군가의 인생에서 아주 초창기에 문제를 예방하고 고통을 최소화할 수 있다는 것이 내가 소아 청소년 정신의학을 전공하겠다고 마음먹은 이유다. 아이들은 6개월 정도 치료를 받으면 건강하지 못한 패턴이 굳어지기 전에 기능이나 행동을 상당히 개선시킬 수 있다. 고통받고 있는 아이들과 가족들이 초기에 효과적인 치료를 받을 수 있도록 하겠다는 것이 내가 2009년에 '아동정신연구소Child Mind Institute'를 세운 이유다. 나는 우리 사회의 건강 위기에 적극적으로 대응하기 위해 아동의 정신건강을 다루는 독립된 비영리단체가 필요하다고 확신했다. 아동정신연구소의 아동 정신건강 보고서 조사 결과에 따르면 미국의 18세 이하 아이들 중 1,700만 명이 진단 가능한 정신건강 장애를 앓고 있다. 5명에 1명꼴이다. 천식, 땅콩 알레르기, 당뇨병, 암 환자인 아이들의 수를 모두 합친 것보다 정신 장애를 앓고 있는 아이들이 더 많다. 그리고 여전히 그들 중 3분의 2는 그릇된 정보와 사회적 낙인 때문에 끝내 적절한 도움을 받을 수 없다. 이는 학교 중퇴, 물질사용장애substance use disorder, 자살성 사고와 자살 시도 위험이 증가하는 것으로 이어진다.

아동정신연구소 임상센터에서는 우리 임상팀이 도움이 필요한 아이들(그리고 그 부모들)과 매일 소통하고 있다. 우리는 총 48개 주, 44개국에서 우리를 찾아온 만 명이 넘는 아동과 청소년의 인생을 변화시켰다. 또 어려움에 처한 아이들을 더 많이 도울 수 있는 혁신적인 방법을 항상 찾고 있다. 학교와 지역사회 프로그램을 통해 전국 각지 십만 명 이상의 아이들에게 다가갔다. 쌍방향 소통이 가능한 우리 웹사이트 childmind.org는 매달 200만 명 이상의 방문자에게 희망과 해결책을 제시한다. 아동정신연구소는 어떤 어린이도 고통받지 않는 미래를 비전으로 삼아 연구, 진료, 지역사회 프로그램을 구태여 구분 짓지 않고 모두 아우름으로써 이 위기를 해결하기 위한 의미 있는 변화를 끌어내기 위해 노력해 왔다.

하지만 여전히 우리에게 가장 중요한 협력자는 부모다. 환자의 종류가 다양하고 우리가 굉장히 주의를 기울이고 있음에도 부모들에게서는 언제나 공통적인 문제와 우려를 발견하게 된다. 부모들은 모두 자신의 잘못으로 자녀가 상처를 입을까 봐 걱정하고 있다. 자녀를 위해 하는 일이 너무 과하거나 너무 부족할까 봐 걱정한다. 아이를 더 엄하게 대해야 하는지, 너무 오냐오냐하는 건 아닌지 궁금해한다. 아이를 아동정신연구소에 데리고 온 이유가 무엇이든지 간에 근본적인 걱정은 모두 같다. '아이가 크면 자립할 수 있을까?' 우리는 대학을 졸업한 뒤 독립하지 못하고 부모의 집으로 되돌아가는 학생들에 대한 새로운 통계와 연구 결과를 매일 접하고 있다. 그들은 20대, 30대가 되어도(그리고 그 이후에도) 부모에게 경제적으로 의지한다. 자녀가 삶의 도전 과제들을 스스로 처리할 수 있을지 걱정된다고 이야기하는 부모들이 많다. 그들은 이렇게 묻는다. "나한테 혹시 무슨 일이라도 생기면 일일이 챙겨줄 수도 없을 텐데 어떡하죠?"

나는 부모들이 두려워하고 좌절하는 이유를 이해한다. 아이가 태어나기 전, 부모들은 미래의 대통령이나 신경외과 의사, 예술가를 키우는 공상에 빠진다. 가족끼리 부둥켜안고 기쁨을 나누는 모습, 무대 위 자녀를 맨 앞줄에 앉아 자랑스럽게 바라보는 순간의 감동, 인스타그램에 올릴 만한 휴가지의 아름다운 장면들, 그런 장밋빛 미래를 꿈꾸며 아이를 낳는 것이 어쩌면 더 당연할지 모른다. 그러나 모든 부모는 예상치 못한 문제를 맞이하게 된다.

아이에게 정신건강 장애가 있든 없든 현대의 양육 환경에서는 걱정할 수밖에 없는 많은 이유가 있다. 소셜 미디어상에서의 괴롭힘, '타이드 팟Tide pods' 챌린지(미국 청소년들 사이에서 유행한 놀이로 같은 이름의 캡슐형 세탁세제를 입안에서 터트리는 모습을 찍어 유튜브에 올리는 것-옮긴이)처럼 유튜브에서의 위험한 도전, 모든 유리한 점을 다 가진 사람들에게조차 치열해지고 있는 대학 입시의 압박과 경쟁, 그 모든 것들이 부모를 두렵게 한다. 헬리콥터맘, 제설기맘, 매니저맘, 타이거맘 등 엄마의 종류도 다양하다. 어느 것이 옳은가? 권위적인 부모와 자유방임적인 부모 중에서는 어떤가? 그 둘을 적절하게 혼합한 양육 방식이 올바른가?

자녀를 정서적으로 건강하고, 용기 있고, 독립적인 아이로 키우기 위한 방법을 부모들이 항상 올바른 곳에서 찾는 것은 아니다. 구글 박사와 상의할 때마다 홍수처럼 쏟아지는 즉각적인 정보들이 반드시 사실이거나 현실성 있거나 최근의 연구 결과가 반영된 최신 정보는 아니다. 아동정신연구소의 임상의들은 부모들이 온라인에서 접하는 헛소리들을 매일같이 상대해야 한다. 인터넷 검색에 의존하는 사람들을 나무라는 것이 아니다. 그들은 아마도 간절히 알고 싶을 것이고 가까이에 있는 도구를 사용하고 있을 뿐이다. 그러나 그러한 도구들은 훈련된 전문가에 의해 검증되고 승인되었다고 보장할 수 없다. 엄마 블로거들이 내린 결론이 반드시 과학적 증거에 기초한 것은 아니다. 아이와 부모에게 절실하게 필요한 것은 연구를 통해 입증된, 힘을 키우는 전략이고, 청소년의 불안감과 우울증을 예방할 뿐만 아니라 일상생활에서 더 능숙하고 잘 회복할 수 있게 하는 전략이다.

그래서 우리 연구소는 모든 가족, 모든 연령대와 발달 단계의 아이들에게 적용 가능한 양육 지침의 밑그림을 그리고, 그것을 완성하기 위해 임상의와 임상 심리학자가 힘을 모으기로 했다.

간단한 일은 아니었다! 그러나 또 한편으로는 우리보다 그 일을 더 잘할 수 있는 사람이 누구겠는가? 아동정신연구소 임상 전문가들과 내가 환자 가족들과 함께 보낸 경험을 모두 합치면 수백 년분에 이른다. 나는 이 책에 실린 밀착력 있는 양육 전략을 만들어 내기 위해 엄선한 동료들에게 자문했다. 아래에 열거한 동료들은 임상 전문가로서, 또 더 중요하게는 부모로서, 견줄 데 없는 다양한 경험을 통해 놀랄 만한 폭과 깊이의 지식을 갖추고 있다.

- 데이비드 앤더슨 박사David Anderson, PhD: 아동정신연구소 전국 프로그램 및 지원활동 부문 수석 이사, 아동 청소년 ADHD 및 행동장애 전문 임상 심리학자
- 제리 부브릭 박사Jerry Bubrick, PhD: 아동정신연구소 불안장애센터 수석 임상 심리학자, 강박장애 부문 이사
- 레이첼 버스먼 박사Rachel Busman, PsyD: 아동정신연구소 불안장애센터 수석 이사, 선택적 함구증 부문 이사
- 매튜 M. 크루거 박사Matthew M. Cruger, PhD: 아동정신연구소 학습개발센터 수석 이사
- 질 에마누엘레 박사Jill Emanuele, PhD: 아동정신연구소 기분장애센터 수석 이사
- 제이미 M. 하워드 박사Jamie M. Howard, PhD: 아동정신연구소 불안장애센터 수석 임상 심리학자, 트라우마 및 회복력 부문 이사
- 스테파니 리 박사Stephanie Lee, PsyD: 아동정신연구소 ADHD 및 행동장애센터 수석 이사
- 폴 미트라니 박사Paul Mitrani, MD, PhD: 아동정신연구소 뉴욕시 임상 이사, 소아 청소년 정신과 전문의
- 마크 라이네케 박사Mark Reinecke, PhD, ABPP: 아동정신연구소 샌프란시스코만 지역 임상 이사, 수석 임상 심리학자

우리가 부모에게 가르치는 전략은 과학적 연구, 임상 전문

가로서의 현장 경험, 부모로서의 개인 경험에 기반을 두고 있고, 아이들이 현재의 문제에 대처하고 미래의 문제를 예방하며 다시 일어서는 법을 배울 수 있도록 아이의 친사회적이고 적극적인 행동을 격려하는 것을 목표로 한다. 또 아이가 자신의 문제를 부모가 대신 해결해 주는 것에 너무 의존하지 않도록 강하고 독립적인 기질을 발달시키도록 돕는다. 이런 전략을 더 빨리 가르칠수록 아이들은 더 좋아질 것이다.

우리가 생각하는 좋은 양육은 아이를 '구제'하는 것이 아니다. 아이가 스스로 성장하고 불가피한 좌절을 잘 받아들일 수 있도록 대처 도구의 사용법을 가르치고 상황에 맞는 도구를 선택하도록 '격려'하는 것이 좋은 양육이다. 아이가 모든 것에 성공만 할 수는 없다. 실패를 무릅쓰고 도전하는 것이 중요하고 부모가 그 방법을 가르쳐야 한다. 또 아이가 실패했을 때 상처받지 않고 성장할 수 있도록 지지해야 한다. 아이가 설사 잘못된 결정을 내리더라도 스스로 결정하도록 가르치지 않으면 더 똑똑한 결정을 내리는 법을 배울 수 없을 것이다. 방임하거나 통제하는 양육은 우리의 목표가 아니다.

그렇다면 어떤 양육이어야 할까?

스트레스를 다룰 줄 아는 사람, 실패를 성장의 발판으로 삼는 사람, 그리고 이에 필요한 자존감과 회복력을 지닌 사람, 우리는 이러한 성인을 키워 내는 철학적이고 실용적인 최적의 육아법을 '비계 양육scaffold parenting'이라고 부르기로 하였다.

부모는 아이가 성장할 때 틀이 되어 주고 지지해 주는 비계다. 부모는 자녀를 보호하고 지도하기 위해 존재하며 배우고 모험하는 것을 방해해서는 안 된다.

아기가 태어나고 곧바로 아기를 위한 환경을 만드는 것에서부터 비계의 골조가 세워지기 시작한다. 비계의 역할은 아이가 사회적으로 상호작용을 하고 도전 과제에 직면하기 시작하는 만 4세 또는 만 5세에 시작된다. 그리고 아동기, 청소년기, 청년기까지 조금씩 역할을 달리하며 지속된다. 이어지는 각 장에 아동(만 4~12세)과 청소년(만 13~19세) 양육에 대해 구체적인 지침을 제시했다. 부모의 비계는 아이가 자라면서 달라지는 요구를 충족하기 위해 조정될 것이지만 기본 철학은 변하지 않는다. 비계는 통제하거나 구제하기 위해서가 아니라 틀을 잡아 주고 지지하기 위해 존재한다.

우리는 진료실에서 수천 명의 아이를 만났기 때문에 비계의 효과를 보여 줄 수 있는 수많은 사례를 알고 있다. 이 책에 나오는 이야기들은 실제 이야기지만, 언급된 가족의 사생활 보호를 위해 이름과 알아볼 수 있는 세부 사항은 바꿔서 썼다. 자녀가 장애 진단을 받았는지 여부와는 상관없이 당신이 이 책에 나오는 가족과 공통점을 발견하고 그들의 경험에서 매우 귀중한 통찰력을 얻을 것이라고 확신한다.

비계 양육 전략이 그 어느 때보다 더 중요해졌다. 아주 안정적인 부모의 보살핌을 받는 아주 건강한 아이들일지라도 이전 세대보다 더 많은 스트레스를 감당하고 있다. 엄마와 아빠는 더 오랜 시간 일하고 가상의 베이비시터인 인터넷에 의지해야 한다. 다양한 세대로 구성된 마을과 공동체는 사라졌거나 빠르게 축소되고 있다. 근거 없는 양육 방식의 확대는 아이의 불안감, 의존성, 무능력을 증대시킬 수 있다. 과도하게 허용적이거나 권위적인 양육은 답이 아니다. 비계 양육은 부모가 흔들리지 않는 지지를 보내는 동안 아이가 더 높이 올라가고 새로운 것을 시도하고 실수를 통해 성장하도록 격려하는 가장 효과적인 양육 방법이다. 우리는 아동정신연구소를 찾은 수많은 가족들에게 도움을 주었고 이제 당신의 가족에게도 도움을 주고자 한다.

1장

자녀 키우기와 건물 짓기

비계 양육의 이해

≡

1976년 미국의 심리학자 제롬 브루너Jerome Bruner가 아이를 교육하는 가장 좋은 방법에 대한 비유로 '비계scaffolding, 飛階'라는 말을 처음 사용했다. 그의 이론은 협력 학습에 관한 것으로, 예를 들어, 학생이 새로운 수학 개념을 익혀야 할 경우 부모나 교사는 적절한 힌트와 안내를 제공하여 학생이 최대한 자율적으로 사고를 발전시킬 수 있도록 도와야 하며, 학생이 해당 개념을 익히고 나면 도움을 멈추고 학생 스스로 다음 단계로 나아갈 수 있도록 격려해야 한다는 내용이다.

우리는 브루너 박사의 이론에서 핵심이라 할 수 있는 '비계' 개념, 즉 아이가 스스로 사고하고 자립할 수 있도록 돕는 부모나 교사의 역할을 학습의 맥락뿐 아니라 정서적, 사회적, 행동적 맥락으로 확장하고 재정립했다.

부모가 비계 역할을 한다는 비유는 시각적이고, 직관적이며, 이해하기 쉽다.

이렇게 생각해 보자. 아이는 '건물'이다. 부모는 건물을 둘러싸고 있는 비계다. 비계로서 부모는 건물인 아이를 지지하는 역할을 한다. 아이가 어떤 방향으로 또는 어떤 양식으로 커 나가든 비계는 그것을 제한할 수 없다.

모든 효과적인 비계는 수평으로는 발판, 수직으로는 기둥으로 구성되어 있다(이 조합이 전체 구조물을 안전하고 튼튼하게 떠받친다).

비계는 건물과 같은 속도로 올라간다.

낮은 '층'에서는 비계의 폭이 더 넓어서 건물이 안정되게 위로 올라갈 수 있도록 단단한 기초를 제공한다. 건물이 높이 올라갈수록 비계는 덜 중요해진다.

건물의 일부가 떨어지면 비계는 그것을 받아 내고 빨리 보수할 수 있는 환경을 제공한다.

드디어 건물이 완성되어 완전히 홀로 설 수 있게 되면 비계는 철거된다. 건물의 모든 부분이 동시에 완성되는 것이 아니기 때문에 비계도 시간을 두고 조금씩 철거될 것이다. 필요에 따라서는 비계 일부분이 다시 설치될 수도 있다.

⋅⋅ 비계의 기둥

부모로서 하게 되는 모든 결정과 노력의 핵심은 비계의 세 기둥인 체계, 지지, 격려다. 부모는 이 기둥들에 의지해 아이의 자존감과 대처 기술을 향상시킴으로써 아이가 스스로 지지하고 격려하고 체계를 갖추는 어른으로 성장할 수 있도록 돕는다. 아이가 스스로 자신의 비계가 될 때까지 아이에게 비계가 되어 주는 것이다.

체계는 비계의 기초가 되는 토대로서 반복되는 일상, 가정의 규칙, 사고방식을 아우른다. 아이가 안정감을 느끼려면 집에서 예측 가능한 일상을 보내는 것이 아주 중요하다. 예를 들면 자는 시간, 숙제하는 시간이 일정하고, 일요일의 브런치나 금요일 밤 영화 보기처럼 가족과 주기적으로 함께하는 활동이 있으며, 규칙을 어겼을 때 받는 벌이나 허용되는 행동 범위가 일관되고, 아이가 원하든 원하지 않든 부모가 항상 곁에서 관심을 쏟는지가 중요하다. 부모는 아이가 어릴 때 체계가 있는 가정환경을 구축함으로써 성공한 어른이 되는 데 필수 요소인 안정감을 본보기로 보여 줄 수 있다.

지지는 정서적 공감과 인정이다. 아이의 감정을 판단하거나 무시하는 게 아니라 들어 주고 인정해야 한다. 부모가 아이에게 "그거 가지고 왜 울어."라고 한다면 아이의 감정은 애초부터 잘못된 것이 되고 만다. 아이가 느끼는 감정은 틀린 것이 아니다. 그냥 그렇게 느낄 뿐이다. 감정을 표현하고 부모와 솔직하게 이야기를 나누도록 배운 아이들은 힘든 감정을 어떻게 처리해야 하는지 알게 된다. 그런 아이들은 불안증이나 우울증 같은 심리적인 문제를 겪을 확률이 낮다. 심리적 문제는 성인이 되어서도 고통이 지속되고 대인 관계와 사회

생활에 부정적인 영향을 미친다. 지지한다는 것은 필요한 시점에 개입하는 것을 의미하기도 한다. 자녀에게 전문적 치료가 필요하다면 상황이 심각해질 때까지 기다리지 말라. 지지한다는 것은 또한 지도하는 것을 의미한다. 아이는 시험 준비부터 교우 관계까지 다양한 기술을 익히는 데 도움이 필요할 수 있다. 비계로서 부모의 역할은 지도하고 설명하는 것이지만 아이가 할 일을 빼앗아 대신해서는 안 된다. 아이에게 수학을 가르치는 일은 교사에게 맡길 수 있지만, 삶의 기술이나 가치는 직접 가르쳐야 한다. 가장 강력한 지지는 부모에게서 나온다.

격려는 아이가 새로운 것을 시도하고 위험을 무릅쓰도록 부드럽게 자극을 주는 것이다. 아이는 때로 실패할 것이고, 실패했을 때 부모는 벌어진 일의 '원인'을 두고 대화를 나눔으로써 미래의 도전을 격려해야 한다. 아이는 무엇이 잘못되었고 무엇을 개선할 수 있는지 깨달으면 자전거, 무대, 경기장으로 신이 나서 되돌아갈 힘이 생길 것이다. 실패를 감수하라고 격려하지 않는 것은 두려워하고 의존하라고 가르치는 것과 마찬가지다.

부모는 실수를 바로잡을 수 있도록 조언하고 아이의 자기효능감을 북돋아 줌으로써 긍정적인 행동을 가르쳐야 한다. 또 그 과정 내내 모범을 보여야 할 것이다. 본보기를 보이는 것은 의존성을 키우는 게 아니라 자립을 격려하는 것이다. 우리 환자들이 겪고 있는 많은 고통과 괴로움의 상당 부분은 부모가 비계의 기둥 역할에 집중했다면 막을 수 있었을 것이다.

∙∙ 비계의 발판

부모의 비계에서 발판을 이루는 것은 인내심, 온정, 관심, 차분함, 관찰이다. 부모는 아이가 믿음직스러운 어른으로 성장할 때까지 이 발판 위에 서서 아이를 지지할 것이다. 우리는 집에서 자녀들에게 직접 이 발판을 사용하고 수천 명의 부모가 같은 발판을 훈련하게 했으며 큰 성공을 거두었다.

인내심. 같은 교훈을 몇 번이고 되풀이해서 가르쳐야 할 때도 평상심을 유지하라.

온정. 공감, 애정, 친절에 대해 모범을 보여라. 행동의 허용 범위를 정할 때도 사랑과 연민을 보여 줘라. 따뜻하게 대할 때 독립심이 커진다는 사실이 의심쩍을 수 있지만 그것을 입증하는 과학적 증거가 있다.

관심. 부모의 생각에 초점을 두지 말고 아이의 감정적이고 현실적인 욕구와 동기에 관심을 기울여라.

차분함. 아무리 속이 상하고 양육이 힘들어도 침착함을 유지하라.

관찰. 아이에게 무슨 일이 일어나고 있는지 세심하게 지켜보고 당신의 지지가 도움이 되고 있는지 확인하라.

·· 비계 전략

실제 건축 현장에서의 비계가 그렇듯이 아이를 지지하는 부모의 비계 역할은 구체적인 건축 전략을 통해 실현된다. 양육의 영역에서도 기둥과 발판 기술들을 가장 잘 활용할 수 있는 10가지 전략이 있다. 앞으로 이 전략들의 방법과 이유를 세부적으로 다루겠지만 각 전략의 얼개를 보이면 다음과 같다.

부모의 안전부터 확보하기. 자기 자신을 돌보는 것은 필수적인 비계 양육 기술이다. 부모의 비계가 안전하지 않으면 아이의 '건물' 일부가 떨어져 내릴 때 그 낙하물을 받아 낼 만큼 튼튼하지 못할 것이고 건물이 위로 올라가는 것을 지탱해 줄 만큼 안정적이지 못할 것이다. 비계가 흔들거리면 웬만한 위기 한 번에 전체 구조물(비계와 건물)이 와르르 무너질 수 있다.

새로운 청사진 그리기. 건축에서 청사진은 구조물의 형태를 기술적으로 그린 설계도다. 모든 건축 프로젝트는 설계도와 함께 시작된다. 우리의 뇌는 수백만 년 동안 진화하면서 그려진, 우리의 행동에 대한 청사진이다. 하지만 뇌 청사진의 어떤 측면은 구시대적이고 현대 생활에 잘 맞지 않는다. 현대 양육에 맞는 비계를 세우려면 오래된 구식 청사진을 버려라. 증축을 위한 공간과 확장할 여지를 충분히 반영하고 밀실 공포증을 덜 느끼게 하는 개방된 구조로 청사진을 새롭게 그려야 한다.

기초를 탄탄히 다지기. 부모와 자녀의 관계는 비계를 세울 토대고, 기초다. 기초가 될 곳에 정서적 포용, 긍정 강화, 분명한 메시지, 일관성 있는 규칙이 혼합된 콘크리트를 붓는다면 아이는 단단한 터전에서 안전하게 성장할 것이다. 정서적 거리감, 부정 강화, 불분명한 메시지, 일관성 없는 규칙이 혼합된 불량 콘크리트를 붓는다면 아이는 믿을 수 없고 불안정한 기반 위에서 힘겹게 성장할 것이다.

비계를 단단히 고정하기. 부모 자신의 안전을 확보하고, 아름다운 청사진을 그리고, 기초를 탄탄히 다졌더라도 살다 보면 통제할 수 없는 상황 때문에 건물은 물론 비계까지 흔들릴 때가 있을 것이다. 그런 불행하고, 예측할 수 없는 상황이 벌어지는 동안 비계가 안정되지 않으면 아이는 취약해지고, 아직 발달 단계상 다룰 능력이 없는 감정과 경험에 노출될 것이다. 하지만 부모가 모든 나사를 조이고 비계를 단단히 고정하면 그 혼란스러운 시기를 지나는 동안 아이는 자신감 있고, 안전하고, 안정적이며, 다음 단계에 맞설 준비를 마칠 수 있을 것이다.

건물과 같은 속도로 올라가기. 집 앞마당에 서서 지붕에 올라가 있는 누군가와 대화한다고 상상해 보라. 그렇게 순조롭지는 않을 것이다. 지붕에 있는 사람은 내려다보면서 말하거나 소리쳐야 할 것이다. 이 말 저 말 늘어놓는 것이 너무 번거롭다고 생각하게 될 수도 있다. 두 사람 간의 먼 거리가 원활하고 솔직한 대화를 불가능하게 한다. 이제 아이의 건물과 부모의 비계가 같은 높이에 있다고 상상해 보라. 가까운 거리에서 직접 말하고 서로 눈을 바라보며 효과적으로 의사소통할 수 있다. 의사소통을 위한 통로를 만들고 열린 상태로 유지하기 위해 비계의 높이를 아이의 건물 높이와 같게 하라. 솔직하고 진정성 있는 태도를 보임으로써 같은 높이를 유지하라.

확장 가능성 열어 놓기. 아이가 새로운 기술을 배우면 건물이 올라가고 확장될 것이다. 배움이란 시도하고 때로는 실패하는 것을 의미한다. 아이의 건축은 새로운 부분을 추가하는 과정이고, 비계는 항상 건물 곁에서 낙하물을 받아 내고 증축을 위한 도구 선택과 자재 준비를 지원한다. 어떤 아이의 건물은 마천루처럼 하늘 높이 곧장 뻗어 올라갈 것이다. 또 다른 아이의 건물은 마구 옆으로 뻗어 나간 목장 주택처럼 바깥 방향으로 확장될 수도 있다. 아이의 건축 양식은 부모에게 달린 것이 아니다. 부모의 비계는 아이가 성장하는 형태를 수용해야 한다. 성장을 막거나 통제하려고 하면 사실상 성장을 방해하게 될 것이다.

강철 빔으로 강화하기. 아이의 건물은 성장하고 있고, 부모의 비계는 건물과 가깝지만 분명한 거리를 두고 따라 올라가고 있다. 부모는 그 모든 놀라운 성장을 뒷받침하기 위해 아이가 용기, 자신감, 회복력, 끈기와 같은 강철 빔으로 건물을 보강하도록 도와줄 수 있다. 아이는 그 내부의 힘 덕분에 '주거할' 건물 이상의 것을 얻을 수 있다. 나쁜 날씨와 힘든 시간을 견딜 요새를 가지게 될 것이다. 부모는 아이를 지도하고 지지하며, 한계 상황에 이르러 더 강해져야 할 때 가장 유용한 도구가 무엇인지 직접 행동으로 본보기를 보임으로써 아이 내부의 강철 빔을 강화할 수 있다.

안전기준에 따른 한계 설정. 부모의 비계는 아이의 건물이 어떤 형태로 세워지든 성장을 지연시키거나 방해하지 말아야 한다. 하지만 건물이 안전기준에는 부합해야 한다. 부모는 공사 현장의 책임자처럼 아이 발달의 품질을 계속 관리하고 성장이 규정을 준수하는지 확인해야 한다. 그렇게 하려면 한계를 설정하고 나쁜 행동은 대가를 치르게 해야 한다. 내버려두면 안전하고 튼튼한 건물이 지어지지 않을 것이다.

거주인의 취향에 맞추기. 아이가 짓는 건물의 건축 양식이 부모의 마음에 들지 않을 수도 있다. 그러나 부모의 개인적 취향은 중요하지 않다. 중요한 것은 아이의 건물이 안정적이고 튼튼한지, 그리고 부모의 비계가 건물 곁에서 틀을 잡아 주고 떨어지는 낙하물을 잘 받아 내는지다. 부모가 아이의 호화 맨션을 엉뚱하게 빅토리아 시대풍으로 바꾸려 하거나 아이의 건물이 언젠가 기적적으로 '부모'가 꿈꾸던 집으로 바뀌리라 믿으며 자기 자신을 속이려 하면 비계는 건물에 잘 맞지 않을 것이며 건물을 제대로 지지하지 못할 것이다. 아이의 건물이 부모의 눈에는 이상하게 보이더라도 그 모습 그대로를 받아들여야 한다. 건물이 완성되면 그 안에 살 사람은 부모가 아니라 아이이기 때문이다.

갈라진 틈 보수하기. 건물을 짓는 동안 건축 팀은 항상 갈라진 틈이 있는지 살핀다. 모든 틈이 문제가 되는 것은 아니다. 일부는 표면적일 뿐이어서 시멘트로 금방 메울 수 있다. 일부는 더 크고 특별한 관심을 기울여야 한다. 건물에서 틈을 찾는 것과 더불어 비계에 손상이 있는지도 확인해야 한다. 비계를 항상 잘 수리된 상태로 유지하는 것이 건물 자체의 유지만큼이나 중요하다.

나는 현대 생활의 압박감 속에서 아이를 키우는 것이 얼마나 힘든지 알고 있다. 이 전략들은 아이가 삶의 장애물과 좌절을 헤쳐 나가도록 지도하고 가정에서 가족 간의 긴장감을 완화해 줄 것이다. 또 아이와의 유대 관계가 돈독해져 그 무섭다는 사춘기를 무사히 넘기고 강인하고 자율적인 어른으로 성장시킬 수 있다. 자녀 양육에 있어 이보다 더 훌륭한 성과는 없을 것이다.

이제 각 장에 소개되는 다양한 사례를 통해 10가지 전략의 세부적인 실행 방법을 살펴보자.

부모의 안전부터 확보하기

육아 번아웃

≡

부모의 비계는 아이의 건물을 둘러싼 외부의 틀이자 지지물이다. 처음에는 건물에 아직 단단한 뼈대가 없다. 다행히 건물을 둘러싼 부모의 튼튼한 비계가 골격이 되어 지지해 준다.

그런데 비계 자체가 안전하지 않으면 어지간한 위기만으로도 전체 구조물(비계와 건물)이 와르르 무너질 수 있다. 아이를 효과적으로 기르려면 비계 자체의 안전부터 확보하는 것이 필수적이다.

마흔 살인 리사는 열 살짜리 아들 맥스의 치료를 위해 연구소에 왔는데 나를 보더니 우선 아이 없이 단독 면담을 잠깐 할 수 있느냐고 물었다. 이런 경우가 드물지 않았으므로 맥스를 로비에서 기다리게 하고 리사와 먼저 진료실에서 이야기를 나눴다.

리사는 자리에 앉아 무거운 가방을 바닥에 거의 떨어뜨리듯 내려놓더니 고개를 힘없이 가로저으며 말했다. "제가 정말 왜 그랬는지 모르겠어요. 머리가 어떻게 됐었나 봐요."

"무슨 일이 있었습니까?"

리사는 어느 주말에 벌어진 기막힌 이야기를 들려주었다. "월요일에 4학년 아이들은 모두 집에서 만든 루브 골드버그 장치를 가져가야 했어요. 그 장치 아시죠? 어떤 작용이 다른 작용을 일으키고 그것이 또다시 다른 작용으로 이어지는…. 저는 토요일 아침이 되어서야 그 프로젝트 이야기를 들었어요. 심장이 옥죄어 오고 속이 타서 다른 엄마에게 전화를 걸었는데 그 엄마는 이미 몇 주 전부터 아들과 함께 장치를 만들고 있었다는 거예요. 맥스에게 왜 더 빨리 말하지 않았느냐고 다그치니 그냥 어깨를 한번 으쓱하고 말더라고요."

리사는 금융 분야에서 스트레스가 많은 업무를 맡아 풀타임으로 일하고 있었다. 맥스의 아빠는 공교롭게도 출장을 가서 그 주말에 집에 없었고 아들의 프로젝트를 도울 사람은 리사뿐이었다. "저는 기계 쪽으로는 소질이 없고, 맥스도 마찬가지예요. 그게 아마 프로젝트를 미뤄 둔 이유일 거예요." 그녀는 말했다. "저는 루브 골드버그 장치가 학기 프로젝트고 성적의 4분의 1을 차지한다는 사실을 알게 됐어요. 같은 반 부모 중에는 엔지니어인 사람들도 있어서 기찻길과 도르래가 있고 바구니가 매달려 있는 장치 사진을 제게 메시지로 보내 줬어요. 저는 울음이 터지기 일보 직전이었어요. 우리가 가진 것이라곤 탁구공, 스카치테이프, 오래된 블록이 전부였어요. 저는 평일에 고달픈 시간을 견뎌야 했던 만큼 주말에는 조용히 쉬고 싶었어요. 무방비 상태로 있다가 뒤통수를 얻어맞은 것 같은 기분이었죠. 무력함을 느꼈고 화가 났어요."

나는 모든 부모가 가끔 저지르는 실수처럼 리사가 이 열불을 아들에게 모두 쏟아 냈다고 말할 줄 알았다. "차라리 맥스에게 소리를 질렀다면 좋았을 텐데!" 리사는 말했다. "훨씬 더 끔찍한 짓을 저질렀어요. 전화번호를 알아내 토요일에 집에 있는 선생님께 전화해 소리쳤어요! 맥스가 보는 앞에서요."

그것은 '정말' 유감스러운 일이었다.

"제 말은, 왜 선생님이 어린아이들에게 그렇게 복잡한 과제를 내 주었을까요?" 리사가 말했다.

"잘 아시겠지만 어떤 학생도 그런 과제를 스스로 하지 않아요. 그렇다면 그 과제는 부모에게 내 준 거나 마찬가지잖아요. 어떤 부모는 다 쓴 휴지 심을 찾으려고 쓰레기통 속을 뒤적거리는 것 말고도 해야 할 일이 많다고요. 저는 선생님께 물었어요. '이 과제의 목적은 모든 사람이 스스로를 바보 같다고 느끼게 하는 것인가요?' 선생님한테 '마구' 성질을 냈죠. 그러는 동안 맥스는 제발 전화를 끊으라고 제게 애원하고 있었어요. 무척 난처해하면서요. 제가 소리치기를 멈추자 선생님이 말씀하셨어요. '지금까지 제게 어머니처럼 말씀하시는 분은 한 분도 없었어요.'"

나는 이야기를 듣는 내내 이렇게밖에 말할 수 없었다.

"아…."

"네….."

리사가 평일에 좀 더 편하게 지냈거나 남편이 집에 있어서 맥스의 프로젝트를 도와주었다면 그녀는 그 뜻밖의 일에 침착하게 대처하고 맥스를 돕는 일을 유대감을 형성하는 좋은 기회로 여겼을 수 있다. 어쩌면 아들과 정말로 즐거운 시간을 보냈을 수도 있다. 하지만 실제 벌어진 일은 좌절감, 불안감, 짜증이 한데 섞여 감당하기 어려운 감정 덩어리가 되었고, 아무 잘못 없는 사람에게 가서 폭발했다.

"모든 부모에게 이런 이야기가 하나쯤은 있답니다." 나는 리사를 안심시켰다. "단지 그날이 당신 차례였을 뿐이에요."

나는 수십 년 동안 이 일을 하면서 부모가 느끼는 압박감이 계속 증가하는 것을 보아 왔다. 지금만큼 치열했던 적이 결코 없었다. 부모는 모든 측면(경제적, 기술적, 개인적, 실행적 측면)에서 압박감을 느끼고 있다. 지칠 대로 지쳐서 집중이 안 되는 것은 당신의 잘못이 아니다. 하지만 부모가 자신의 스트레스를 해소하려고 노력하는 것은 부모로서의 책무다. 부모의 비계가 너무 약해서 강한 바람(또는 이 사례의 경우라면 예상치 못한 주말의 과학 프로젝트)에 주저앉아 버리면 아이에게 체계, 지지, 격려를 제공할 수 없으며 결과적으로 아이가 부모에게서 감정 조절 능력이나 회복력 같은 필수적인 대처 기술을 배울 수 없다.

·· 자기 돌봄이 곧 아이 돌봄

당신은 지금 어쩌면 이미 끝이 없는 해야 할 일 목록에 자신을 돌보는 일이 추가되었다고 생각하면서 한숨을 내쉬고 있을지 모른다.

자기 돌봄은 꼭 해야 할 일일 뿐만 아니라 무엇보다 선행되어야 하는 일이다.

솔직해지는 게 좋을 것 같다. 나는 이 책을 쓰면서 아빠가 아니라 주로 엄마에게 이야기하고 있다. 오늘날의 아빠들은 그들의 아버지나 할아버지보다 더 많은 일을 하고 있지만, 육아에 관해서는 배우자보다 더 적은 일을 한다. 미국에는 다른 국가들과 같은 출산휴가 제도가 없다. 스웨덴에서는 아이가 태어나면 엄마 아빠 모두 18개월의 휴가를 쓸 수 있다. 일본은 1년이다. 하지만 미국에서는 엄마에게 단 12'주'의 무급 휴가가 주어진다(아빠도 무급 휴가를 쓸 수 있지만, 고용주가 보험에 가입되어 있어야 자격이 된다. 또 부모가 모두 그렇게 오래 급여를 받지 못하면 생활을 유지하기 어려운 경우가 많다). 정부가 주는 메시지는 엄마가 집 밖에서 일해야 하거나 일하고 싶으면 일을 두 배로 하면서 버티라는 이야기인 것 같다. 워킹맘은 '두 가지 일'을 수행하느라 힘에 부치면서도 그것을 당연히 감당할 수 있어야 한다고 믿음으로써 추가적인 스트레스에 시달리고 있다. 워킹맘이 피곤하고 스트레스를 받는 것이야말로 당연하다! 하지만 그들은 아이들과 더 많은 시간을 보내야

'당연한' 시기에 일을 그만두지 않으려는 자신의 '이기심'에 대해 죄책감을 느낀다. 죄책감은 양육을 더 어렵게 할 뿐 아무런 도움이 되지 않는다.

"자기 돌봄은 믿을 수 없을 정도로 간과된 양육의 중요한 일부분입니다. 부모가 자기 삶을 돌보지 않으면 양육을 효과적으로 할 수 없기 때문입니다."라고 아동정신연구소의 자기 돌봄 전문가, 에마누엘레 박사는 말한다. "비행기에서 듣게 되는 안내 방송처럼 본인이 먼저 산소마스크를 낀 다음에 아이를 돌봐야 합니다. 부모가 정신없이 바쁘고, 지쳐 있고, 짓눌려 있고, 너무 많은 일을 한다면 아이에게 집중할 수 없습니다. 시간이 지날수록 스트레스가 쌓여 갈 것이고 그것이 밖으로든 안으로든 폭발한다면 정말 안 좋은 감정에 휩싸이게 됩니다."

리사가 나간 뒤 진료실로 들어온 맥스는 엄마가 선생님에게 그런 식으로 말해서 당황스러웠다고 말했다. 아이는 월요일에 학교에서 선생님 얼굴을 어떻게 봐야 할지 걱정했다. 하지만 그것 이상으로 엄마 '때문에' 기분이 상했다. "엄마가 너무 심한 반응을 보였어요." 맥스는 말했다. "엄마 얼굴을 보셨어야 해요. 엄마한테 프로젝트에 관해 이야기하고 싶지 않았어요. 저는 도움이 필요한데, 엄마는 날마다 피곤했거든요. 괜히 엄마 기분만 더 안 좋아질 것 같았어요."

부모는 너무 고된 하루를 보내고 있어서 아이의 감정 변화를 살필 시간이나 여유가 없을지 모른다. 그러나 명심하라. 아이는 절대적으로 부모의 감정 변화를 주시하고 있으며 생존 자체를 부모에게 의지하고 있는 십 대 초반 아동은 특히 그렇다. 아이는 부모가 내보내는 모든 신호, 심지어 부모 자신은 내보낸다는 사실조차 깨닫지 못하는 신호까지도 보고, 듣고, 흡수한다. 더욱이 아이가 진료실에서 의사와 만났을 때, 아빠가 정신없이 바쁜 것이 얼마나 걱정되는지 한 시간 내내 이야기한다면 그 아이는 치료 시간에 자신의 문제를 해결하지 못할 것이고 상태가 좋아지지 않을 것이다. 치료와 관련된 상황이 아니더라도 부모가 속상하거나 힘들까 봐 아이가 중요한 학교 프로젝트에 관해 이야기하거나 개인적 문제를 드러내기를 두려워한다면 그 아이는 도움도 받지 못하고 걱정 때문에 혼자 괴로운 시간을 보낼 것이다.

부모는 아이를 정서적으로 지지하기 위해 자신의 정서적 욕구를 인정하고 그것을 충족시킴으로써 자신을 더 잘 돌봐야 한다. 아이는 그런 부모를 보면서 회복의 중요성을 배울 것이다. 우리 모두 아이가 쉬는 방법을 배우기를 원하지 않는가? 아이가 자신(과 주위 사람들)을 아낄 줄 모르는, 지치고 피곤하고 비참한 어른으로 성장하기를 간절히 바라는 부모는 아직 만나 보지 못했다.

·· 나에게 비계가 되는 법

아이에게 비계가 되려면 체계, 지지, 격려를 제공해야 한다. 부모 자신에게도 이 세 가지가 필요하다.

지속 가능한 체계. 물론 부모는 아이가 모든 좋은 것을 최대한 경험하면서 충실하고 부지런한 나날들로 인생을 채워가길 원한다. 그러나 부모가 그것을 위해 온종일 정신없이 뛰어다녀야 하고, 늦을까 봐 항상 노심초사하며, 작은 문제 하나가 온 가족의 하루를 망칠 것이라는 계속된 위기감 속에 살아가고 있다면 그것은 지속 불가능한 생활이 되고 만다. 조금 불안한 마음이 들더라도 아이와 친해지는 오붓한 시간과 자신을 위한 휴식 시간을 포함하는 오래 지속할 수 있는 일정으로 조정하라.

나의 웰빙을 지지하기. 당신이 자기 자신을 충분히 아끼고 지지하는지 알고 싶다면 이 질문을 떠올려라. '아이에게 하는 것처럼 나 자신에게 하고 있는가?' 부모들은 아이를 스포츠와 피트니스 수업에 등록시킨다. 하지만 부모 자신은 운동하는 시간을 따로 마련하는가? 부모들은 아이가 매일 다섯 가지 종류의 채소를 먹고, 충분히 자도록 관리한다. 왜 자신에게는 똑같은 기준을 적용하지 않는가? 아이가 숙제 때문에 힘들어하는 모습을 본다면 녹초가 될 때까지 다그치고 몰아붙일 것이 아니라 잠시 쉬고 하라고 달랠 것이다. 아이가 학업 문제로, 육체적으로, 정서적으로 힘든 시간을 보내고 있다면 전문

자기 돌봄 체크리스트

다음은 튼튼하고 안정적인 비계를 세우는 데 필요한 재료들이다.

- 운동
- 잠
- 채소
- 애정
- 자연에서의 산책
- 친구들과 노는 시간
- 혼자 있는 시간
- 창의적인 시간
- 낭만적인 시간
- 웃음
- 음악
- 취미
- 자원봉사
- 명상

가에게 도움을 청할 것이다. 부모 자신이 아프거나 힘들면 어떤가? 개의치 않고 무자비하게 밀어붙이지는 않았는가?

부모가 자신의 감정을 무시하고 존중하지 않으면 아이는 그런 부모를 보며 스스로를 무가치한 존재로 취급하는 법을 배우게 된다. 아이는 그것을 체화하고 어른이 돼서 같은 행동을 한다. 자기 돌봄은 자존감, 자부심, 자기 공감, 자기 인정이다. 필요할 때 도움을 요청하고 잘 먹고 잘 자고 운동함으로써 자신을 지지하라.

노력을 격려하기. 당신의 삶이나 아이가 (그것이 무엇을 의미하든) '완벽'하지 않더라도 이만하면 아빠나 엄마로서 꽤 잘하고 있다고 자신을 다독여라. 너무 많은 부모가 스스로 형편없는 부모라 느끼는데 부모가 아이에게 화가 나거나 속상함을 느낄 때 열 번 중 아홉 번은 자신을 실패한 부모라고 생각하는 데 그 원인이 있다. 실패자라고 느끼는 것은 건강하고 편한 감정이 아니며 당신과 아이를 위해 품어서는 안 될 생각이다. 아이를 기르다 보면 실수할 때가 있다. 축하한다! 당신이 인간이라는 증거다. 누구에게나 일이 잘 풀리지 않는 날이 있음을 인정하고 받아들이면 좀 더 마음이 평온해질 것이다. 그러면 다음에 더 잘해 보자고 자신을 격려하라.

·· 나한테 쉬는 시간 주기

우리 사회는 부모들에게 관대하지 못하다. 최선을 다하는 부모에게조차(어떤 때는 그들에게 더욱) 그렇다. 양육에 관한 다른 사람의 선택(모유 수유 여부, 아이에게 스마트폰 허용, 복직, 퇴직 결심 등)을 비난하며 따돌리기까지 하는 '엄마 망신 주기'로 인해 불안과 슬픔이 불필요하게 양산되고 있다. 부모들은 다른 부모가 하는 것을 따라 하지 않으면 내 아이가 뒤떨어질까 봐 두렵다.

주위 사람들의 손가락질 때문에 아직 걸음마를 배우는 아이가 부모보다 더 바쁜 일정을 소화하게 되는 경우도 있다. 아기 요가 수업에 등록하기를 두고 망설이면 같이 어울리는 다른 엄마들이 눈썹을 찌푸리는 모습을 목격하게 될 수도 있다. 한 엄마는 내게 이렇게 말했다. "몰리가 유치원 다닐 때 중국어 공부를 시작하지 않으면 너무 늦을 거예요." 이 여성은 풀타임으로 고된 일을 하고 있었고, 교육비를 무리하게 쏟아부어야 하는 아이가 두 명 더 있었다. 한편으로 자신은 몇 년 동안이나 건강검진을 받지 않았다. "저한테 가장 중요한 것은 아이들을 위해 할 수 있는 모든 일을 다 하는 거예요." 그녀는 말했다. "만약 제 자신을 우선시하거나 책임을 다하지 않고 쉰다면 나쁜 부모잖아요."

나는 "아이가 먼저죠."라고 말하는 부모들을 볼 때마다 이렇게 묻고 싶다. "대체 그게 뭘 말하는 거죠?" 그것은 그들이 그래야 한다고 생각하는 상투적인 말에 불과하다. 우리의 삶을 일반적인 삶이라는 틀 안으로 끼워 넣는 것을 멈추고 '우리 가족'에게 지금 이 순간 필요한 것이 무엇인지 더 주의 깊게 살펴봐야 한다. 먹을 것을 살 수 있는 돈이 부족하다면 직장을 구하는 것이 가장 먼저다. 집에 불이 났다면 필라테스를 배우러 가는 것은 미룰 수 있다.

몇 년 전 한 젊은 부부가 자폐증이 있는 어린 자녀와 함께 내 진료실에 앉아 있었다. 두 사람은 부부만의 시간을 보내기 위해 밤에 잠깐 외출했던 일을 두고 죄책감에 사로잡혀 눈에 눈물이 그렁그렁했는데 그날 밤의 외출은 두 사람 모두 몹시 고대했던 시간이기도 했다. 나는 일주일에 하루는 다른 가족에게 아들을 맡기거나 장애아 돌보는 교육을 받은 베이비시터를 고용하라고 충고했다.

그러자 아이 엄마가 말했다. "베이비시터는 비용이 비싸서요. 우리는 그럴 형편이 못 돼요."

"아니요, 그렇게 '안' 할 형편이 못 되는 겁니다."라고 나는 말했다.

일주일에 하룻밤은 결혼 생활이 우선이 되어야 했다. 부부가 그런 시간을 함께 보내지 않으면 자폐증 앓는 아들을 키우는 스트레스가 결국 부부관계를 해칠 수 있고 어쩌면 별거나 이혼, 각자 다른 가정을 이루는 것으로 이어지고 그렇게 되면 육아 비용이 되레 증가할 것이다. 부부가 헤어지면 삶이 정서적, 경제적으로 훨씬 더 힘들어질 것이다. 그들은 정말로 아들을 위해서 부부관계를 다시 생각해 봐야 할 상황이었다.

지칠 대로 지쳤다고 느낀다면 재충전을 위한 휴식이 가장 우선이 되어야 한다. 반드시 해야 할 일은 해야 하지만 '쉬는' 시간이 포함되도록 일정을 조정하라. 우리는 휴일과 휴식 없이 일하는 노동 문화에 익숙해져서 쉬는 시간은 없는 것이라고 생각하게 된 것 같다. '엄청나게 바쁜' 모습만을 아이에게 보여 주면 아이는 어른이 되는 것과 '성공'을 스트레스에 시달리고 불행한 것과 동일시하게 된다. 성공한 삶이 의미하는 것이 하루에 5분이나 10분, 20분 동안 명상하거나, 조용히 책을 읽거나, 뒷마당에 앉아 있거나, 허공을 멍하니 바라보거나, 산책하거나, 현대 생활의 폭격에서 벗어나 무엇이든 다른 것을 하면서 의도적으로 화면을 보지 않는 시간을 가지는 것임을 아이에게 보여 주어라. 코드를 뽑는 것은 정신적인 삶의 질을 위해서 중요하며 누구나 세상과의 연결을 끊고 자기 자신과 다시 연결되는 순간을 누릴 자격이 있다는 사실을 아이에게 확실히 알려 주어라.

자기 자신과 다시 연결된다는 것은 무엇을 의미할까? 그것은 그리 어려운 일이 아니다. 그저 자신의 하루, 감정, 생각을 되돌아보는 것이다. 머릿속에서 무슨 일이 일어나는지, 무엇이 자신을 행복하게 하고 무엇이 괴롭게 하는지 더 자세히 들여다보라. 가장 좋은 것은 당신이 깊이 생각하고, 생각한 것을 표현하고, 조정하려고 노력하는 모습을 아이가 보는 것이다. 아이는 당신을 지켜봄으로써 자신은 어떻게 해야 할지 알게 될 것이다. 앉기, 생각하기, 평가하기는 세상에 대처하는 효과적인 과정이다. 모든 부모와 자녀가 하루에 한 번 함께 앉아 5분 동안 그저 벽을 응시하는 시간을 보낸다면 서로 간의 유대감이 커지고 마음이 더 안정될 것이다.

당신은 쉴 자격이 있다. 그 생각을 받아들여야 한다. 가끔은 일상에서 벗어나 자기 자신을 우선시해도 괜찮다.

1단계: 어떤 휴식이 필요한지 결정하라. 15분 동안 혼자 있기? 1시간 동안 산책하거나 달리기? 하루 종일 또는 주말에?

2단계: 어떤 결정을 내렸든 세부 계획을 세우고 실행하라. 부모의 비계는 감옥이 아니다. 지지하기 위해 존재하는 것이고 부모 자신을 지지하는 것이 허용된다.

그러나 자유는 공짜가 아니고 휴식은 가용한 자원에 달려 있다. 부모가 모두 있는 가정에서는 휴식 시간을 마련하기가 더 간단할 것이다. 베이비시터를 고용하거나 여름 캠프를 보낼 형편이 되거나 아이를 하룻밤 맡아 줄 사람이 가까운 곳에 있다면 더할 나위 없다. 가족, 이웃, 친구 등 '공동체'에 의지하고 필요한 도움을 요청하라. 그리고 똑같이 보답하라.

만 12세 이하 자녀를 둔 부모의 자기 비계

육체적으로 휴식하기. 어린 자녀는 부모의 모든 시간과 관심을 필요로 한다. "아주 잠깐 한눈을 팔았을 뿐인데."라는 말은 부모들에게 결코 맞닥뜨리고 싶지 않은 상황을 연상시킨다. 쉬지 못하는 것은 물론이고 한순간도 눈을 뗄 수 없다고 느끼는 것도 이상하지 않다.

하지만 영유아를 돌보고 있는 부모도 가끔 쉴 수 있다. 그것은 단지 실행 계획의 문제다. 가만히 앉아서 아무것도 하지 않는 5분을 어디서 마련할 수 있을까?

아이가 낮잠을 자거나 조용히 놀고 있을 때 '몇 가지 일을 처리하려는' 충동을 누르고 그 시간에 자기 자신을 돌봐라. 침대에 눕거나 의자에 앉아서 5분 동안 심호흡을 하는 것만으로도 다음 한 시간을 위해 재충전하는 혼자만의 시간으로 충분하다.

아이가 몇 살이든 아이에게 엄마도 쉬어야 한다고 말하라. 회복과 휴식을 중요하게 여기고 자기 인식의 본보기가 됨으로써 아이가 할 일이 너무 많아 지칠 때 그런 자신의 감정을 인식하도록 가르치고 그것에 어떻게 대처하는지 보여 줄 수 있다.

청소년 자녀를 둔 부모의 자기 비계

정서적으로 휴식하기. 청소년기 자녀는 육체적으로 힘들게 하는 일은 많지 않다. 하지만 감정적으로 부모를 피 말리게 할 수 있다. 청소년 자녀가 공부나 친구 문제로 힘들어하고 있다면 부모는 마음이 계속 아플 것이다. 부모는 아이가 행복한 만큼만 행복하다. 그렇다면 어떻게 청소년 자녀와 관련된 심적 고통에서도 쉴 수 있을까? "저는 부모들에게 자기 자신에게 이렇게 질문해 보라고 코치합니다. '지금 이 순간에 무슨 일이 일어나고 있지? 바로 지금 모든 것이 괜찮은가?'" 에마누엘레 박사는 말한다. "아이가 최대로 행복하지는 않을 수 있지만, 지금 당장 아이가 안전하고, 잘 보살핌 받고, 잘 먹고, 아프지 않다면 그 순간에 당신은 정신적으로 쉬어도 됩니다." 불안은 앞으로 일어날 일을 예상하고 미리 두려워하는 것이다. "우리 아들은 영원히 친구가 없어서 비참할 거야." 와 같이 생각하는 것이다. 현실에 깨어 있으려고 노력하되 이렇게 말하자. "지금 잘못된 것은 아무것도 없어. 다음 5분 동안 세상은 멸망하지 않아." 그렇게 그 시간 동안 감정의 맹공격을 누그러뜨려라.

열 살인 빌리의 엄마 파멜라는 아동정신연구소에서 빌리의 치료사가 자기 돌봄이라는 주제를 꺼냈을 때 소리 내어 웃었다. "그럴 시간이 없어요."라고 말하며 그녀는 상사, 남편, 아이들, 반려견, 가정을 위해 해야 할 모든 일의 목록을 빠르게 읊었다. 그녀가 들먹인 목록이 치료 시간의 15분을 잡아먹었다.

치료사는 파멜라에게 전화기를 꺼내 화면을 응시하고 있던 시간이 얼마나 되는지 보라고 제안했다. 파멜라는 잠시 머뭇거렸지만 그렇게 했다. 치료사가 물었다. "어제 인스타그램 몇 시간 하셨어요?"

"대답하기 부끄럽네요." 파멜라가 말했다.

"한 시간 넘으셨어요?"

"긴장을 풀려고 하는 거예요. 정말 뇌에서 코드를 뽑고 싶을 때 쓰는 방법이에요."

치료사는 그 말이 잠시 허공에 떠다니도록 내버려 두었다. 뇌에서 코드를 뽑으려고 기기에 코드를 연결한다는 아이러니를 그는 놓치지 않았다. "TV는 몇 시간 보세요?" 그가 물었다.

파멜라는 하루가 끝날 무렵이면 너무 지쳐서 몇 시간 동안 소파에 드러누워 멍하니 화면을 쳐다보면서 시간을 죽이고 있다고 인정했다. "아이들도 쇼프로그램을 보면서 똑같이 해요." 파멜라는 말했다.

부모가 퇴근 후 너무 지쳐서 TV를 보거나 페이스북 게시물들을 확인하는 것 말고는 아무것도 할 수 없다면 아이는 그 모습을 본받아 지루함, 번아웃 등의 나쁜 느낌이 들 때마다 그것에서 벗어나기 위해 현실 도피 수단에 의존할 것이다. 전화기와 화면 보는 시간은 자기를 성찰하는 시간을 잡아먹는다. 이 말이 뭔가 마음에 걸렸다면 당신은 자신의 감정을 인정하거나 생각하고 싶지 않아서 도피하려는 목적으로 기기를 사용하고 있지 않은지 바로 지금 2초 정도만 생각해 보자.

만약 그렇다면 그것은 휴식이 아니다. 생각하고 싶지 않아서 또는 주의를 딴 데로 돌리려고 전화기나 넷플릭스를 이용하는 것이 현대인의 훌륭한 취미가 되었다. 화면 앞에 털썩 주저앉아 있는 것이 쉬는 방법처럼 보일 수 있지만, 그것은 사실 훨씬 더 많은 자극을 줘서 뇌를 힘들게 하고 정서적 부작용을 초래한다. 최근 독일의 연구[1]에서 연구자들은 TV를 멍하니 바라보며 앉아 있는 행위가 스트레스를 유발한다는 사실을 알아냈다. 사람들이 할 일을 미루면서 시간 한 뭉텅이를 낭비하는 데 대해 죄책감을 느끼기 때문이다.

반면에 부모가 전화기를 내려놓는 능력을 보여 주면 아이도 아마 똑같이 할 것이다. 식당이나 긴 자동차 여행에서도 그렇다. 2000년대 이전의 아이들은 저녁 식탁에서 부모와 이야기를 나누곤 했다. 자동차 안에서는 창밖을 보거나 대화하거나 라디오를 들었다. 화면을 보지 않는 시간의 이로운 점은 부모와 아이가 공상에 빠지고, 사색하고, 창의적으로 생각하고, 상대와 더 많이 소통하는 방법을 배울(또는 다시 배울) 수 있다는 것이다. 계속 집중을 흐트러뜨리는 것이 없으면 사람들은 자신의 감정을 처리하고 의사를 표현하고 다른 사람들과 연결되는 법을 배운다.

파멜라에게 전화기 사용 시간을 물은 것은 치료사가 망신을 주려고 한 것이 아니다. 중요한 것은 파멜라가 실제로 자유 시간을 어떻게 썼는지 깨닫고 자신을 관찰하기 시작함으로써 사실은 앉아서 명상하거나, 산책하거나, 심지어 아이와 함께 퍼즐을 맞출 시간이 '있었다'는 사실을 인정하는 것이었다.

당신의 화면 보는 시간을 확인해 보라. 큰 충격을 받을 것이다. 그런 다음 인스타그램 보는 시간을 하루에 딱 5분으로 제한하도록 자신을 격려하라. 그 몇 분이 건강과 번아웃을 가르는 차이점이 될 것이다.

육아 번아웃

육아 번아웃은 현실이고 만연해 있다. 직장인의 번아웃과 비슷하게 육아 번아웃은 너무 많은 일을 하려고 할 때, 지속적인 압박과 극도의 스트레스를 느낄 때, 아이에게 사랑, 관심, 지도로 비계가 되어 주기는커녕 어떠한 열정이나 에너지도 낼 수 없을 것 같을 때 나타난다. 번아웃의 결과는 처참하다. 가정에서 아이, 배우자와의 갈등, 우울증, 약물 남용, 불안감으로 이어질 수 있다. 벨기에 연구진의 연구에 의하면 육아 번아웃은 자녀 방치와 폭력, 도피 관념(도망가는 공상)과도 관련이 있다. 더 많이 번아웃되었다고 느낄수록 아이에게 더 많이 소홀해질 수 있고, 그것이 스트레스를 증가시키고 다시 그것이 아이를 더 방치하게 하는 악순환으로 이어진다.

엄마와 아빠는 좋은 의도에서 완벽한 부모가 되기 위해 자신을 혹사하지만 정작 되려고 했던 것과 정반대인 사람이 된다. 벨기에 루뱅 대학교 연구원 모이라 미콜라이차크Moïra Mikolajczak는 최근 심리과학협회와 자신의 연구 결과를 거론하면서 이렇게 말했다. "우리는 아이러니한 결과에 조금 놀랐습니다.[2] 올바른 일을 너무 많이 하려고 하면 결국 잘못될 수 있어요. 부모가 압박감을 너무 많이 받으면 극도로 피곤해져서 부모와 아이 모두에게 해가 되는 결과를 가져올 수 있습니다."

연구자들은 프랑스어권과 영어권 연구 대상자 수천 명에게 '육아 번아웃 조사'[3]라는 설문지를 주고 22개의 문제 항목에 대해 '매우 그렇다.'부터 '전혀 그렇지 않다.'까지로 응답하게 했다. 설문 조사는 세 가지 범주로 나눠져 있다.

정서적 고갈 범주에서 부모는 다음과 같은 문제 항목에 대해 어떻게 느끼는지 응답했다. '나는 부모 역할을 하는 것에 대해 하루하루를 간신히 버티는 것 같다.', '아침에 일어나 아이와의 또 다른 날을 직면해야 할 때 시작하기도 전에 완전히 지쳤다고 느낀다.', '부모 역할 때문에 완전히 방전되었다고 느낀다.', '부모 역할은 내가 가진 자원을 모두 소모하게 한다.'

감정적 거리 질문지는 다음과 같은 문제 항목을 포함했다. '나는 이제 아이에게 내가 얼마나 사랑하는지 보여 줄 수 없다.', '가끔 자동 조종 장치 느낌으로 아이를 돌본다.', '아이의 감정에 주의를 기울이지 않는다.', '아이가 하는 말을 잘 듣지 않는다.', '아이를 위해 정말 최소한으로 해야 할 일만 간신히 한다.'

양육 성취감 문제 항목은 다음과 같았다. '대체로 아이의 감정을 이해할 수 있다.', '아이의 문제를 효과적으로 처리한다.', '부모 역할을 통해 아이에게 긍정적인 영향을 미치는 것 같다.', '평소에 아이와 있을 때 편안한 분위기를 연출할 수 있다.', '부모로서 보람 있는 일을 많이 해내고 있다.'

'매우 그렇다.' 응답이 번아웃을 나타낸다고 볼 수 있다. 물론 증상이 심각한 정도가 다르고 계속 변동이 있다. 어떤 부모는 일요일 밤엔 정서적 고갈이나 감정적 거리 항목에서 '매우 그렇다.'지만, 수요일쯤 되어 기력이 회복되면 더 긍정적으로 세상을 바라볼 수 있게 된다. 또는 부모로서의 성취감에 대해서는 긍정적인 응답을 하지만 그로 인해 정서적으로 고갈되어 있거나 아이와의 친밀감은 낮은 상태일 수 있다. 아

육아 번아웃을 겪고 있습니까?

정상	문제 있음	장애
• 아이가 보기 싫은 행동을 할 때 짜증이 나고 불만스럽지만, 감정을 조절할 수 있다. • 내 양육 기술에 대체로 자신감을 느낀다. • 아이가 귀찮을 때도 있지만 아이와 친밀하다고 느끼고 함께 보내는 시간을 즐긴다.	• 아이에게 쉽게 짜증이 나고 소리 지르는 것으로 반응하고 나서 후회한다. • 자신의 양육 기술이 큰 문제는 없지만 아주 좋지는 않다고 생각한다. • 아이와 친밀하다고 느낄 때도 있지만 친밀한 척 연기하고 있다고 느낄 때도 있다.	• 이유 없이 부모로서 극도의 짜증과 좌절감을 느껴서 아이를 언어적, 신체적으로 학대한다. • 하루에도 몇 번씩 자신이 나쁜 부모라고 느낀다. • 양육의 어떤 측면에 대해서도 열정을 끌어낼 수 없다. • 해야 할 일이 너무 많아서 진이 다 빠지고 아이에게 분노를 느낀다. • 아이가 예전처럼 친밀하게 느껴지지 않는다.

주 소수의 피험자만이 자녀 방치와 폭력, 도피 관념으로 이어질 위험이 높았다. 미콜라이차크 연구팀은 피험자 12명 중 1명, 약 8%가 육아 번아웃으로 고통을 겪고 있었다고 밝혔다. 이 문헌에 실린 검토 의견에 의하면 미국에서 육아 번아웃에 대한 보수적인 추정치는 5%다. 즉, 미국인 부모 350만 명이 번아웃을 경험하고 있다.

미콜라이차크는 "현재의 문화적 맥락에서 부모는 상당한 압력을 받고 있습니다."라고 말했다. "하지만 완벽한 부모가 되기란 불가능하고 그렇게 되려고 하면 완전히 지쳐 버리는 결과로 이어질 수 있습니다. 우리의 연구 결과에 따르면 부모가 에너지를 재충전하고 완전히 지치지 않게 하는 것이라면 그것이 무엇이든 아이를 위해 좋습니다."

벨기에 팀은 스탠퍼드 대학 과학자들과 함께 한 후속 연구[4]에서 피험자에게 일, 가족, 삶의 균형에 대한 새로운 설문을 진행했다. 문제 항목의 일부는 다음과 같다. '나는 가정생활과 직장 생활을 쉽게 조화시킬 수 있다.', '부모로서의 책임감에도 불구하고 나는 나를 위한 시간을 쉽게 찾아낼 수 있다.' 연구자들은 번아웃의 대책이 될 수 있는 자원을 가진 부모가 번아웃에서 보호될 수 있다고 결론 내렸다.

우리는 모두 육아 번아웃의 위험 요인인 완벽주의, 무리하게 많이 떠맡은 일, 부모로서 불안하고 무능하다는 느낌, 항상 집에 머무르며 돌보는 사람으로서 느끼는 고립감 등에 약하다. 그러나 자기 비계를 통해(무리하지 않는 일정으로 생활하

자기 비계 실패

- 아이는 예쁘게 차려 입히면서, 자신은 집히는 대로 아무 옷이나 걸치고 다닌다.
- 자신이 먹는 것보다 아이를 더 잘 먹인다.
- 건강검진을 계속 미루거나 아파도 병원에 가지 않는다.
- 항상 잠을 부족하게 자고 커피를 많이 마시면서 버틴다.
- 정신건강에 문제가 있어도 무시한다.

고, 쉬는 시간을 가지고, 배우자와 전문가에게 도움을 받고, 결과에 상관없이 자신의 노력을 칭찬함으로써) 번아웃을 피할 수 있고 아이에게 존재감 있고 안정적이고 튼튼한 비계가 될 수 있다.

·· 책임 뒤집어쓰기

에마누엘레 박사에게는 사라라는 열세 살 소녀 환자가 있었는데 아이는 자신이 친구가 없고, 성적이 나쁘고, 학교 연극에서 배역을 맡지 못한 것을 엄마 탓으로 돌렸다. 입버릇처럼 하는 말이 "이게 다 엄마 때문이야."였다.

엄마 레베카는 늦둥이 딸을 키우며 항상 곁에 있어 주기 위해 법률가로서의 경력을 포기했다. 그러나 가족이 모두 모였던 어느 치료 시간에 사라는 거의 "고발합니다!"라고 외치는 것처럼 엄마를 손가락으로 가리키며 원망했다.

"네 말이 맞아," 레베카가 동의했다. "내가 수업 일정을 너무 빡빡하게 잡아서 네가 다 소화하기가 힘들었지. 수학 선생님을 좀 더 빨리 알아보고, 오디션 연습을 더 많이 도와줬어야 했는데…."

에마누엘레는 이 역학 관계를 지켜보고 나서 개인 치료 시간에 레베카에게 사라와 레베카 두 사람 모두 자신의 행동과 태도에 책임질 필요가 있다고 말했다. 레베카는 사라의 문제에 대해 자신을 탓하고, 사라의 적대적인 행동을 받아들이며,

아이의 불행에 대해 항상 죄책감을 느끼는 것이 부모로서 해야 할 일이라고 믿는 것 같았다.

아이, 배우자, 부모, 친구, 인터넷이 비계에 돌을 던지도록 허용하면 비계는 약해질 수밖에 없다.

레베카는 사라의 원망을 들을 때마다 참담한 기분이 들었다. 에마누엘레는 해결책 중 하나로 레베카에게 이렇게 말하도록 코치했다. "사라, 네 숙제는 네 책임이야. 숙제를 안 했다면 그건 너한테 책임이 있는 거야." 레베카는 딸의 모든 문제에 대해 책임을 떠맡는 것을 그만두었고 부모로서의 역할과 아이가 책임감을 가지도록 지도하는 비계 능력에 있어서 더 강해졌음을 느꼈다.

"다른 사람의 헛소리를 거부하는 것도 자기 돌봄입니다." 에마누엘레 박사는 말한다.

남의 비난과 손가락질은 중요하지 않다. 완벽한 부모 선발대회가 있다면 세계 어디에서도 우승자가 나올 수 없다. 우리는 모두 패배자다. 우리 중 누구도 완벽하지 않고 그렇게 되기를 꿈꾸면서 괴로워할 이유가 없다. 당신이 가족을 위해 세심한 노력을 기울이고 있다는 사실을 떠올려라. 자신의 감정, 행동, 태도를 스스로 결정하고, 아이에게도 그렇게 하도록 격려함으로써 책임감과 자부심의 본보기를 보여라.

•• 집중적인 자기 돌봄

큰 병, 정신건강상 문제, 심각한 경제적 어려움, 충격적인 이혼 등으로 고통받고 있는 부모는 스스로 안전한 비계가 되는 것이 간단한 문제가 아님을 깨닫게 된다. 그런 상황에 놓이면 "나 혼자 처리할 수 있어." 같은 생각은 그만두어야 한다. 가족과 공동체를 불러 모으고 가능한 한 도움을 많이 받아라.

나는 종종 양육이 전력 질주하는 마라톤과 같다고 말한다. 할 일이 너무 많아서 미친 듯이 뛰어다니는 매일매일을 보내고 있다 해도 장기적으로 생각해야 한다. 아픈 부모가 치료받고 회복하는 동안 부모로서 해야 할 일들을 다른 사람에게 맡긴다면 그것은 사실 아이에게 생존의 지속을 보장하는 옳은 일을 한 것이다.

우리 환자 중 하나인 십 대 소년 제이콥은 불안장애 때문에 도움을 요청했다. 제이콥의 가족은 한 편의 영화가 될 만한 상황에 놓여 있었다. 아빠는 비극적으로 가족(엄마, 제이콥, 여동생)에게 빚만 남겨 놓고 자동차 사고로 죽었다. 엄마는 공과금을 내기 위해 두 가지 일을 병행했다. 그러다가 유방암 판정을 받았다.

엄마는 생계를 위해 쉬지 않고 일했고, 주말이나 일을 하는 도중에 짬을 내서 암 치료를 받았다. 제이콥은 여동생 돌보는 일을 맡았고 아이들은 엄마의 건강과 가족의 생존에 대해 늘 불안해하면서 살았다. 제이콥은 치료 시간에 항상 엄마가 얼마나 보고 싶은지, 엄마가 없어서 얼마나 막막한지 이야기했다. "엄마가 같이 있을 때도 엄마가 없는 것 같아요." 아이의 말에 가슴이 아팠다. 제이콥은 하나 남은 부모와 정서적, 육체적으로 연결되어 있음을 느껴야 했다. 설사 그 부모가 불치병과 싸우고 있고 곧 죽을 수도 있는 상황이라고 해도 마찬가지다.

제이콥이 감정을 표현하는 것이 중요했다. 치료사는 제이콥이 엄마에게 이렇게 말하도록 코치했다. "엄마, 너무 무리하는 것 같아요. 좀 쉬세요." 엄마는 '아이들을 위해 일해야 해'라는 모드에 갇혀 있었다. 그러나 제이콥이 매우 훌륭하게도 그것을 간결하게 정리했다. "우리를 위한다면 우리와 함께 있어 주세요. 에너지를 우리에게 써 주세요." 말하지 않았지만 하려던 말은 "아직 할 수 있을 때."였을 것이다.

엄마는 쉬지 않고 일하면 자신의 처지를 잠시나마 잊을 수 있었기에 회피성 행동을 하고 있었다는 사실을 깨달았다. 친구들과 가족의 도움을 받아 일하는 시간을 줄이고 아이들과 집에서 보내는 시간을 늘렸다. 제이콥 가족에게 정말 다행스러운 일이었다. 고모가 운전과 장보기를 돕겠다고 나섰다. 아이들의 학교에서는 경제적인 도움을 주기 위해 모금을 시작했다. 엄마는 쉬는 시간이 늘어나자 치료를 더 잘 견딜 수 있었다. 세 가족은 엄마의 침대에서 TV를 보고 이야기를 나누며 많은 시간을 보냈고, 그 시간은 그들을 다시 연결했고 제이콥의 불안을 덜어 주었다.

제이콥 엄마의 분투는 극단적인 사례지만, 어떤 부모든 자기 돌봄을 무시하면 그것이 아이에게 간접적으로 상처를 준다. 자신의 욕구를 무시하는 것이 좋은 부모가 되는 유일한 방법인 것 같을 때에도 자기 돌봄을 실천하라.

아이는 부모의 거울

유전학적으로 말하면 정신건강 장애는 가계도에서 드러난다. 불안한 부모는 불안한 아이에게 도움이 필요하다는 사실을 인지할 수도 있지만, 자신이 아이의 문제를 관리해 줄 수 있다고 믿기 때문에 외부 전문가에게 도움을 요청하지 않는다. 이 믿음 때문에 아이는 부모에게서 회피와 자기 인식 부족 성향을 물려받는다. 치료 과정에서 나는 불안한 아이가 자신의 불안이 아니라 부모의 치료되지 않은 불안에 집착해서 상태가 진전을 보이지 않는 경우를 종종 목격한다.

부모 중 한 명은 불안하고 한 명은 그렇지 않을 때 불안한 부모의 증상은 아이의 탄생으로 더 안 좋아지고, 아이 역시 불안한 성향을 지닌 것으로 드러나면 훨씬 더 심각해진다. 불안한 엄마와 불안하지 않은 아빠 사이에 의사소통이 안 되는 문제(한 명은 아이의 문제를 이해하지만 다른 한 명은 '조금씩 좋아지겠지.'라는 기대를 품고 있다)는 부모 사이에 긴장을 유발하고 아이에게도 그 영향이 전해진다.

불안 증세가 없는 부모는 친구나 가족에게 아이의 불안에 관해 이야기하고 싶지 않을 때가 많다. 나는 부모들에게 불안감 때문에 힘들었던 어린 시절의 경험을 아이에게 이야기해 주라고 권한다. 불안을 느끼는 현실에 관해 솔직한 대화를 나누는 것은 부모와 아이가 자기 돌봄을 실천할 수 있는 하나의 방법이다. 튼튼한 비계는 억눌린 감정 위에 지을 수 없다. 세상에는 아직 정신건강에 대한 편견이 많다. 가정에서부터 불안에 대한 오명을 벗겨라. 가족으로서 아이의 불안, 자폐증, 우울증에 관해 함께 이야기를 나눠라.

일부 부모의 경우에는 가정에서 부모와 아이의 정신건강에 관해 이야기하는 것으로 충분하지 않다. 관련 커뮤니티에 가입하면 불안과 스트레스에서 조금은 해방될 수 있을 것이다. 불안한 아이를 키우는 일이 얼마나 어려운지 털어놓을 수 있는 지지집단을 찾는 것도 자기 돌봄의 한 가지 방법이 될 수 있다.

·· 이 모든 감정

2장 앞부분에서 언급했던 것처럼 복잡한 학교 프로젝트 때문에 아들의 선생님에게 분노를 터뜨렸던 리사는 나와 대화를 나누던 도중 전혀 뜻밖의 사실을 시인했다. "전 맥스에게 정말 화가 났어요. 마지막 순간까지 가만히 있다가 그렇게 불쑥 꺼내 놓은 일이 그때가 처음이 아니었어요. 그러고는 부루퉁해져서 어깨를 으쓱하죠. 어쩔 땐 정말이지 아들이 휴… '웬수' 같아요!"

부모라면 누구나 그런 경험이 있다. 너무 화가 나서 다른 누군가에게 폭발했다는 이야기는 부모들에게서 늘 듣는 이야기다. 하지만 내가 "아이에게 화가 났나요?"라고 물으면 부모들은 그것을 인정하기 두려워한다. 아이가 당신을 극도로 화나게 한다는 사실을 인정한다고 해서 잘못될 것은 없다고 생각한다. 아이가 혼날 행동을 했다면 부모는 '차분한 목소리로' 이렇게 말해야 한다. "…때문에 너한테 정말 화가 나." 화가난 이유로 특정 행동이나 태도를 분명히 말해야 한다.

나는 부모가 가끔 자녀를 웬수 같다고 생각하는 것에 개의치 않는다. 물론 그 감정을 아무에게나 말해선 안 되지만 배우자나 치료사는 예외다. 남몰래, 양가감정이 존재한다는 것, 아이들과 놀고 싶지 않을 때가 있다는 것 또는 함께 있는 것이 항상 즐겁지는 않다는 것을 그냥 인정하라. 아이들이 당신을 화나게 할 수 있다. 보기 싫을 수도 있다. 그것을 인정하는 것이 이 완전히 자연스러운 감정에 대해 당신이 느꼈을 수도 있는 죄책감을 덜어 줄 것이다. 나는 치료실에서 부모가 이렇게 말하는 것을 좋아한다. "있잖아요, 아이를 정말 사랑하지만 하… 아이가 도대체 왜 안 잘까요? 진짜 잠을 죽어라 하고 안 자요! 정말 미쳐 버릴 것 같아요!"

자기 돌봄의 토대는 자기를 인식하는 것이다. 특히 아이가 어리고 부모의 삶이 안정적이지 못할 때 부모가 시간을 내서 "잠깐만, '내가' 지금 어떻게 지내고 있지?"라고 생각한다는 것은 정말 쉽지 않은 일이다. 곰곰이 생각해 보니 부모가 되는 것은 생각했던 것과 너무 다르고 아이는 약간 바보 같고 또는 아이도 당신을 바보 같다고 생각한다는 사실을 깨닫게 될 수도 있다. 사람들은 그 감정이 너무 크고 두려울 것 같아서 무조건 도피하려 한다. 그러나 그것을 빨리 인정하고 받아들일수록 기분이 더 나아진다.

리사는 결국 자신이 어쩌면 선생님보다 아들에게 더 화가 났다는 사실을 인정한 후에 숨을 크게 내쉬며 말했다. "진실이 밝혀졌네요."

"아마 기분이 훨씬 나아질 겁니다." 내가 말했다.

리사는 정말 그랬고 선생님께 사과한 후에 기분이 더 좋아졌다.

몇 주 후, 학교에서 '부모의 밤' 행사가 열렸다. 루브 골드버그 프로젝트가 모두 전시되었다. 맥스의 장치는 리사의 말에 의하면 교실 전체에서 가장 형편없었다. 리사는 양가감정이나 후회 없이 맥스의 프로젝트 상태를 받아들였다. 장치는 보잘것없었을지 몰라도 그것으로 리사의 비계가 훨씬 더 튼튼해졌다.

"저는 판지에 스카치테이프가 덕지덕지 붙은 우리의 장치를 자랑스럽게 바라봤어요. 그 모든 일이 있었지만, 결국 함께 이겨냈으니까요." 그녀는 말했다. "그것은 한 행동이 어떻게 다른 행동으로 이어지고, 그것이 또 어떻게 다른 행동으로 이어지는지 우리에게 가르쳐 주기 위한 것이었나 봐요. 맥스와 저는 그 교훈을 얻었어요. 완전히 예상하지 못한 방식으로요. 부모가 번아웃되면 괜한 곳에 비난을 퍼붓게 되고 그것은 죄책감과 후회로 이어집니다. 확실히 깨달았어요. 이제 저는 번아웃을 예방하려고 최선을 다하고 있어요. 아마도 맥스의 다음 과제는 별 탈 없이 해낼 수 있을 것 같아요."

발판을 단단히 고정하라!

자기 돌봄은 부모 역할에 대해 더 힘이 나고, 더 좋은 기분을 느끼기 위해 비계의 발판을 이용하는 것을 의미한다.

인내심

• 부모와 아이가 항상 정신을 못 차릴 정도로 바쁘게 살아가는 대신 속도를 늦춰라. 계속 유지할 수 있는 일정으로 계획을 세워라. 몇 가지는 취소해도 괜찮다. 휴식 시간을 가져라. 쉬어라. 회복하라. 하루에 단 5분이 큰 변화로 이어질 수 있다.

온정

- 자신이 불완전한 인간임을 용서하고 마음껏 자신을 사랑하고 자신과 가족을 위해 하고 있는 모든 좋은 일들에 대해 자신을 격려하라.

관심

- 이런 질문들을 떠올리면서 매일 깊이 생각하는 시간을 가져라. '내 머릿속에 무슨 일이 일어나고 있지? 무엇 때문에 스트레스를 받고 있지? 내가 무시하고 있는 나의 감정이나 생각은 무엇이지? 나 자신에게 관심을 기울이지 못하는 이유가 뭘까? 더 기분이 좋아지고 상황을 개선하기 위해 무엇을 할 수 있을까?'

관찰

- 화면 보는 시간이 혼자만의/낭만적인/산책하는/창의적인/생각하는 시간을 빼앗지 않도록 전화기 사용량을 매일 확인하라.

3장

새로운 청사진 그리기

부정 강화에서 긍정 강화로

건축에서 청사진은 구조물의 형태를 기술적으로 그린 설계도다. 벽, 문, 창문이 어디로 가는지는 물론이고, 숨겨진 전기와 배관 설비를 보여 준다. 모든 건축 프로젝트는 청사진과 함께 시작된다. 청사진 없이 건물을 올리는 것은 불가능할 것이다.

우리 뇌는 수백만 년 동안 진화하면서 그려진, 우리의 행동에 대한 청사진이다. 하지만 뇌 청사진의 어떤 측면은 구시대적이고 현대 생활에 잘 맞지 않는다. 우리는 주택과 아파트에 살지만, 우리의 뇌 청사진은 두껍고 단단해 드나들기 힘든 동굴을 위해 그려졌다.

오늘날의 부모가 효과적인 비계를 세우기 위해서는 오래된 구식 청사진을 버리고 현대적인 청사진을 새롭게 그려야 한다. 새로운 청사진은 밀실 공포증을 덜 느끼게 하는 칸막이 없이 탁 트인 형태여야 하고 증축을 위한 공간을 충분히 반영해야 한다.

클레어는 '인간 토네이도'인 아들 다니엘 때문에 힘든 시간을 보내고 있었다. 일곱 살짜리 다니엘은 방에 들어가면 5분 안에 뭔가를 깨뜨리거나 엎지르곤 했다. 클레어는 아이의 뒤를 따라다니며 "뛰지 마!", "조심해!"라고 경고하는 것이 습관이 되었다. 대참사가 벌어지면 아이를 크게 혼내고 타임아웃을 위한 공간으로 보냈다. "다니엘이 저를 화나게 하려고 일부러 물건을 깨고 마구 뛰어다니는 것 같아요." 클레어는 말했다. 그녀는 아이가 사고 치는 것만 보고 말을 안 들은 것만 기억했다. "저는 한계에 다다랐어요. 아이의 행동 때문에 사람들에게 사과하는 데 지쳤어요. 아이가 언제까지고 계속 이럴 것 같아서 그게 제일 두려워요."

클레어는 (아직) 깨닫지 못했지만, 그녀의 양육 방식은 뇌에 각인된 두 가지 본능에서 나왔다. 둘 다 우리 인간의 뇌에 미리 심어져 있는 것으로 한때는 인류의 존속에 필요했지만, 현재 우리가 사는 세상에서는 독립적이고 자신감 있는 아이를 키우는 데 도움이 되지 않는다. 부모가 이 오래된 본능을 따르면 아이들에게 실제로는 불안을 유발하게 된다.

크게 개선되어야 할 이 두 가지 본능은 '부정 추적'과 '확증 편향'이다.

부정 추적, 즉 '잘못된' 것만 알아채기. 위험을 즉시 감지하기 위해 한시도 경계를 늦추지 않는 것은 우리 인류를 존속하게 했고 사회의 결속력을 높였다. 하지만 부정적인 것에 초점을 맞추는 것은 인간의 행동을 긍정적으로 지도하고 긴밀한 유대 관계를 맺는 데 도움이 되지 않는다. 나쁜 행동에만 집착하면 좋은 행동이 발달하도록 지지할 수 없다. 늘 아이가 하지 '말아야' 할 것을 말하다 보면 아이가 '해야' 할 것을 가르칠 수 없게 된다. 클레어가 다니엘의 모든 문제 행동에만 시선을 고정하고 아들의 좋은 면은 어느 것도 보지 못하는 것이 대표적인 예다.

확증 편향, 즉 자기가 항상 '옳다'고 믿기. 자녀가 '나쁜' 아이라는 부정적인 자기충족적 예언을 만들어 내고 그러한 생각을 더 굳히기 위해서만 정보를 이용(그리고 왜곡)하는 경향이다. 확증 편향이 있는 부모는 아이를 '모범생', '말썽쟁이'와 같이 특정한 유형으로 분류하고 상반된 증거가 나와도 한번 규정해 놓은 특성을 놓지 않는다. 다니엘은 아직 일곱 살에 불과한데 클레어는 이미 아이가 언제까지나 자신에게 좌절감을 안겨 줄 것이라고 결론 내렸다.

아이의 자신감을 북돋우고 둘 사이의 유대 관계를 공고히 하는 강력한 비계를 세우려면 결함 있는 청사진을 내다 버리고 성장을 위한 공간을 허용하며 불안을 예방하는 새로운 청사진을 그려야 한다.

∙∙ 부정적 행동에만 집착하는 부모

생존 자체가 인류의 목표였던 시절, 부모는 자녀가 극도로 위험한 짓을 저지를 때만 아이에게 주의를 기울일 수 있었다. 하지만 그 방식은 현대의 관계를 발전시키는 데에는 잘 작동하지 않는다.

나는 이 주제에 대해 강의할 때 부모들에게 운동장에 20명 정도의 아이들이 있는 사진을 보여 주고 가장 먼저 무엇이 눈에 띄는지 말해 보라고 요청한다. 부모들은 언제나 코를 후비는 아이, 울고 있는 아이, 다른 아이에게 주먹질하는 아이에게 주목한다. 그들이 알아차리지 못하는 것은 자기 것을 나눠 주는 아이, 그 옆에서 조용히 놀고 있는 아이, 다른 아이에게 같이 놀자고 손짓하는 아이다.

부모들은 종종 이렇게 묻는다. 그러면 긍정적인 행동에만 주목하고 부정적인 행동은 못 본 척해야 합니까? 아니다. 튼튼한 비계는 솜사탕이나 백일몽 위에 세워지는 것이 아니다. 새로운 청사진의 설계는 부정적인 행동만이 아니라 부정적인 행동과 긍정적인 행동 '모두'를 알아차리는 것이다. "문헌에 따르면 부모가 아이의 긍정적인 행동(초점을 맞추고 있는 부정적인 행동과 반대되는)에 '더 높은 비율'로 주의를 기울일 때 원하는 행동을 더 많이 볼 수 있게 됩니다."라고 아동정신연구소의 임상 심리학자, 데이비드 앤더슨은 말한다. "예를 들어 최근에 한 부모가 상담을 의뢰했는데, 딸아이가 항상 음식을 손으로 집으려 해서 그때마다 혼내느라 힘들다고 하더군요. 저는 접근법을 바꾸라고 했어요. 우선 부정적인 행동의 반대를 생각하라고요. 그것은 보기 좋게 음식을 수저로 먹는 행동이었고 딸이 얼마나 자주 그렇게 하는지부터 관찰하라고 제안했습니다."

뭔가를 엎지르는 행동의 반대는 주스를 다 마실 때까지 한 방울도 흘리지 않는 행동이었다. 일단 그 반대 행동을 알아차리는 것으로 초점을 바꿔라(그리고 아이가 그 행동을 보일 때마다 칭찬하라). 밤에 침대 밖으로 뻗질나게 나가는 아이에게 짜증 내는 횟수를 줄이고 대신 그대로 있을 때 감사하는 횟수를 늘려라.

감사와 비판의 비율은 3:1 정도가 좋다. 부정적인 행동을 알아차리는 데에만 익숙한 부모는 그렇게 하기가 쉽지 않지만, 장기적인 보상은 이를 악물고 고통을 참을 만한 가치가 있을 것이다. "자녀의 행동을 관리하기에 앞서 자녀와의 관계를 다져야 합니다. 아이가 성공하면 고마워하고, 부정적인 행동에 주목하고 소리치는 것을 줄이면 관계가 더 강력하고 따뜻해질 것입니다. 또 시간이 지나면서 실제로 행동이 변화하는 것을 보게 될 겁니다." 앤더슨 박사는 말한다.

∵ 긍정적 행동을 부지런히 알아채기

새로운 청사진은 어떻게 그려야 하고 3:1 비율은 어떻게 달성할 수 있을까?

믿을 수 있는 방법은 '과잉학습'이라고 불리는 것이다. 그것은 농구 선수가 3점 슛을 수천 번 반복해서 연습하는 것과 비슷하다. 그가 경기장에서 수비수를 앞에 두고 슛을 넣을 때는 압박감 때문에 실력을 온전히 발휘하지 못할 수도 있지만, 연습을 너무 많이 했기 때문에 그래도 슛을 성공시킬 가능성이 더 크다.

따라서 새로운 청사진에서 처음 두세 달 동안 부정적인 행동을 비판하기보다 긍정적인 반대 행동에 감사하는 습관을 과잉학습하기 위해 3:1보다 '훨씬 더 높은' 비율을 목표로 하라. 정신적인 훈련이 필요한 일이고, 그것은 바쁘고 고된 하루하루를 살아가고 있는 부모들에게 부담스러운 요구다. 하지만 당신이 그것을 얼마 동안이라도 할 수 있다면 아이의 행동에서 변화를 눈치챌 수 있을 것이다. 그 변화가 몇 달 동안 유지된다면 당신은 최적의 타점을 친 것이다.

자신이 듣기에 아무리 가식 같더라도 아주 과장해서 감탄하라. 아이가 손으로 먹는 것을 멈출 수 있다면 약간 어색한 것은 견딜 만하지 않은가? 한 엄마는 칭찬의 서두에 '짜식'이라는 단어를 써서 쑥스러움을 극복했다고 말했다. "그 단어 덕분에 왠지 덜 어색해졌어요. 이런 식으로 말하는 거죠. '짜식, 간식을 하나도 안 흘리고 먹었네, 고맙다. 짜식, 누나한테 예의를 지켜 준 것 고마워.'" 그녀는 말했다. "다른 어떤 상황에서는 '짜식'이라고 말하는 것이 곤란할 수 있어요. 하지만 이럴 때는 고마움을 표현하는 데 도움이 되었어요."

짜식, 도움이 된다면야.

∙∙ 모든 것을 추적하기

2주 동안 아이는 실험 대상이고 당신은 실험실 가운을 걸치고 클립보드를 든 과학자라고 상상하라. 연구할 특정 문제 행동을 고르고 데이터 수집을 시작하라. 잠자리에 드는 시간이 늘 문제가 되고 있다면 그것에서 시작해 보자. 매일 밤 아이가 어떤 이유로 몇 번이나 침대 밖으로 나오는지 세어 보자. 당신이 어떻게 반응하는지 기록하라. 그리고 아이가 침대 밖으로 나오지 '않은' 횟수를 기록하라.

부모는 일주일 중 아이가 취침 시간 규칙을 어긴 이틀 밤에 집중하는 경향이 있고, 나머지 5일에 대해서는 완전히 잊어버린다.

데이터가 아이의 행동이 그럭저럭 괜찮다는 사실을 보여 준다면, 걸핏하면 비상경계 태세에 들어가는 대신 취침 시간에 대해 느긋해지는 법을 당신이 배워야 할 수도 있다. 데이터와 함께 태블릿이나 클립보드를 들여다보면서 아이가 힘들게 한 날이 이틀 밤이었고, 당신이 한 번은 소리를 질렀고, 한 번은 감정을 통제했음을 깨달을 수 있다. 다음 주에는 당신이 '참지 못한' 횟수를 줄이기 위해 노력할 수 있다.

부모가 자신과 아이를 추적하고 그 데이터를 무엇이 효과가 있고 무엇이 없는지 배우는 데 이용하면 나쁜 밤이 점점 줄어들고 점점 짧아질 것이다. 한 번 잘못되었다고 해서 아이가 가망이 없는 것은 아니다. 자는 시간이든 노는 시간이든 숙제하는 시간이든 뭔가에 대해 데이터를 수집함으로써 부모와 아이는 무엇이 잘 되고 잘 안 되는지, 그리고 모두에게 유익하려면 그 정보를 어떻게 사용할지에 주의를 기울일 수 있다.

·· 무시하라. 미끼를 물지 말라

십 대 아이들에게 20명의 부모가 방 안에 있는 사진을 보여 주고 무엇이 보이는지 말해 보라고 하면 아이들은 언제나 아이에게 호통치고 있는 아빠나 화가 나서 양손을 허공에 올리고 있는 엄마를 가리킬 것이다. 끈기 있게 아들의 숙제를 도와주고 있는 엄마와 사려 깊게 딸의 고민을 듣고 있는 아빠를 아이들이 반드시 알아차리는 것은 아니다. 모든 사람의 뇌는 태어날 때부터 공격적이고 해를 끼치는 행동을 눈여겨보도록 설정되어 있다. 하지만 부모가 부정적인 행동에 항상 반응한다면 아이의 부정 편향이 더욱 강화된다. 아이는 관심이 필요할 때 부모가 모든 관심을 집중하고 있는 것 같은 행동, 즉 나쁜 행동을 보여 줄 것이다. 십 대는 관심을 끌기 위해 부모의 화를 돋우기도 한다. 그리고 이를 이용해 당장 숙제를 해야 하는 상황을 전혀 다른 상황으로 돌리기도 한다.

부모들에게 이 원리를 설명하면 모두들 놀란 눈을 하고 말을 잇지 못했다.

열세 살 소년 스티븐은 숙제하는 것을 싫어했다. 스티븐의 아빠 마이클은 아들의 치료사에게 매일 밤 둘이 숙제 때문에 치열하게 싸운다고 말했다. 마이클은 아들에게 저녁 먹은 후에 앉아서 책을 펴고 숙제하라고 말했다. 스티븐은 간식을 먹은 뒤, 화장실에 가서 온라인으로 뭔가를 확인했고, 그러는 동안 아빠는 점점 화가 치밀어 올랐다. 아빠는 결국 꾸물거리는 아들을 나무랐다. 스티븐은 아빠가 자신을 방해하는 것에 대해, 나쁜 아빠인 것에 대해, 그리고 자신을 나쁜 사람으로 만들려 한다며 대들었다. 거기에서부터 싸움은 항상 크게 번졌다.

둘은 모두 부정적인 청사진을 사용하고 있었기 때문에 이 패턴에 갇혀 있었다. 그 사이 숙제는 방치되고 있었다.

부모는 십 대가 관심을 받기 위해 부모를 화나게 하는 것에 그저 관심으로 보상해서는 안 된다. 특히 아이가 실제로 매번 그렇게 행동한다면 숙제에서 벗어날 기회를 허용하지 말라. 십 대 자녀가 공부하기로 되어 있는 바로 그 시간에 부모에게 약간 불쾌한 말을 한다면 미끼를 물지 말라. 대신 이렇게 말하라. "엄마한테 그런 식으로 말하면 안 되지만 네가 벌써 노트와 필통을 책상에 꺼내 놓았다는 점은 마음에 들어."

무리한 요구라는 것은 알지만, 도발적인 발언과 반항적인 태도를 무시하고 그 순간 눈에 띄는 것이 거의 없다고 하더라도 긍정적인 반대에 초점을 맞춰야 한다. 부모가 고함칠 것을 예상했던 자녀에게도 그 반응이 낯설 것이다. 그때 부모가 이렇게 말한다. "네가 한 말은 좋지 않지만, 네 의사를 분명히 표현한 것은 아주 좋아!"

설사 부모가 양육 전략을 시험하고 있다는 사실을 영리한 아이가 알아차리더라도 무시하는 전략은 효과가 있다. 우리는 여러 번 부모들이 이것을 시도하게 했다. 몇 주 후 아이들

아동 자녀의 긍정 강화를 위한 비계 세우기

- 체계. 아이의 부정적인 행동만이 아니라 모든 행동을 알아차린다고 생각하라. 아이의 행동 전체를 볼 수 있게 되면 무엇이 바뀌어야 하는지 더 잘 이해할 수 있을 것이다.
- 지지. 보고 싶은 행동에 대해 감사를 표현하는 것과 싫어하는 행동에 대해 소리치는 것의 비율을 3:1 이상으로 유지하면서 아이가 긍정적으로 변화하는 데 필요한 모든 정보를 제공하라.
- 격려. 아이를 응원하는 만큼 자신을 응원하라. 본능적 행동을 뿌리째 뽑아내려면 정신적인 훈련이 많이 필요하므로 노력에 대해 자기 자신을 칭찬하라.

에게 이렇게 묻는다. "엄마, 아빠가 예전처럼 말하는 게 좋아, 아니면 지난 몇 주 동안 이것들을 시험해 본 게 좋아?" "예전처럼 돌아가는 게 좋아요."라고 말하는 아이는 한 명도 없었다. 아이들은 그것이 얼마나 이상하게 들리든지 간에 싸우는 것보다 칭찬받는 것을 원한다.

ᐧᐧ 새로운 청사진의 잉크는 얼마나 빨리 마를까?

Q: 부모가 부정 편향 청사진을 오늘 폐기한다면 아이의 행동은 언제 바뀔까?

A: 3개월.

더 빠르면 좋겠지만 새로운 행동이 확실히 자리를 잡아 일상적인 행동이 되는 데 시차가 좀 있다. 하지만 그 과정에서도 고무적인 징후를 볼 수 있을 것이다.

- 2주까지는 부정 편향에서 벗어나는 것에 대한 부모 자신의 저항감을 극복하기 시작할 것이다.
- 4주까지는 과잉학습을 통해 아이 행동의 변화를 확인할 수 있을 만큼 비판 대비 감사의 비율을 높일 것이다.
- 6주까지는 아이가 목표 행동을 일관되게 더잘 할 것이다.
- 8주까지는 아이가 매우 잘 따르고 있는 새로운 방법에 부모가 익숙해질 것이다. (이 시점에서 환자 부모들은 치료

사에게 이렇게 묻기 시작한다. "또 다른 것도 있나요?")

- 12주까지는 부모와 자녀의 새로운 행동이 확립되고 굳어진다.

임상적으로 문제가 심각한 아이들은 나쁜 습관을 깨는 데 4~5개월까지 걸릴 수도 있다. 일반적인 아이들은 8주 안에 가능하다. 힘들더라도 변화가 일어날 때까지 전략을 고수하면 그 효과는 오래갈 것이다. 연구 결과와 개인적인 경험에 따르면 이 해결책은 수명이 길다. 3개월 동안 긍정 강화를 확고히 하면 아이의 좋은 행동은 이후 6개월, 1년, 3년이 지나도 분명히 지속될 것이다. 3개월 동안은 너무 많은 시간과 노력을 들이는 것처럼 느껴질 수도 있다. 하지만 일단 변화를 확고히 하면 편견 없는 추적과 좋은 행동이 뉴노멀이 될 것이다.

아이에 대한 확증 편향

아내 린다와 나 사이에는 두 살 반씩 터울이 지는 아들이 셋 있는데, 외모가 비슷하고, 같은 집에서 자랐으며, 같은 학교에 다녔다. 하지만 강점과 약점, 기질 측면에서는 완전히 다른 사람들이라고 할 수 있다.

첫째 조슈아는 아홉 살 때부터 자기 생각을 분명히 표현하는 지적인 아이였다. 아이가 2학년이던 어느 주말에 우리는 볼일이 있어서 차를 타고 이동하며 사회 불안장애에 대한 라디오 방송을 듣고 있었다. 그리고 집에 도착했을 때 아이가 말했다. "시동 끄지 마세요. 방송 끝부분을 듣고 싶어요."

그래서 우리는 방송이 끝날 때까지 진입로에 차를 세운 채 차 안에 앉아 있었다. 그때 조슈아가 말했다. "아빠, 아빠는 이 사람들이 이야기하는 것을 정말로 이해하지는 못할 거예요. 아빠와 아담(둘째 아들)은 별생각 없이 누구에게나 그냥 이야기할 수 있어요. 엄마와 저는 미리 무슨 말을 할지 생각해야 해요."

나는 조슈아가 그렇게 어린 나이에 그런 자기 인식을 했다는 사실이 자랑스러웠다. 그리고 조슈아의 말은 절대적으로 옳았다. 조슈아와 아내는 모임 장소에 들어갈 때 생각한다. '누가 나한테 말을 시키면 어떻게 하지?' 아담과 나는 모인 사람들을 훑어보며 생각한다. '누구한테 말을 걸어 볼까?'

조슈아는 그날 내게 자신이 누구인지 알려 주었다. 그리고 나는 아이의 말을 듣고 믿어 주는 것으로 아이에게 비계가 되었다. 나는 불안해하는 자녀에게 많은 부모가 흔히 말하는 것처럼 "그냥 마음 편하게 먹고 너답게 해. 넌 잘할 수 있어."라고 말하지 않았다. 아이에게 정말로 "너답게 할" 자유가 주어진다면 부모는 아이의 불안을 가볍게 여기지 않을 것이다. 부모의 비계는 아이가 누구인지 이해할 때 아이의 건물 주위로 형태를 갖춘다. 부모가 생각하는 아이를 기준으로 아이를 가

두고 압박하는 것이 아니다.

　확증 편향은 보통 정치적인 맥락에서 '거품' 속에 사는 사람들을 말할 때 언급된다. 당신이 믿는 것은 당신의 페이스북 피드 속 500명, 당신이 허용한 뉴스 매체, 당신이 가입한 커뮤니티, 당신이 사는 지역에 의해 사실로 확인된 것이다. 그러나 당신은 아이에 대해서도 똑같은 '거품' 사고를 하고 있을지 모른다. 무의식적으로 아이를 위한 청사진을 아이의 두 살 때 성격, 당신의 성격, 당신이 바라는 아이의 모습과 같이 몇 가지 요소에 근거해 일찌감치 그려 놓았을 수도 있다. 공상으로 그린 청사진이 마르고 나면 수정하거나 다시 그리기가 굉장히 어렵다. 클레어 같은 부모가 "다니엘은 사고뭉치예요."라고 말하는 것을 들을 때마다 내 머릿속에는 빨간불이 들어온다. 클레어는 아들에 대한 자신의 평가가 100% 옳다고 생각하고 그 무엇도 자신이 옳다는 그녀의 믿음을 흔들 수 없다. 클레어는 다니엘이 어떻게 행동하든 자신의 확고한 견해를 굳히는 방향으로 그것을 곡해할 것이다. 셀 수도 없을 만큼 많은 부모가 검사가 필요한 아이를 데리고 들어와 이렇게 말한다. "이게 무슨 일인지 모르겠어요. 릴리는 언제나 행복한 아이였어요." 릴리가 행복했던 적이 없었다는 것은 아니다. 아기였을 때 릴리는 아마 행복했을 것이다. 하지만 자라면서 뇌가 바뀌었다. 호르몬이 활성화되었다. 인생이 시작되었다. 내게 데려올 정도로 아이의 불안감과 우울증이 심각하다면 아이는 분명 '항상' 행복하지는 않았을 것이다. 그런데도 부모는 아이를 자신이 공상한 버전이 아니라 있는 그대로 바라보지 못한다.

확증 편향은 위험한 사각지대다. 아이에 대해 자신이 옳다고 생각하는 것은 비계가 필요한 문제를 잘못 처리하는 것으로 이어질 수 있다. 아이가 자신이 어떤 사람인지 말할 때 그렇지 않다고 우기는 것은("그냥 마음 편하게 가져. 넌 잘할 수 있어.") 부모-자녀 관계도 해친다. 부모가 아이의 말에 귀를 기울이지 않고, 거품을 걷고 나오기를 거부한다면 아이는 부모에게 지지를 기대하지 않을 것이다.

·· 그 순간에 믿어 주기

아이가 두 번 연속 수학 시험에서 낙제했다고 하자. 다음 두 번의 수학 시험에서 A를 받으면 아이가 수학 때문에 힘들어하고 있다는 당신의 생각을 바꿀 수 있겠는가?

그래야 하겠지만, 아마 아닐 것이다. 우선, 당신의 뇌 청사진이 문제를 예상하고 찾게 했다(부정 편향). 그리고 부정적인 인상을 확정하기 위해 노력했다. 일단 의견이 형성되면 그것을 바꾸기 위해서는 상반되는 증거가 넘치도록 있어야 한다. 인간은 뭔가 다른 행동을 하거나 다른 사람이 되려고 하는 누군가를 새롭게 받아들이기가 쉽지 않다.

그래서 부모가 이미 '우리 아이는 수학에 소질이 없구나.'라고 생각했다면 그 과목에 대해 걱정하게 되고 예측하게 된다. 아이가 다시 잘하는 모습을 보여 줘도 걱정을 멈추지 못할 수도 있다. 아이가 시험에서 한 번 낙제했었기 때문에 수학을 잘하는 아이에게 비싼 과외 교사를 붙이며 조급해한다.

빅터는 중학교에 다닐 때, 성실하게 공부하지 않았고 학교와 선생님들을 경멸한다고 공공연하게 말하곤 했다. 빅터의 부모는 아침마다 빅터를 집 밖으로 내보내기 위해 진을 빼야 했다. 버스에 태우려고 애를 썼지만 빅터는 언제나 일부러 버스를 놓쳤다.

어떻게든 빅터는 중학교를 졸업했다. 그러고 나서 고등학교에서 무언가가 바뀌었다. 빅터는 새로운 선생님들로부터 격려를 받자 수업에 관심이 생겼고 제시간에 등교하고 싶어졌다. 일단 수업에 참여하기 시작하자 친구가 생겼고 또래 집단의 압력을 (좋은 쪽으로) 느꼈다. 그래서 학교에 관심을 가지고 몇몇 클럽에도 가입했다. 더욱 놀라운 것은 성공하기 위해 자신을 채찍질했다.

빅터의 부모는 빅터에게 변화가 생겼다는 사실을 믿는 데까지 상당한 시간이 걸렸다. 1학년 때는 빅터에게 아침마다 지각하지 말라고 소리쳤다. 빅터가 버스를 단 한 번도 놓치지 않았다는 사실을 깨닫지 못했다. 빅터가 내재적 동기를 가지고 자발적으로 행동하는 사람이 되었음에도 밤마다 숙제에 대한 잔소리를 이어갔다. 2학년 때는 아이가 잘하고 있다는 사실을 인정했지만, 성공의 '밀월기'가 막을 내리고 예전처럼 돌아갈까 봐 계속 두려워하며 살았다. 빅터의 엄마는 빅터가 부모에게서 '뭔가를 얻어내려고' 2년 동안 노력하는 척하는 것 같다고 말했다. 빅터가 정말로 마음을 고쳐먹은 것은 아니라고 생각했다. 빅터의 부모는 빅터가 그들이 '알던' 예전의 아이로 돌아갈 것을 예상하며 살고 있었다.

이 특별한 아이는 언제까지고 게으를 것이라는 부모의 주관적인 편견을 극복하고 수석으로 졸업해 명문대에 갔고, 취직했으며, 독립적인 어른이 되었다. 안타깝게도 빅터의 부모는 10년이 지난 지금까지도 그가 원래 모습으로 되돌아가면 이 모든 것이 비참한 최후를 맞이할 것이라며 걱정하고 있다.

빅터는 부모의 신뢰가 부족했음에도 성공을 유지했다. 하지만 이런 경우는 흔치 않다는 사실을 알아야 한다. 대부분의 가족들에게는 오랜 기간 변화를 유지하는 유일한 방법이 부모가 아이를 신뢰하는 것이고, 벌어지고 있는 모든 좋은 일들을 강화하는 것이며 어떤 성공도 요행으로 보지 않는 것이다. 우리가 경험한 것처럼 성공은 확고한 직선으로만 나아갈 수 있는 것이 아니다. 구불구불한 구간을 지나고, 굴러떨어지기도 하고 왔던 길로 미끄러질 수도 있다. 그러나 아이들(그리고 어른들)은 주위 사람들이 자신을 믿고 지지한다고 느끼면 더 빨리 회복되어 원래 궤도로 돌아올 수 있다.

아이를 믿는 것처럼 행동하라

부모는 자녀의 변화를 확인하고도 그것이 계속되지 않을까 봐 경계한다. 그런 조바심은 지극히 자연스러운 것이지만 동시에 근본적인 신뢰 부족을 드러내고 가족 관계에서 건강하지 않은 것이다.

신뢰에는 시간이 필요하다. 나도 알고 있다. 당신이 지나온 길은 깨진 약속과 좌절된 희망으로 어지럽혀졌을 수도 있다. 하지만 부모로서의 책무는 아이가 지금 어디에 있든 그곳으로 가서 아이를 만나는 것이다. 긍정적인 추진력을 계속 유지하는 가장 좋은 방법은 현재의 좋은 행동을 격려하고 지지하는 것이다. 정말로 되돌아갈 가능성이 있으면 그것에 대처해야 할 것이다. 하지만 그 사이에는 그 순간에 존재하고 앞에 보이는 것에 반응하라. 변했다는 사실을 믿지 않는다고 해도 믿는 것처럼 행동하라.

약물 남용 문제가 있는 십 대 딸을 둔 아버지가 치료사에게 말했다. "제가 왜 노력해야 하죠? 속는 것도 한두 번입니다. 딸이 나아지고 있다고 해서 우리는 모두 그 말이 사실이기만을 바랐는데 거짓말로 드러났네요." 그는 딸을 믿을 수 없었다.

틀림없는 사실은 인간은 쉬운 상대가 아니라는 것이다. 우리는 복잡한 존재다. 아동과 청소년 자녀들은 부모가 가장 좋다고 생각하거나 알고 있는 것대로 따라와 주지 않는다. 그러나 아이에게 그렇게 할 기회가 있다면 변화할 가능성이 더 큰 것이다. 아이가 계속 시도하도록 격려하고 자원을 제공하고 실패하더라도 사랑할 것이라는 확신을 줌으로써 지지하라.

·· 자기충족적 예언

아이가 사고뭉치, 불량 학생, 게으른 사람이라는 말을 반복해서 들으면 결국에는 이렇게 생각하기 시작할 것이다. '나는 구제불능인가 봐.'

나는 ADHD를 앓는 아동과 청소년을 전문으로 하는데 ADHD는 뇌에 원인이 있는 장애인데도 이 아이들은 어릴 때부터 그것이 생물학적인 게 아니고 단지 더 열심히 노력해야 한다는 말을 자주 듣는다. 아이들은 초등학교 고학년 때까지 치료를 받지 못하면 자신이 게으르고, 성가시고, 학교생활에 충실하지 않다고 생각하기 시작하며 그런 기분에 맞게 행동한다.

그 편견이 아이의 자기충족적 예언이 된다. ADHD인 아이가 효과적인 치료를 받고 개선된 것을 선생님과 부모가 알아차리고 인정할 때조차 아이는 여전히 이렇게 말한다. "저는 항상 일을 나중으로 미뤄요.", "저는 너무 게을러요." 그것은 일종의 비극이다. 외부와 내면의 편견은 극복하기가 너무 어렵다.

부모의 편견은 아이를 대하는 방식에 좋은 쪽으로든 나쁜 쪽으로든 영향을 미친다. 피그말리온 효과라고 불리는 이 현상은 1964년 하버드 교수, 로버트 로젠탈Robert Rosenthal에 의해 증명되었다. 그는 샌프란시스코에서 초등학교 교사와 학생들을 대상으로 대단히 흥미로운 실험[1]을 실시했다. 가짜 IQ 테

스트를 만들어 그 위에 하버드 대학 도장을 찍고, 교사들에게는 이 새로운 테스트로 학업적 성공을 예측할 수 있다고 알려준 뒤 18개 학급의 아이들이 응시하게 했다. 그 학생들 중 20%를 완전히 무작위로 뽑아서 그들의 지능지수가 '꽃을 피울' 것으로 예측된다고 교사들에게 말했다. 이후 2년에 걸쳐 로젠탈 박사는 학생들의 실제 IQ 점수를 추적했다. 선택하지 않은 80%의 학생들과 비교해 '꽃 피울 학생들'의 점수가 급등했다. 이 현상을 설명하기 위해 로젠탈 박사는 교사들이 선택된 학생들에게 더 많은 시간을 쏟고, 특별한 관심을 기울이며, 격려했고, 그것이 IQ 상승으로 이어졌다고 밝혔다. 기대가 현실이 되었던 것이다.

청소년 자녀에게 탁 트인 구조로 비계 세우기

- 체계. 아이와 정서적으로 건강한 관계를 유지할 수 있게 생활을 계획하라. 그래야 청소년기 자녀가 자신이 누구이고 무엇이 필요한지 말할 때 제대로 들을 수 있다.
- 지지. 아이가 있어야 한다고 생각하는 곳이 아니라 아이가 있는 곳에서 아이를 만나라. 지금 여기에서, 온정과 긍정 강화로 더 많이 지지하라.
- 격려. 청소년기 자녀에게 할 수 없다고 말하지 말라. 아이가 최선의 노력을 다하고 실패하더라도 계속 시도하도록 격려하라. 기대가 현실이 된다.

추가적인 증거가 필요하다면 과거를 되돌아보는 것으로도 충분하다. 아동기, 청소년기, 어른이 될 때까지 부모나 교사가 당신에 대해 어떤 믿음을 가지고 있었는가? 그들의 기대가 없었다면 당신의 삶이 어떻게 달라졌겠는가?

부모의 비계가 튼튼하려면 청사진이 가능성, 새로운 정보와 발견에 열려 있는 '탁 트인 구조'여야 한다는 점을 기억하라. 그것은 아이가 가장 훌륭한 버전으로 성장하도록 가장 훌륭하게 지지하기 위해 융통성과 힘을 지닐 수 있도록 설계되었다.

'인간 토네이도' 다니엘의 엄마 클레어는 아이의 파괴적인 모습을 지켜보고 기다리는 데 모든 시간을 허비했다. 부정적인 행동을 추적하는 것에만 몰두하다 긍정적인 면들은 모두 놓쳤고 아들이 절대 좋아질 수 없다고 확신하게 되었다. 클레어는 아들은 물론이고 매일 가족과 친구들에게 아들이 '사고뭉치'라고 말했다. 그것은 마치 지인들에게 자신의 편견을 입증하고 강화하는 일에 동참을 요청하는 것과 같았다.

부정 추적과 확증 편향이 다니엘의 긍정적인 행동 변화에 얼마나 부정적인 영향을 미치는지 설명하자 클레어는 경악했다. 그녀의 과잉 각성과 비판이 자기충족적 예언을 만들어 내고 있었다. 관심이 필요했던 다니엘은 엄마의 부정적인 기대에 부응하면서 살고 있었다.

나는 클레어에게 반대되는 행동에 감사하고 추적하는 개

심하게 까부는 건가요, 아니면 ADHD인가요?

정상	문제 있음	장애
• 아이가 활동적이고, 뛰어다니거나 올라가거나 노는 것을 좋아하지만 당신이 이제 집에 가야 한다거나 조용한 활동으로 바꿀 시간이 되었다고 말할 때 그렇게 할 수 있다. • 호기심이 많고 질문이 많다. 당신의 대답에 주의를 기울일 수 있다. • 책을 읽거나 퍼즐을 맞출 때, 지루해져서 딴짓을 하려 할 때도 있지만 한동안은 집중할 수 있다. • 지시에 따를 수 있고 소지품을 챙길 수 있다.	• 아이가 매우 활동적이고, 다른 어떤 활동보다도 뛰어다니고 올라가는 것을 좋아한다. • 놀이터를 떠날 시간이 되면 언쟁을 벌이려 하고 한동안 골이 나 있다. • 식사 시간이 길어질 때 가만히 앉아 있거나 어른들이 이야기할 때 집중하는 것을 힘들어한다. • 관심이 별로 없는 활동을 하는 것을 견디지 못한다. • 수업 시간에 집중하기가 힘들고, 지루하면 수업을 방해할 때가 있다.	• 부주의로 인한 실수를 저지른다. • 쉽게 산만해진다. • 상대의 이야기를 듣지 않는 것처럼 보인다. • 지시를 따르는 데 어려움이 있다. • 정리를 힘들어한다. • 지속적인 노력을 회피하거나 싫어한다. • 건망증이 있고 항상 물건을 잃어버린다. • 꼼지락거리거나 꿈틀대거나 뭔가를 두드린다. • 한 장소에 머무르거나 차례를 기다리는 것을 어려워한다. • 과도하게 뛰고 올라간다. • 조용히 노는 것이 어렵다. • 매우 조급하다. • 항상 '정신없이 바쁘거나 모터에 의해 움직이는' 것처럼 보인다. • 지나치게 말이 많거나 대화에 끼어들거나 생각 없이 불쑥 대답한다.

념을 소개한 것에 덧붙여 다니엘이 ADHD 검사를 받아 보면 좋겠다고 제안했다. "그렇게 행동하는 게 다니엘의 잘못이 아닐 수도 있어요." 나는 말했다. 클레어는 그녀의 어린 무법자, 그녀의 사고뭉치인 다니엘이 엄마의 인내심을 시험하려고 고의로 활개 치고 다닌 것이 아니라는 생각은 미처 하지 못했다. 클레어는 다니엘이 검사받는 것에 동의했다.

그다지 놀랍지는 않지만, 다니엘은 심각한 ADHD였음이 밝혀졌다. 대부분의 부모들이 그렇듯이 클레어는 그 진단에 대해 복잡한 감정을 느꼈다. 한편으로는 아이가 '정상'이 아니라고 의료 전문가가 인정했다는 점에서 안도감을 느꼈다. 다른 한편으로는 아들의 치료 방법에 대해 의구심이 들었다. 학교 주변에서 듣고 인터넷에서 얻은 정보에 의하면 미국 아이들은 제멋대로인 아이들을 좀비로 만들고 싶은 의사들에 의해 과잉 처방을 받고 있었다. 과잉 진단[2]과 과잉 약물 치료[3]는 아동 심리학과 정신의학 분야에서 활발하게 논의되고 있다. 그러나 그 논의가 의미하는 것이 증상이 있는 아이는 꾀병을 부리고 있는 것이라거나 단지 '차분해질 필요가 있는' 것에 불과하다는 것은 아니다.

이 사례에서 나는 대강의 치료 계획을 세울 때 흥분제 처방을 반드시 포함시켰다. 클레어는 그 처방에 대해 고민을 좀 더 해 달라고 요청했다. "리탈린Ritalin과 암페타민Adderall에 대해 나쁜 이야기를 많이 들었어요. 우선 혼자서 몇 가지 조사를 좀 해 보고 싶어요."라고 그녀는 말했다.

신중히 숙고하는 것은 중요하다고 생각하지만, 아들의 약물 치료에 대한 클레어의 혐오감은 디지털 시대의 확증 편향이라는 피할 수 없는 국면을 보여 주고 있다. 인터넷 검색을 이용함으로써 육아 선택에 영향을 주는 편견이 강화되는 것이다.

ᐧᐧ 검색 편향

신경생물학적으로 말하면 우리는 자신의 세계관을 강화하는 뭔가를 찾으면 뇌의 보상 중추에 도파민 분비가 급증한다. 그러한 증거를 찾으면 기분이 좋고 더 찾아내려고 하는 것이 자연스러운 현상이다. 그대로 놔두면 바꾸기 어려운 중독처럼 될 수 있다. 인터넷은 당신이 이미 믿는 것을 강화할 수 있는 것들로 가득하고, 그것들은 당신을 기분 좋게 만든다. 그러니 뭐 하러 다른 관점에서 생각해 보고 자기 자신에게 이의를 제기하겠는가? 사람들이 구글에 질문을 입력하는 방식조차 원하는 답을 얻게 한다. 'ADHD는 근거 없는 믿음인가?', '백신이 자폐증을 유발하는가?'와 같은 질문이 그 예다. '백신과 자폐증의 인과관계에 대한 가장 신뢰할 수 있고 증거 있는 정보가 무엇인가?'라고 입력하는 사람은 아무도 없다.

소아 청소년 정신의학 및 심리학 분야의 주요 관심사 중

하나는 부모가 과학적 증거를 확인하고, 출처를 신뢰할 수 없는 정보에는 귀 기울이지 않도록 돕는 것이다. 예방접종과 자폐증은 우려되는 부문 중 하나다. 또 다른 부문은 처방약의 부작용, 일명 '블랙박스 경고'다. 부모들은 자살 충동과 항우울제 사이의 관련성에 대해 경험이 있는 친구 또는 친구의 친구가 있거나 어떤 이야기를 들었거나 관련된 기사를 읽었을 수 있다. 나는 매일 부모들에게 검색 편향과 잘못된 정보에 대해 말한다. 한 연구가 헤드라인을 장식할 수도 있는데, 그러면 부모들은 이야기의 진위 여부나 그것이 어떻게 보도되었는지와 상관없이 아이의 정신건강 문제를 약물로 치료하는 것을 무조건 염려하게 된다.

얼마 전 언론에서 피실험자 5명 중 1명[4]이 항우울제 복용에도 불구하고 자살 충동을 느꼈다고 밝힌 한 연구를 대대적으로 보도했다. 우리 우울증 환자들의 부모 중 일부는 이 연구를 다룬 헤드라인을 읽고 기겁했다. 그 기사를 보고 불안해진 한 엄마는 이렇게 말했다. "아들을 치료할 때 일어날 수 있는 일들 때문에 두려워요." 그것은 논란의 여지가 많은 연구였다. 사실 다른 연구들에서는 의사가 실제로 약을 더 적게 처방하자 자살률이 증가했다.[5] 우리 관점에서 보면 부모들은 아이를 치료하지 '않을' 때 일어날 수 있는 일을 두려워해야 한다.

약물 복용이나 치료에 대한 부모의 거부감(장애 그 자체보다 치료를 더 염려하는 경우가 많다)은 정신건강 문제에 대한 사회적 낙인에서 비롯된다. 과거에 아이나 부모 자신의 치료 과정에서 안 좋은 기억이 있었을 수도 있다. 많은 사람이 보건의료체계에서 순조롭게 적절한 도움이나 필요한 치료를 받지 못하는 것 같다. 아동정신연구소에서 우리의 임무는 부모에게 치료의 목적을 교육(어떤 경우에는 재교육)하는 것이다. 잘못된 정보는 우리가 치료하고 있는 불안과 다른 장애들을 더 악화시킨다. 불안감이나 우울증이 있는 아이는 약물로 치료하면 좋아질 수 있다는 증거가 있다. 우리는 환자에게 부작용이 나타나는지 면밀하게 관찰하고 환자가 좋아지고 있는지 확인하며 팀 접근 방식을 위해 부모 및 교육 전문가와 협력한다.

"다니엘이 ADHD 치료를 받게 하겠다고 결정한 이유는 제가 제 아들을 알지 못했다는 사실을 깨달았기 때문입니다."라고 클레어는 말했다. "문제는 알았지만, 아이의 상황은 몰랐습니다. 몇 년 동안이나 아이를 부정적으로 생각했기 때문에 관계가 나빠져 있었어요. 뭔가 다른 것을 시도하고 싶었어요." 다니엘은 1년 전에 치료를 받기 시작했고 이제 해당 학년 수준의 책을 읽을 수 있으며 수업 시간에 가만히 앉아 있고 전과 같은 사고뭉치가 아니다. "다니엘이 뭔가를 쏟아도 저는 이제 소리치지 않아요. 닦는 것을 도와주고 노력을 칭찬해요." 그녀는 말했다. "그런 다음 하고 있던 이야기나 일로 돌아가요. 다니엘은 멋진 아이라고 자랑스럽게 말할 수 있어요. 그리고 이제 아이의 삶이 어떻게 펼쳐질지 지켜볼 일을 생각하면 정말 기대가 됩니다.”

발견의 놀라움

유년기는 무엇이든 가능하고 또 그렇게 믿어야 하는 놀라움의 시기다. 양육의 놀라움은 당신이 창조한 인간을 보면서 “이 아이는 누구지?”라고 물을 때마다 만끽할 수 있다.

할아버지가 되니 그 놀라움이 결코 멈추지 않는다는 것을 알겠다. 나는 손자를 보며 생각한다. ‘정말 아름다운 소년이로구나.’ 손자가 아름답다는 감탄은 사람들이 길에서 아들 부부를 멈추게 하고는 같은 말을 할 때 입증된다.

이제 내 친구들도 손주를 보기 시작했고 그들은 손주가 얼마나 아름답게 태어났는지, 사람들이 길에서 아이를 멈춰 세우고, 어쩌면 이리 이쁘냐고 감탄을 쏟아낸다고 내게 이야기한다. 그들이 사진을 보여 줄 때 나는 적당히 맞장구를 쳐 주지만 가끔은 정말로 이렇게 생각한다. ‘이쁜 아이가 아니잖아. 그냥 좀 웃기게 생긴 것 같은데.’ 이제 막 할아버지가 된 친구들은 내가 그런 것처럼 자신의 자녀가 만들어 낸 것에 사로잡힌 것이다. 그리고 그들의 이른바 깜짝 놀랄 만큼 아름다운 아이들이 기저귀 TV 광고 오디션을 보러 가서는 안 된다는 사실을 알아내기까지 시간이 좀 걸릴 것이다.

나는 결코 아기에게 홀딱 반해서 정신을 차리지 못하는 조부모나 부모를 조롱하는 것이 아니다. 하지만 우리는 일단 정신이 들면 아이의 강점과 약점을 객관적으로 인식하는 과정에 들어가야 한다.

아내와 나는 손자가 누구인지 전혀 모른다. 엄마를 닮을지, 아빠 또는 할아버지를 닮을지, 아니면 아무도 닮지 않을지 알 수 없다. 지금은 겨우 6.8kg이다. 어른이 되려면 아직 멀었고 우리가 아이와 함께 아이가 누구인지 수수께끼를 풀어 나가는 동안, 아이는 우리에게 자신을 서서히 드러낼 것이다. 아이가 건물을 짓는 동안 우리는 모두 지지하고 도와주고 지도하고 놀라면서 아이의 비계로서 곁을 지킬 것이다.

발판을 단단히 고정하라!

아이를 키우기 위한 새로운 청사진에 잉크를 칠할 때 발판에 의지해야 하는 것을 기억하라.

인내심
- 긍정적인 반대 행동을 강화하기 시작한 후 새로운 행동을 확립하는 데 3개월까지 걸릴 수 있다. 하지만 멈추지 않아야 한다. 일단 변화가 시작되면 그것이 뉴노멀이 될 것이다.

온정

• 긍정적인 행동을 자주 칭찬하고 격려하라. 아이가 친절과 온정을 기대할 수 있는 부모가 되어야 한다.

관심

• 자신이 하는 말을 듣고 이렇게 물어라. '내가 잘못된 행동만 보고 있나? 아니면 항상 착한 행동에만 집중하고 있나?' 그렇다면 자신의 편견 청사진을 인정하고 다시 그리려고 노력하라.

차분함

• 분노와 적개심은 부모와 아이를 부정적인 패턴에 가둔다. 혈압이 올라가는 것을 느끼면 다음에는 어떤 긍정적인 것도 가망이 없다는 것을 기억하라.

관찰

• 아이의 행동, 예를 들어 잠자리에 드는 시간이나 숙제하는 습관이 부모가 생각하는 것만큼 진짜 나쁜지 알기 위해 아이의 부정적인 행동뿐만 아니라 긍정적인 행동도 모두 추적하라.

4장

기초를 탄탄히 다지기

자녀와의 유대감

부모와 자녀의 관계는 비계를 세울 토대고, 기초다. 기초가 될 곳에 정서적 포용, 긍정 강화, 분명한 메시지, 일관성 있는 규칙이 혼합된 콘크리트를 붓는다면 아이는 탄탄한 기초를 바탕으로 안전하게 성장할 것이다. 정서적 거리감, 부정 강화, 불분명한 메시지, 일관성 없는 규칙이 혼합된 불량 콘크리트를 붓는다면 아이는 믿을 수 없고 불안정한 기반 위에서 힘겹게 성장할 것이다.

마흔두 살인 스테이시는 직장에 다니는 여성으로 열한 살인 딸 마야의 몸무게가 큰 걱정거리였다. 아동 비만[1]은 미국에서 만 6~19세 아이들 5명 중 1명에게 나타나는 심각한 문제다. 여자아이들 사이에서는 비만과 우울증[2] 간에 밀접한 연관성이 있다. 따라서 나는 스테이시의 걱정은 이해했지만, 마야는 비만이 아니었다. 약간 체중이 나가는 편이었지만, 염려할 정도는 아니었다.

"정말 많이 알아보고 노력도 정말 많이 했어요." 스테이시는 말했다. "마야는 샐러드를 먹고, 매일 체중을 재고, 하루에 적어도 5,000보를 걷지만, 친구 집에서 몰래 음식을 먹고, 한밤중에 일어나서 간식을 먹어요. 제 노력을 헛수고로 만드는 게 좀 화가 나요. 저는 마야를 위해서 별짓을 다하고 있는데 마야는 저와 반대편에 서 있는 것 같아요."

나는 물었다. "마야가 어떻게 느끼는지 이야기해 보았나요?"

"그게 의미가 있나요? 마야에게 선택권을 주면 마야는 10kg은 더 늘어날 거예요."

스테이시는 딸이 최고가 되기를 원하는 것 같았다. 그녀는 마야의 건강과 학교에서 놀림받는 것을 걱정했다. 그러나 마야가 고통과 난처함을 겪지 않도록 노력하는 과정에서 체중을 측정하고 식사를 할 때마다 고통과 난처함을 겪게 하고 있었다. 스테이시는 자신의 경계심이 딸의 행복을 위한 것이라고 믿었지만 마야는 아마 비참했을 것이다.

겉으로 보기에는 스테이시가 딸에게 비계 역할을 하고 있는 것처럼 보였다. 그녀는 체중 감량의 필요성을 설명했고 자원을 제공했으며 마야의 진전을 관찰했고 일정과 일과를 통해 체계를 세워 주었다. "저는 매일 아이를 격려해요." 그녀는 말했다. "마야에게 '파이팅!', '할 수 있어!'라고 말해요. 하지만 마야는 그저 마뜩잖게 시선을 돌리죠."

스테이시는 내가 마야의 과식 뒤에 숨겨진 심리 작용을 설명하고 딸의 문제를 고칠 수 있는 전략을 제시할 수 있길 바랐다. 하지만 진짜 문제는 그들의 부모-자녀 관계였다. 스테이시는 모래 위에 비계를 세우려 했다. 그녀와 딸은 매일 소통하고 있었지만, 전혀 연결되어 있지 않았다.

∙∙ 기초 공사

부모-자녀 관계는 저마다 고유하지만, 부모관리훈련Parent Management Training(PMT)으로 알려진 프로그램의 개념을 따르면 예외 없이 개선될 수 있다. 부모관리훈련은 1960년대 콘스턴스 한프Constance Hanf, 제럴드 패터슨Gerald Patterson 등 선구적인 아동심리학자들이 개발한 것이다. '아이 관리'가 아니라 '부모 관리'임에 주목하고, 아이와 부모-자녀 관계의 개선을 위해 부모의 행동을 어떻게 바꾸는지에 초점을 맞춘 것이다. 다음의 각 개념은 비계의 핵심 기둥인 체계, 지지, 격려와 일맥상통한다.

함께 있기. 이것은 이해하기는 쉽지만, 현대 생활의 요구를 고려해 볼 때 녹록지 않다. 부모는 물리적으로 아이와 한 공간에 있을 때 정신적으로도 함께 있어야 한다. 이메일을 확인하거나 상사와 나눴던 대화를 회상하지 말라. 아이와 놀 때, 또는 아이가 그날 있었던 일을 이야기해 줄 때 눈이 흐리멍덩해지는 것을 느끼면 정신을 차리고 지금 있는 장소와 하고 있던 일에, 그리고 함께 있는 사람에게 다시 집중하라.

정서적 포용. 정서적으로 지지하고 지도할 수 있어야 한다. 아이가 감정을 공유할 만큼 부모를 신뢰한다면 온전히 주의를 집중하고, 아이의 감정을 인정하고, 표현하는 것을 허용하라. 자신을 표현한 아이의 능력을 칭찬하고 절대 아이의 감정이 나쁘거나 틀렸다고 말하지 말라. 부모가 감정에 대해 솔직하게 말하는 데 익숙하지 않거나 무뎌졌더라도 아이는 부모가 시도조차 하지 않는 것보다 진지한 노력을 기울이는 것을 더 좋아할 것이다.

감정 조절. 양육 수단으로서 분노를 보여 주는 것은 효과가 없다. 그것은 부모가 노발대발할 때까지, 그리고 노발대발하지 않으면 부모 말을 듣지 않도록 훈련하는 것이나 마찬가지다. 대표적인 사례가 아이를 식사 자리로 오게 할 때 차분한 목소리로 부르는 것이다. 아이는 부르는 소리를 열 번 정도 무시하고 부모가 목소리를 높여 '지금 당장' 오지 않으면 장난감을 다 갖다 버리겠다고 협박할 때만 반응한다. 절대로 화를 내지 말아야 한다는 뜻이 아니다. 그것은 현실적으로 불가능하다. 그러나 분노는 시간이 지날수록 효과가 떨어진다. 결국에는 아무 효과가 없게 된다.

애착 의식. 치료 시간에 우리는 이 질문을 통해 부모에 대한 아이의 애착을 재빨리 알아낼 수 있다. "아빠하고 같이하는 게 뭐야?" 아이가 "일요일 아침마다 식당에 가요." 또는 "몬티 파이튼Monty Python 영화를 봐요."라고 말하면 적어도 하나의 애착 의식, 지속적으로 함께하는 '그들만의 것'이 있다는 사실을 알게 된다. 아이가 "아무것도 안 해요. 아빠는 하루 종일 일하고 주말마다 골프 치러 가요."라고 말하면 그 관계는 좀 더 살펴볼 필요가 있다. 친구와 어울리기 위해 가족에게서 떨어져 나가려고 하는 십 대 자녀라면, 함께할 수 있는 일들의 목록을 자주 살펴 보강하고, 실제로 그것들을 함께하기 위한 노력을 기울여야 할 것이다.

비판단적인 오붓한 시간. 우리는 '특별한 시간'이라고도 부르는데, 아이는 부모의 본보기를 따르고 부모는 아이에게 긍정적인 관심을 기울이겠다는 생각을 고취하며 위의 기술들을 연습하기 위한 시간이다. 함께 무엇을 하든 아이에게 "그렇게 하는 거 아니야."라고 말하거나 아이를 대신해 그림을 그리거나 퍼즐을 맞추지 말라. 그것이 판단하는 것이다. 애착 의식과 마찬가지로 특별한 시간은 반복되어야 한다. 어떤 날은 아이에게 관심을 보이고 어떤 날은 무관심하면 안 된다. 그렇게 하면 부모의 모든 노력이 기계 같고 속임수 같아 보일 것이고 십 대 자녀는 더욱 그렇게 느낀다.

이런 기술들은 여러 아이들을 통제하고 잘 어울려 놀아야 하는 교사에게도 효과가 있다.[3] 사실상 부모관리훈련 개념은 부모가 육체적으로나 정서적으로 아이 곁에 존재하고 아이와 즐거운 시간을 보내는 것에 관한 것이다. 아주 간단해 보이지만 막상 들여다보면 어느 것 하나 제대로 실천하지 않았음을 깨닫게 된다. 부모가 스트레스로 지치고 아이와 시간 보내는 것을 의무로만 여기면 종종 힘들기만 하고 재미없는 것으로 느껴질 수 있다. 하지만 긍정적인 것을 보려고 노력을 기울이면 아이도 반응을 보이고, 분노, 좌절감, 잔소리, 적개심 대신 웃음과 화합이 그 자리를 채울 것이다.

·· 긍정 강화의 마법

칭찬할 만한 행동에 긍정적으로 주의를 환기시키기 위해 구체적인 언어로 칭찬하는 것을 '의미 있는 칭찬labeled praise'이라고 부른다. 부모가 가치 있게 여기고 높게 평가하는 것에 대해 언급하면 아이에게 도움이 될 것이다.

근래에 지나친 칭찬에 대한 역풍이 약간 있었는데 아이에게 계속 "놀라워!," "굉장해!"라고 말하는 것이 아이(또는 어른)를 '칭찬 중독자'로 바꿔 놓을 것이라는 이야기다. 모든 칭찬이 도파민을 뇌에 공급하고, 시간이 지나면 아이가 그것에 중독될 것이라는 논리다. 아이에게 동기를 부여하는 것은 과제 그 자체 또는 성취에 대한 만족감이 아니라 칭찬을 받는 것이 된다. 최상급 칭찬이 쇄도할 것으로 예상되지 않으면 칭찬 중독자는 그 무엇도 할 이유를 찾지 못한다.

아이들의 머리를 공허한 칭찬으로 채우는 것은 그들의 위를 불량 식품으로 채우는 것과 같다는 의견에 동의한다. 반면에 '의미 있는' 칭찬은 태어날 때부터 부모와 보호자에게 자신이 하는 것이 올바르고 좋은 것이라는 인정과 지지를 기대하는 아이에게는 완전한 정서적 자양분이다. 아이들은 약간 겁이 나고 진지하게 노력해야 하는 뭔가 새로운 것(걸음마 배우기, 친구 사귀기, 글자 읽기 등)을 성취했을 때 부모와 기쁨을 나누고 인정의 박수를 받고 싶어 한다. 나는 중년의 나이에도 여전히 부모에게 인정받기를 원하는 많은 사람을 알고 있다. 인정받지 못하면 여전히 정신적 고통에 시달리는 사람들도 많다.

다음은 의미 있는 칭찬에 대한 몇 가지 지침이다.

진심이어야 한다. 아이들은 어떤 어른보다도 가짜 냄새를 잘 맡을 수 있다. 부모가 진심으로 하는 말이 아니라는 것을 아이가 눈치채면 칭찬은 가치를 송두리째 잃을 것이고 아이는 부모가 진실을 말해도 부모의 말을 신뢰하지 않을 것이다.

구체적이어야 한다. "잘했어!"라고 막연하게 말하는 것은 크게 반향을 불러일으키지 못한다. 다음과 같이 말하자. "불렀을 때 바로 식탁으로 왔구나. 잘했어!", "동생이 네 장난감을 여기저기 던졌는데도 오늘 동생한테 정말 잘해 주었어", "설거지 도와줘서 정말 고맙다." 무엇이 부모를 행복하게 하는지 아이가 '정확하게' 알 수 있도록 보고 싶은 모습을 분명하게 말하라.

결과가 아닌 행동을 칭찬하라. 이것은 정말 중요하다. 긍정적인 행동을 칭찬하는 것은 부모의 비계와 아이의 자부심의 기초가 된다. 머리 좋은 학생이 공부를 열심히 하지 않았음에도 미적분 시험에서 A를 받았다고 하자. "잘했어! 정말 훌륭해!"라고 말했다면 설렁설렁해서 대충 상황을 모면한 것을 칭찬한 것이 된다. A는 훌륭한 성적이지만, 학생이 노력한 결과가 아니라면 칭찬할 가치가 없다.

반면에 아이가 몇 시간 동안 공부해서 C를 받았다고 하자. 모든 아이가 A나 B를 받을 수는 없고 C를 받기 위해 몇 시간 동안 노력한 아이는 칭찬을 많이 받을 자격이 있다. "시험 준비를 그렇게 열심히 하다니 정말 잘했어!"라고 말해야 한다.

우리가 모두 알고 있는 것처럼 성공한 삶을 살기 위해 정말 필요한 기술은 회복력이다. 코사인과 정수 계산? 별로 필요하지 않다. 성적이 아니라 노력을 칭찬하라. 노력이 없다면 박수를 보류하라.

아이가 인내심이나 표현력, 협조, 노력을 보여 줄 때마다 당신이 그 모습에 주목했고, 감격했다고 말하라. 그러면 아이는 당신이 칭찬한 그 긍정적인 행동을 늘릴 것이다. 아이의 자부심을 키우고, 유대감을 높일 것이다. 의미 있는 칭찬의 기초 위에 튼튼한 양육 비계를 세워라.

또 한 가지 중요한 사항은 아이의 감정을 인정하기 위해 의미 있는 칭찬을 사용하는 것이다. 예를 들어 아이가 왕따 사건에 대해 속마음을 털어놓을 때 "그 사건에 관해 알려 주고 속상한 마음을 이야기해 줘서 고마워."라고 말하면 비밀을 밝힌 것에 대한 위안이 될 것이다. 아이가 감정에 이름을 붙이고 그것에 관해 이야기할 수 있다면 세상에 효과적으로 대처할 수 있을 것이다. 하지만 반대로, 무슨 일이 있었는지 더 많은 정보를 얻기 위해 즉시 아이에게 질문을 퍼부었다면(모든 부모가 마음 같아서는 그렇게 하고 싶을 것이다) 아이는 불안하고 창피해질 것이고 대화 창구의 문이 쾅! 하고 닫힐 것이다.

아이가 특정 기술이나 행동을 개선하게 하려면 강조를 위해 한 번에 한 가지나 두 가지에 대해서만 집중적으로 칭찬하라. 아이가 그 행동을 완전히 익히면 다음 칭찬으로 넘어가라.

·· 비판도 긍정적으로 표현될 수 있다

긍정 강화를 비판 금지로 해석해서는 안 된다. 아이가 당신이 싫어하는 뭔가를 할 때는 지적해야 한다. 깎아내리거나 모욕하는 것처럼 느껴지지 않게 행동을 바로잡는 피드백을 줌으로써 비게 역할을 하라. 옆구리를 슬쩍 찌르는 것처럼 느껴지는 피드백이어야 한다.

아이가 아니라 행동에 대해 피드백하라. 의미 있는 칭찬처럼 행동을 바로잡는 피드백은 가능한 한 구체적이어야 한다. 아이가 말을 분석하거나 어떤 것도 추론할 필요가 없어야 한다. 비판이 인신공격은 아니라는 것을 확실히 표현하되 무엇을 용납하지 않는지 분명하게 밝혀라. 예를 들어 "나는 너를 사랑하지만, 동생을 놀리는 건 싫어."라고 말할 수 있다.

결과에 이른 과정에 대해 아이와 대화하라. 아이가 시험에서 나쁜 점수를 받고 집에 왔다고 하자. 아이가 공부하라는 말을 듣지 않고 비디오 게임을 했기 때문에 당연한 결과다. 아이가 성적에 대해 어떻게 느끼고 왜 그런 성적을 받았다고 생각하는지 대화하라. 어떤 핑곗거리를 내놓더라도 '어떻게'와 '왜'로 대화를 이끌어라. 무엇이 잘못되었는지 스스로 알아낼 기회를 주고 그렇게 했을 때 칭찬하라. 아이가 어찌할 바를 모르면 부모는 관찰한 것을 이렇게 말할 수 있다. "나는 네가 컴퓨터를 오래 하는 건 보았는데, 공부하는 모습은 거의 못 봤어." 관찰에 따른 의견을 감정 없이 전달하라. 아이가 거짓말하거나 게으름을 피웠다고 비난하는 것이 아니라 그저 사실을 말하는 것이다. 그러고 나서 따뜻하면서도 권위 있게 말하라. "네가 더 잘할 수 있다는 걸 알아."

명확한 지시를 포함하라. 아이에게 '정확히' 무엇을 기대하는가? 최대한 구체적이고 분명해야 혼란이 없다. 피드백은 명령하는 것이 아니다. 부모는 훈련 교관이 아니다. 하지만 부모는 권위자고 아이는 지시를 기대한다. 자는 시간을 늘 안 지키려고 하는 아이에게 피드백을 줄 때는 선제적으로 아이의 행동을 지시하라. 예를 들어 "침대로 갈 시간이다. 잠옷으로 갈아입어. 책을 골라라. 침대로 들어가. 엄마가 5분 안에 가서 볼 거야." 집에 연락하는 규칙을 잘 지키지 않는 좀 더 큰 아이에게는 이렇게 말하라. "파티에 가는 것은 좋지만, 자정 까지는 집에 들어오렴. 그때까지 집에 못 오는 이유가 생기면 11시 45분까지는 전화하거나 문자를 보내서 알려 줘야 해."

∴ 아이의 좋은 행동을 포착하라

모든 행동에 대해 칭찬하고, 설명하고, 지도해야 한다고 생각하는 부모도 있을 것이다. 정답이다! 지겨울 수는 있지 만, 그것이 가장 좋은 방법이다!

아동정신연구소의 불안장애센터 수석 이사, 레이첼 버스 먼은 아홉 살 된 아들에게 "'많은' 피드백을 주고 있지만, 그 것이 아이가 배우는 방법"이라고 말했다. "아들이 제가 좋아 하는 뭔가를 할 때마다 이렇게 말합니다. '코트 걸어 놔 줘서 고마워.', '잠잘 준비를 그렇게 잘 하다니 정말 좋다.' 또 좋지 않은 뭔가를 볼 때마다 지적합니다. '자는 시간이 8시 30분인 데 8시 45분에도 침대 밖에 있으니까 엄마 마음이 안 좋아.' 그래서 나쁘다거나 말을 듣지 않는 아이라고 말한 적은 한 번 도 없어요. 비난은 도움이 되지 않아요. 특히 불안하거나 예 민한 아이는 '너무해! 엄마는 날 싫어해!'라는 생각에 휩싸이 게 될 겁니다."

피드백에 대한 반응을 해독하는 것이야말로 아이에 대해

배울 수 있는 기회다. "아이가 '엄마는 날 싫어해!'라고 말한다면 부모는 너를 사랑하지만, 그 행동이 마음에 안 들 뿐이라고 피드백을 다시 줘야 합니다." 버스먼 박사가 말했다. "'저를 싫어하네요.'라는 말은 대화에서 빠져나가거나 그것을 권력 투쟁으로 바꾸려는 시도일 수 있어요. 그 함정에 빠지지 마세요. 행동을 바로잡는 것에 계속 집중하세요. 설명을 간단하게 하세요. 가능하면 한 문장이나 두 문장으로 말하세요. 잔소리를 늘어놓지 말고, 말하려는 핵심이 무엇인지 생각하세요." 아이는 열변을 토하거나 잔소리하는 것을 귀담아 듣지 않는다. 침착하게 피드백과 지시를 전달했다면 부모는 할 일을 다한 것이다. 지겹도록 반복해야 할 수도 있지만, 할 때마다 감정을 배제하고 간단명료하게 말해야 한다.

아이가 행동을 바로잡는 것을 포착하고 얼마나 피드백을 잘 받아들였는지에 대해 의미 있는 칭찬을 하라. 이렇게 말하라. "네가 열심히 공부하고 퀴즈 내 달라고 하니까 정말 좋다.", "네가 제시간에 자려고 누우니 기분이 좋구나.", "부탁한 대로 연락해 줘서 정말 고마워."

칭찬한 다음에는 양육에 대한 피드백을 요청하라. "내가 얘기한 대로 하니까 어때?"라고 물어서 그 과정에 대한 감정이 좋든 나쁘든 표현하고 말하게 하라. 아이가 하는 말이 마음에 안 들 수도 있지만 중요한 것은 아이에게 자기 자신을 표현할 기회가 있다는 것이고 부모는 이렇게 말하면서 아이의 감정을 인정해야 한다. "자는 시간 규칙이 엄격해서 기분이 안 좋다는 것을 말해 줘서 기뻐. 네 마음 잘 알겠어. 하지만 당분간은 자는 시간을 그대로 유지할 거야." 아이가 뭐라고 말하든 부모로서 당신은 계속 규칙을 정하고 지시하고 지도할 권한이 있다.

아이가 따르지 않는 이유는 당신과 관련이 없다. 바로잡으려는 행동을 아이가 계속 반복할 때 일부러 당신을 무시한다거나 그 행동 뒤에 숨은 의미나 은밀한 적개심이 있다고 억측하지 말라. 당신과 관련이 없다. 당신이 그것을 (침착하게) 아주 여러 번 (간결하고 일관되게) 설명했더라도 아이가 잘 잊어버리거나 산만하거나 그냥 그 과업의 중요성을 인식하지 못해서 그런 것이다.

계속 말을 듣지 않는 것에 대한 잘못된 반응은 무엇일까? 불같이 화를 내는 것이다. "내가 지금까지 몇 번을 말했어? 먹고 나서 그릇 싱크대에 넣으라고!"

'나 지금 진심이야'라는 눈빛으로 눈을 맞추면서 침착하면서도 아주 심각한 말투로 실망감을 전달함으로써 주의를 끌 수 있다. 고함치지도 말고 웃지도 말라. 이런 식으로 말하라. "먹고 나서 그릇 싱크대에 넣으라고 말할 때마다 좀 힘들구나. 내가 부탁한 것을 네가 안 하니까 기분이 정말 안 좋아져." 아이는 언제 부모가 정말 불쾌한지 알고 있어야 하고 나쁜 행동을 하면 자신을 가장 사랑하는 사람들에게서조차 부정적인 반응이 나온다는 사실을 이해해야 한다.

표현 방식을 통해 긍정적인 태도를 유지하라. '보고 싶지 않은' 행동이 아니라 보고 싶은 행동을 말하라. "게임하느라 시간 낭비하지 마라."가 아니라 "공부하는 게 보고 싶어."라고 말하라. "친구들 때리지 마."가 아니라 "친구를 배려하는 아이가 되면 좋겠다."라고 말하라. "하지 마"가 지나치면 아이가 수치심을 느낄 수 있고, 수치심은 동기를 부여하지 못한다.

특정 행동이 계속 반복된다면 방해하는 요소가 있는지 알아내는 게 도움이 될 수 있다. 아이가 만 7세 이상(설명할 수 있는 나이)이라면 부모는 무슨 일인지, 왜 지시를 따르지 않는지 물을 수 있다.

"한동안 저는 아들과 자는 시간을 두고 같은 대화를 반복하고 있었는데 8시 30분에 불을 *끄라*고 말하는 게 정말 질리더군요. 아마 아들도 그 말을 들을 때마다 많이 지겨웠을 겁니다." 버스먼 박사는 말했다. "확실히 알아듣도록 말하곤 했지만 매일 밤 자는 시간은 지켜지지 않았습니다. 이유를 묻자 아이가 말했어요. '엄마, 엄마는 제 말을 안 듣잖아요. 이제 숙제하는 데 시간이 더 오래 걸려서 불을 *끄기* 전에 10분밖에 책을 못 읽는다고요. 원래는 20분이었는데.' 저는 아이에게 아주 흥미로운 지적이라고 말했고 자기 생각을 그렇게 잘 표현한 것을 칭찬했어요."

그래서 아이는 10분 더 책을 읽게 되었을까?

아동 자녀의 순응을 위한 비계 세우기

- **체계.** 아이가 잘 따르는 모습을 볼 때 보이는 대로 묘사하여 피드백하는 습관을 들여라. 잠자리에서 한꺼번에 전달하려고 피드백을 모아 두지 말라. 전달 수단은 일관되고 생산적이어야 한다. 간단하고 분명하고 침착해야 한다. 아이가 자신의 입장에서 협상하는 것을 허용하되 그럼에도 부모의 결정에 따르게 하라.
- **지지.** 아이가 피드백을 듣고 무엇을 해야 하는지 알 수 있도록 충분한 지침을 주어라. 스스로 바로잡을 자유를 줌으로써 실수에서 배울 수 있도록 지지하라. 아이의 감정을 인정하라. 부모에 대한 아이의 피드백에 동의할 필요는 없지만 들을 필요는 있다.
- **격려.** "고마워."라고 말하는 것은 아이가 계속 잘하고, 시도하고, 바로잡도록 격려하는 간단하지만 훌륭한 방법이다.

버스먼 박사는 말한다. "때로는 안 된다고 말해야 합니다. 저는 이렇게 말했어요. '그런 사정이 있었구나, 무슨 말인지 알겠어. 하지만 불 끄는 시간은 8시 30분이야. 어렵고 마음에 안 들겠지만, 시간은 엄마가 결정하는 거야. 사랑해, 잘 자렴.'"

아이의 주의를 끌고, 의견을 듣고, 민주적으로 협상하지 못할 이유는 전혀 없다. 하지만 결국 권한은 부모에게 있다. 아이의 감정을 듣고 인정하는 데 최선을 다하라. 그런 다음 결정을 내리고 재검토가 적절해질 때까지 그것을 고수하라.

·· 금전적 보상을 약속해도 좋다

사람처럼 관계에도 분위기가 있다. 관계는 때때로 행복하고 기쁘다. 또 문제가 많고 아주 성가실 때도 있다. 부모-자녀 관계의 분위기는 부모의 상호작용과 개입에 따라 달라질 것이다. 아이가 아동에서 청소년이 되면 분위기가 대체로 퉁명스럽고 적대적일 수 있다. 청소년 자녀와 마주 앉아 있을 때 '아이의 좋은 행동을 포착하라.'라는 원칙은 말처럼 쉽지 않다. "저녁 식사를 함께해 줘서 고마워." 같은 가벼운 칭찬을 하는 것은 가능할 수 있다. 아니면 또 다른 접근법을 시도할 수 있다. 일주일 동안 식사 시간에 예의 바르게 말한다면 주말에 용돈을 5,000원 더 주겠다고 제안하라.

이렇게 말하면 부모들은 종종 "아이에게 뇌물을 주라고요? 말도 안 돼요!"라고 말한다.

아이가 해야 할 일을 하지 않았는데 부모가 다음엔 그러지 말라고 돈을 주었다면 그것은 뇌물이다. 나는 부모들에게 그렇게 하라고 조언하지 않는다. 내가 권하는 것은 상황을 미리 파악하고 보고 싶은 행동을 보장하기 위해 사전적 조치로 작은 보상이나 돈을 제안하라는 것이다. 아이가 가정의 규칙을 따르고 좋은 행동을 하도록 격려하는 이 비계 전략을 '행동 계약'이라고 한다.

예를 들어 연세가 많은 조부모를 뵈러 청소년 자녀를 데리고 요양원에 간다고 하면 아이는 별로 달가워하지 않을 수 있다. 집에서 출발하기 전에 계약 조건, 즉 보고 싶은 행동과 마지막에 주어질 보상을 정하라. 예를 들어 "나는 네가 할아버지께 요즘 근황을 이야기해 드리고, 만나는 사람들과 악수하고, 웃으려 노력하고, 그곳에 오래 머물러야 하더라도 인내심을 발휘하길 기대해. 네가 모두 잘 해낸다면 만 원을 줄 거야." 아이는 계약을 지키면 돈을 받는다. 지키지 않으면 받을 수 없다.

아이는 약속을 충실히 이행한 자신의 행동에 기쁨을 느끼게 될 것이다. 미래의 보상(맛있는 음식, 작은 장난감, 화면 보는 시간 30분 연장, 현금 등)은 '외적 강화물'이라고도 알려져 있다. 외적 강화물은 아이, 그리고 어른에게 끝까지 해내도록 동기를 부여하는 장려책이다. 사장이 당신에게 특정 업무의 성과를 높이면 임금 인상이나 보너스로 보상하겠다고 말했다면 사장은 동기 부여를 위해 외적 강화물을 이용한 것이다. 미래의 보상을 약속하는 것은 열심히 일하고 좋은 행동을 하도록 장려한다.

우리의 뇌는 태어날 때부터 보상을 추구하도록 설계되어 있다. 사람들은 아침부터 밤까지 자신에게 줄 작은 선물을 마련하는 것에 대해 생각한다. 누군가에게는 고된 하루의 노동에 대한 보상이 바에서 특별 할인된 가격에 마시는 음료일 수 있고, 또 누군가에게는 마사지, 요가 수업, 물건 구입일 수 있다. 부모 자신과 아이를 격려하는 것, 좋은 행동과 좋은 보상을 연관 짓는 것은 정신적으로 건전하다.

그렇더라도 노력에 걸맞은 보상이어야 한다. 적은 노력은 적은 보상을 받아야 하므로 칭찬만 하는 정도가 적당할 것이다. 큰 노력은 가정의 문화를 해치지 않는 선에서 큰 보상을 받아야 한다. 어떤 가족에게는 C에서 B로, B에서 A로 성적을 올린 아이에게 5만 원을 주는 것이 통상적이고 적절하지만 다른 가족에게는 지나친 것일 수도 있다.

아이가 올바른 행동 그 자체만을 위해 올바르게 행동해야 한다는 생각, 일명 '내적 동기 부여'는 잊어라. 어떤 행동이 아이의 건강에 좋고 기술을 향상시켜 주고 더 독립적인 사람이 되게 하므로 아이가 그 행동을 하는 것에 스스로 만족해야 하는데 부모가 외부에서 조종하는 것이 마음에 들지 않을 수도 있다. 하지만 부모가 아이에게 원하는 행동은 아이의 우선순위 목록에서 그렇게 높이 있지 않을 것이다. 청소년에게는 내적인 동기 요인이 있을 수 있지만, 그들이 개인적으로 좋아하는 것들에 한한다. 부모가 청소년 자녀에게 원하는 일반적인 공손함 같은 것은 아이에게는 아마도 그렇게 중요하지 않을 것이다.

열다섯 살 때, 줄곧 몹시 거북했던 느낌, 정말 황당한 말을 해대는 어른들에게 공손해야 했던 것을 돌이켜 생각해 보라. 아이에게 충동을 조절하는 것, 예의 바르게 행동하는 것, 정말 하고 싶지 않은 일을 하는 것이 얼마나 어려운지 어른들은 잊어버린다. 행동 계약을 이용하고 외적 동기 요인을 제공함으로써 아이가 어떤 행동을 하도록 도울 수 있고 결국 아이는 그 행동을 하는 것을 좋아하게 될 것이다. 그리고 그 시점이 되면 마침내 내적 동기가 싹트기 시작할 것이고, 아이들이 자기 자신을 위해 스스로 하게 될 것이다. 시간이 흐르는 동안 일단 그 과정이 일어나면 그 영역에서 보상을 축소하고 외적 동기 요인을 다른 새로운 기술이나 행동을 장려하는 데 이용할 수 있다.

거래적인 것 같지만, 우리는 실용적이라고 부르는 것을 더 좋아한다. 모든 인간 행동에는 그것과 연관된 내적 보상 또는 외적 강화물이 있다. 인간 본성과 싸우는 대신 어떻게 양육에서 거래적 측면을 이용할지 알아내라.

이런 모든 능숙한 양육 노력에 대해 당신이 받는 보상은 무엇인가? 아이와의 좋은 관계? 독립적인 어른 아이? 감사? 스무 살 자녀?

아이가 "감사합니다."라고 말하는 것을 기대한다면 좀 기다려야 할 수도 있다. 그렇다. 당신은 기저귀를 천 개쯤 갈았고 아이의 옷, 음식, 사교육에 거금을 들였다. 전화기를 수호하거나 용돈을 받을 때만 공손하고 대체로는 퉁명스러운 십대 자녀가 없었다면 지난 15년 동안 연차 휴가를 마우이섬에서 보냈을지도 모른다! 하지만 부모의 희생에 감사를 표현할 수 있는 미성년자는 드물다는 사실을 알아야 한다. 주로 감사

청소년 자녀의 순응을 위한 비계 세우기

- 체계. 좋은 행동에 대해 계약하는 습관을 들여라. 외적 동기 요인으로 시작함으로써 궁극적으로 아이에게 내적 보상이 될 기술을 가르칠 수 있다.
- 지지. 좋은 행동과 보상을 연결함으로써 아이가 생활에 필요한 기술을 발달시키도록 지지할 수 있다. 보상이 없다면 아이가 그것을 거부할 수도 있다.
- 격려. 자녀가 감사를 표현하지 않는 것을 이해하라. 십 대의 뇌는 아직 감사할 만큼 충분히 발달하지 않았다.

를 표현하는 두 번의 시기는 아이가 자라서 처음 따로 살게 되었을 때와 아이 자신이 아이를 낳아 키울 때이다. 아이의 긍정적인 행동을 보상으로 받아들이고 이를 위한 실용적 거래를 계약으로 생각하라.

적대적 반항장애

"몇 년 전 딜런이 다섯 살 때, 쇼핑을 가서 장난감 사 달라는 걸 거절했어요. 딜런이 너무 시끄럽고 폭력적으로 떼를 써서 상점의 보안 요원이 저를 도와 아이를 들어서 건물 밖으로 데리고 나와야 했어요." 진단을 받으러 온 일곱 살 난 딜런의 엄마 에이미가 말했다. "아이가 집에 오는 차 안에서도 계속 소리를 질러 대는 바람에 하마터면 사고가 날 뻔했지요. 그다음에 쇼핑하러 가서 딜런이 선반의 장난감 하나를 집었을 때에는 그냥 사 줬습니다. 그렇게 하면 안 된다는 것을 알지만 아이가 또 많이 흥분할까 봐 두려웠어요. 그때 이후로 딜런은 제 말을 하나도 안 들어요. 재킷을 걸어 놓으라거나 장난감을 치우라고 하면 자기 물건을 여기저기로 마구 던져요. 저는 이제 아이를 쫓아다니며 뒤처리를 하는 데 익숙해졌어요. 그게 싸우는 것보다 더 편하거든요. 여동생의 장난감을 부술 때만큼은 저도 정말 화를 내요. 그때는 정말 동생에게 앙심을 품고 그러는 것처럼 보여요. 또 아이가 원하는 것을 제가 정확히 하지 않으면 정말 난리가 나요! 아이가 달라는 것과 다른 음식을 주면 아이는 먹기를 거부하거나 음식을 바닥에 던져버려요. 솔직히 아들이 미울 때도 있어요. 아이도 아마 제가 싫을 겁니다."

에이미가 딜런의 행동을 묘사하기 위해 사용한 단어는 '반항'과 '적대적'이었다. 그녀의 직감은 옳았다. 우리는 소년을 적대적 반항장애Oppositional Defiant Disorder(ODD)라고 진단했다. 그것은 대략 3%의 아이들에게 영향을 미치고[4] 청소년기 전에는 여자보다 남자에게서 더 흔하게 나타나며 그 이후에는 남녀 동일하게 나타난다.

반항적인 행동 문제가 있는 아이들은 부모를 극단적인 관대함으로 내몬다. 하지만 관대한 전략은 나쁜 행동을 강화할 뿐이다. 에이미는 보안 요원과 그 악몽 같은 일을 겪고 나서 자신과 딜런이 나쁜 패턴에 갇혔다는 사실을 깨달은 것 같았다. 그 패턴은 딜런의 괴성으로 시작해 에이미의 완전한 항복으로 끝났다. 에이미가 같이 소리치거나 항복할 때마다 둘의 행동 패턴이 조금씩 더 굳어졌다. 그 과정에서 딜런은 떼를 쓰는 것이 원하는 것을 얻을 수 있는 가장 좋은 방법이라는 사실을 학습했다.

적대적 반항장애의 특징은 가족에게 큰 피해를 준다는 사실이다. 모든 구성원이 영향을 받는다. 에이미는 여동생에 대한 딜런의 행동이 앙심을 품은 것 같다고 말했다. 딜런은 여동생이 시간과 관심을 빼앗아 가는 것에 분개하고 그런 감정에 따라 행동했을 거라고 나는 짐작했다. 에이미가 그런 상황을 만드는 데 일조했지만, 에이미를 탓할 수는 없다. 딜런도 탓할 수 없다. 딜런은 의식적인 노력이 아니라 반복된 시도를 통해 원하는 것을 계속 얻는 방법이 반항이라는 사실을 알아냈다.

치료사는 진단을 내리기 위해 딜런이 학교에서도 집에 있을 때처럼 비협조적인지 물었다. "그렇지는 않아요." 에이미는 대답했다. "다른 아이들이 귀찮아할 수는 있어요. 학교에서 떼를 쓴 적도 있고요. 하지만 저랑 있을 때만큼 나쁘진 않아요."

적대적 반항장애인가요?

정상	문제 있음	장애
• 아이가 가끔 말대꾸를 하지만 권위자가 내린 결정에 따른다. • 규칙을 건전한 방식으로 시험하지만 대체로 따르는 편이다. • 귀찮게 굴 때도 있지만, 반드시 의도적인 것은 아니다. • 떼를 쓰는 것이 몇 분간 계속된다.	• 아이가 화난 말투 또는 공격적인 말투로 말대꾸를 하지만 최종적으로는 권위자가 말하는 대로 따른다. • 때때로 규칙을 어긴다. 자신의 행동에 따른 결과에 직면하면 실수를 깨닫는다. • 훼방꾼이 되는 것에서 약간의 즐거움을 느낀다. • 떼를 쓰는 것이 10분간 계속된다.	• 아이가 심하게 화를 내고 짜증을 낸다. • 자주 화를 낸다. • 쉽게 짜증을 낸다. • 권위자와 언쟁을 벌인다. • 규칙을 따르기를 거부한다. • 일부러 사람들을 짜증 나게 한다. • 자기 잘못에 대해 다른 사람들을 탓한다. • 앙심을 품는다. • 아이가 적어도 6개월 동안 이런 증상을 보인다.

그것이 단서다. 적대적 반항장애를 앓는 아이는 잘 아는 사람들에게 적대적일 가능성이 크고, 그러기 쉬운 환경에 놓여 있다는 것이 이유 중 하나다. 학교에서는 딜런이 환경을 전반적으로 통제하기 어려워 적대적이고 반항적인 것이 그만큼 성과를 올리지 못할 수도 있다.

아이가 부모에게만 지독하다는 사실에 엄마, 아빠는 마음이 아플 수도 있지만, 그것이 아이가 변할 수 있다는 긍정적인 표지일 수도 있다. 적대적 반항장애[5] 또는 ADHD[6](또는 둘

다, 두 장애는 종종 함께 나타난다)와 같은 행동장애 진단을 받은 아이들에게도 긍정 강화, 정서적 포용과 같은, 이 장의 앞부분에서 서술한 부모관리훈련 전략이 효과가 있다.

우리는 에이미와 딜런을 (부모와 아이의) 행동 수정과 약물 치료 조합으로 치료했다. 이 가족에게 정말 효과가 있었던 한 가지 전략은 에이미가 딜런의 나쁜 행동을 무시하고 좋은 행동을 칭찬하는 것이었다. 딜런이 음식을 바닥에 던졌을 때 에이미는 치우라고 소리치거나 식사를 다시 차려 주지 않았다. 음식을 그 자리에 그대로 두고 아무 말도 하지 않았다. 딜런이 자기 뜻대로 안 될 것을 깨닫고 음식을 한입 먹었을 때 그녀는 이렇게 칭찬했다. "엄마가 만든 음식을 먹어 줘서 고마워." 장난감이나 간식을 사 주지 않는다고 공공장소에서 나쁜 행동을 하면 아이를 가능한 한 빨리 사람들이 없는 곳으로 데려가 화가 서서히 진정되게 했다. 하지만 소리치거나 멈추라고 달래지 않았다. 아이가 조용해지면 말했다. "스스로 마음을 가라앉혀서 고마워. 그건 배워 두면 아주 좋은 기술이야."

치료 몇 달 후 긍정 강화의 마법으로 딜런의 증상은 꾸준히 개선되었다. 무엇보다, 둘의 유대 관계를 위한 탄탄한 기초를 다지게 된 시간이었다.

⠂⠂ 황금률

십 대 자녀 마야의 몸무게를 걱정하던 엄마, 스테이시는 딸과 함께하는 시간이 절대 '오붓한 시간'이 아니었고, 자신이 항상 딸을 비판적으로 바라보고 있었음을 깨닫게 되었다. 스테이시는 딸의 행동을 바로잡지 않고 통제하려 했다. 둘 사이의 모든 대화는 마야가 얼마나 체중 관리에 실패하고 있는지에 대한 이야기였다. 둘이 공유한 유일한 의식은 스테이시가 마야에게 체중계에 올라가게 하고 탄수화물 섭취량을 계산하게 하는 것이었다. 정서적 포용에 대해 말하자면 스테이시는 마야에게 어떤 기분인지 단 한 번도 물어보지 않았다. 오히려 딸이 규칙을 안 지키는 것에 대해 스테이시 자신이 분노와 좌절감을 드러냈다.

"아이가 당신이 원하는 행동을 하지 않으면 체벌을 하시겠습니까?"라고 묻는다면 스테이시는 아마 그 질문을 받았다는 것만으로도 노여워했을 것이다. 그러나 앤아버에 있는 미시간 대학 심리학자들의 2011년 연구에 따르면[7] 사람이 사회적으로 심하게 거부되었나고 느끼면(연구에서는 연인과 이별한 상황이었지만 개인적으로 묵살되었다고 느끼는 모든 상황) 뇌에서 육체적 고통을 느낄 때 각성되는 부위가 활성화된다. 정신적 고통은 실제로 '아프다.' 스테이시가 마야를 비판하고 마야의 감정을 무시한 것이 복부를 주먹으로 친거나 마찬가지라고 말하는 것은 아니다. 단지 마야가 느끼기에는 똑같다는 말이다.

스테이시가 딸에게 비계가 되기 위해서는 자신의 행동을 다스리면서, 마야가 원하는 방식으로 애정, 연민, 친절을 보이며 마야를 대해야 했다. 스테이시는 마야의 좋은 행동을 포착하는 것이 처음에는 쉽지 않았다. 하지만 칭찬할 긍정적인 행동을 찾기 시작하자 너무 많이 찾을 수 있었다. 마야는 마음씨 좋은 아이였고, 읽고 그릴 때 놀라운 집중력을 보여 주었으며, 숙제를 열심히 했고, 집에서 기르는 애완견을 훌륭하게 돌보았으며, 칭찬할 행동이 계속 눈에 띄었다. "마야는 훌륭한 아이예요." 스테이시가 말했다. "제 말은, 그걸 제가 이제야 알았어요. 마야의 긍정적인 특성과 행동을 당연하게 받아들이고 있었어요. 기정사실처럼요. 이제 그것에 집중하고 그것을 큰 소리로 말하자 마야가 저를 이상하다는 듯이 쳐다봐요. 부끄러워서 얼굴을 들 수가 없었어요."

나는 스테이시가 계속 멈추지 않도록 격려했다. 아이들은 보통 부모의 긍정적인 변화를 받아들이는 데 한 달이 걸린다. 그런 다음 치료 시간에 와서 이렇게 말한다. "엄마가 저한테 너무 잘해 줘요. 낯설긴 한데… 좋아요."

다음에 스테이시를 본 것은 몇 달이 지나서였고 마야와의 관계가 많이 좋아졌다는 말을 듣고 나도 기뻤다. "가장 큰 변화는 우리가 저녁 식사 후에 함께 개를 산책시키기 시작하면서 일어났어요." 그녀는 말했다. "마야는 항상 혼자 그것을 했는데 더 걷게 하려고 제가 시킨 것이었어요. 어느 날 저녁

제가 (비판단적인 오붓한 시간을 좀 보내고 싶어서) 마야를 따라갔어요. 처음에는 대화가 어색했지만, 길가의 꽃이나 나무 같은 것들에 관해 이야기했고, 특별한 이야기는 아니었어요."

20분 산책이 한 시간으로 바뀌었다. 엄마는 이미 수천 걸음은 넘게 걸었다는 사실을 말하지 않고 참았다. "음식이나 건강에 관해서는 어떤 이야기도 하지 않았어요." 그녀는 말했다. "그 이야기가 나오면 마야가 입을 닫는 것을 볼 수 있었어요." 그 시간을 함께 보내면서 어머니와 딸은 서로를 알게 되었다. 결국 마야가 몸무게와 엄마의 경계심 때문에 어떤 감정을 느꼈는지 입을 열었다. "엄마가 체중계에 올라가게 할 때마다 울고 싶었다는 딸의 말에 가슴이 찢어지는 것 같았어요. 우울증에 걸리고 자존감이 낮아지는 위험이, 쉰 살에 심장마비를 일으키는 아주 나중의 위험보다 훨씬 더 중요하다는 사실을 깨달았어요." 스테이시는 말했다.

그녀는 의미 있는 칭찬과 긍정적인 관심을 통해 딸의 자신감을 북돋우는 쪽으로 에너지를 쏟았다. 점점 더 마야는 산책길에서 자신의 감정에 대해 입을 열었고 스테이시는 인정과 지지로 딸에게 비계가 되어 주었다. 집은 고문을 당하는 것 같은 분위기에서 편안한 분위기로 바뀌었고 두 사람은 가까워졌다. 마야는 습관적으로 불량 식품에 탐닉했던 친구 집으로 피신할 필요가 없어졌다. 그 결과로 몸무게도 조금 줄어들었다. 가장 중요하게는 아이의 인생관이 상당히 긍정적으로 바뀌었고 그것은 아이에게 행동을 바꾸라고 요구하는 대신 스테이시 자신의 행동을 바꾼 덕분이었다.

"전에는 아이를 도운 것이 아니었어요." 그녀는 말했다. "이제는 제가 아이에게 도움이 된다는 걸 알아요. 기분이 정말 좋아요."

발판을 단단히 고정하라!

돈독한 부모-자녀 관계는 아이가 성장하고 자립과 회복력을 배울 토대다. 단단한 기초를 확보하기 위해 다음을 실천하라.

인내심
- 같은 말을 천 번 반복해서라도 아이가 바로잡을 수 있을 때까지 피드백을 줘라. 그런 뒤에 다음 기술로 넘어가서 똑같이 하라.

온정
- 칭찬과 보상으로 긍정적인 행동을 강화하라.
- 늘 곁에 있다는 느낌을 주고 정서적으로 포용함으로써 아이가 감정을 내보이도록 격려하고 아이의 감정을 인정하라.

관심

- 유익한 피드백이 가혹한 비판으로 바뀌기 전에 자신을 점검하라.
- 일정을 면밀히 검토해 매일 가족과 보내는 오붓한 시간을 마련하라.

차분함

- 피드백은 아이에 대한 비난이 아니라 행동을 바로잡을 수 있는 구체적인 지침이어야 한다. 항상 침착하고 분명한 목소리로 말하라. 분노와 잔소리는 소용이 없다.

5장

비계를 단단히 고정하기

부모에게 고통이 닥칠 때

부모 자신의 안전을 확보하고, 아름다운 청사진을 그리고, 기초를 탄탄히 다졌더라도 살다 보면 부모의 통제 범위를 넘어선 상황 때문에 건물은 물론 비계까지 흔들릴 때가 있을 것이다.

발밑에서 세상이 마구 흔들릴 때 당신의 대응 비법이 담긴 공구 상자를 열고 비계의 모든 층에서 볼트와 나사를 빠짐없이 조여라. 그런 불행하고, 예측할 수 없는 상황 때문에 비계가 덜컹거리면 아이는 취약해지고, 아직 발달 단계상 다룰 능력이 없는 감정과 경험에 노출될 것이다. 하지만 부모가 흔들리지 않고 비계를 단단히 고정하면 혼란스러운 시기를 지나는 동안 아이가 자신감 있고, 안전하고, 안정적이며, 다음 시기에 맞설 준비를 마칠 수 있다.

나는 어렸을 때 여름마다 캠프에 갔다. 캠프는 지극히 평범했다. 운동을 하고, 수영을 배우고, 공예를 하고, 마지막에는 공연을 했다. 재미있었겠다고 생각하는 걸 알지만 나는 캠프를 싫어했다. 집에서 멀리 떨어진 곳에서 8주를 지내는 동안 분리 불안을 느낀 것과 더불어 캠프에서 잘 지내는 데 필요한, 야구공 잡는 법 같은 기술이 내게는 부족했다. 나는 2루에 서서 이렇게 생각했던 것을 분명히 기억한다. '주자가 1루에서 3루로 곧장 갈 수는 없을까? 모든 경기에 참여해야 하나?' 다행히 외야수로 이동했을 때 나는 내야의 경기 상황에 아무런 관심도 두지 않고 그냥 거기에 서 있었다.

우리 아버지는 대학 축구팀에서 인기 있는 선수였고, 본인처럼 나도 스포츠를 좋아하길 기대했다. 그래서 왜 내가 타고난 운동선수가 아닌지 이해하지 못했다. 그는 인내심을 가지고 나를 훈련시키기보다는 일찌감치 포기하는 쪽을 택했다. 내가 가진 기술 중에 치고-잡고-던지는 부분의 결함은 분명 나중에 청소년이 되었을 때 몇 가지 문제를 일으켰다. 내가 운동을 좋아했다면 중고등학교에서의 내 삶은 사교적인 측면에서 의심할 여지 없이 더 수월했을 것이다.

내가 아빠가 되었을 때 나는 세 아들이 내게는 부족했던 기술을 습득하길 원했기 때문에 수영, 테니스, 축구, 야구를 배우도록 열심히 이끌었다. 아이들이 리틀 리그에서 메이저 리그로 가는 것을 꿈꿔 본 적은 없었다. 아이들이 그것을 매우 잘할 필요는 전혀 없었다! 나는 그저 아이들이 운동을 잘해서 더 쉬운 삶을 살 수 있기를 희망했다.

아내 린다와 나는 조슈아가 여덟 살 때 아이를 여름 캠프에 보내기로 결정했다. 린다는 어릴 때 캠프를 아주 좋아했다. 그녀는 타고난 운동선수였고 집이 전혀 그립지 않았다. 혹시 린다의 캠프 사랑을 아이가 물려받지 않았을까? 아이는 야구공 잡는 법을 익혔기 때문에 승산이 있다고 생각했다.

주말에 부모들이 캠프를 방문했을 때 조슈아는 우리 품으로 달려와 우리를 아주 꼭 껴안았다. 나는 물었다. "캠프 어때?"

아이는 대답했다. "집에 가고 싶어."

나는 조슈아가 내가 어릴 때 그랬던 것만큼이나 캠프를 싫어한다는 사실을 아이의 눈빛만 보고도 알 수 있었다. 나는 상당한 주의를 기울여 비계 역할을 했었다. 사전 준비를 철저히 했는데…. 놀라고 실망했고 나는 생각했다. '하지만… 하지만… 넌 야구를 할 수 있잖아! 나는 분명히 너한테 야구를 가르쳤다고!'

이 대화를 위해 둘만의 공간을 찾은 결과 숲속을 함께 산책하게 되었다. "이제 말해 줘." 내가 말했다. "왜 집에 가고 싶은 거야?"

"저 안 행복해요. 여기엔 저를 사랑하는 사람이 아무도 없어요." 아이가 대답했다. 그리고 갑자기 내가 어렸을 때 캠프에서 경험했던 분리 불안이 열 배로 빠르게 되살아났는데 이번엔 내가 내 소중한 아이를 대신해 그것을 느꼈기 때문이었다. 눈물이 솟았다. 어쩔 도리가 없었다.

조슈아가 말했다. "아빠 울지 마요."

감정을 느끼는 사람이라면 어떻게 여덟 살짜리 아들이 사랑받지 못하는 것 같다고 말할 때 울지 않을 수 있겠는가? 나는 말했다. "속상할 때는 울어도 괜찮아. 그리고 아빠 지금 속상해!"

하지만… 조슈아 앞에서 울고 나서도 내 기분은 전혀 나아지지 않았다. 아이가 기분이 안 좋았을 것이다. 그렇다, 슬플 땐 눈물이 흐르게 둬도 괜찮고 그렇게 하기를 추천한다. 그러나 아이의 슬픔을 부모의 슬픔과 혼합하는 것은 괜찮지 않다. 아들이 문제(사랑받지 못한다고 느꼈다)를 가지고 내게 왔는데 나는 내 감정 때문에 아이를 더 힘들게 하고 말았다. 캠프에 대해 안 좋은 기억이 있었고, 아이를 내가 경멸했던 상황 속으로 보내는 데 상반된 두 가지 감정이 있었기 때문에 죄책감을 많이 느끼기도 했고, 아버지가 좋아했을 운동선수가 되지 못해서 아버지를 실망시킨 것에 대한 아주 오래된 상처도 섞여 있었다.

완벽한 부모는 없다. 당신도 나도 완벽하지 않다. 이 장에서는 아이의 세상이 무너지고 있다고 해도 비계가 흔들리지 않도록 나사를 조이는 내용을 다룰 것이고, '캠프에 간 조슈아' 이야기는 이 전략의 나쁜 예라고 할 수 있다.

•• 부모가 자제력을 잃을 때, 아이도 자제력을 잃는다

부모로서 우리는 모두 아이의 고통을 느낀다. 아이가 아플 때 우리는 아프다. 아이의 아픔이 우리를 아프게 한다. 아이가 파티에 초대받지 못하거나 팀에 들어가지 못하면 마음이 찢어진다. 아이가 불안감이나 우울증으로 고통받으면 우리는 아이의 고통을 조금이라도 줄이기 위해 그 고통을 모두 우리의 것으로 기꺼이 받아들일 것이다. 친구 사이라면 고통을 위로하고 나누는 것이 도움이 되겠지만 부모는 아이의 친구가 아니다. 해결해야 할 감정이 얼마나 강렬한지에 관계없이 책임은 그것을 통제하는 부모에게 있다. 당신의 비계가 되는 일은 결코 아이가 맡을 일이 아니다. 그것은 너무 부당하고, 부담스럽고, 짐을 지우는 일이다. 불안해하는 아이를 돕는 가장 좋은 방법은 거절당한 느낌, 불안감, 걱정, 슬픔과 같은 감정에 대처하는 방법을 가르치기 위해 감정 처리 능력과 자제력을 본보기로 보이고 강화하는 것이다.

부모들은 종종 말한다. "전 절대 제 감정을 아이에게 떠넘기지 않아요!" 그런데 항상 보이지 않게 그렇게 하고 있다는 사실을 깨닫지 못한다. 아이가 시험을 망쳤다고 하면 부모는 이렇게 말한다. "다음엔 더 잘한다고 약속해 줘." 아이는 미래의 결과를 보장할 수 없다! 부모는 자기 기분이 더 좋아지려고 딸이나 아들에게 거짓말을 요구하는 것이다. 게다가 아이는 이 가정에서 성공만 받아들여질까 봐 걱정할 것이다. 아이가 그 기대에 부응할 수 없다면 어쩌겠는가?

아이는 갑자기 자신의 처리 능력을 넘어서는 스트레스, 걱정, 책임을 감당하게 된다.

•• 아이의 고통, 부모의 고통

여덟 살 소년 스콧의 아버지 멜빈은 우리 연구소의 한 치료사에게 동네 키즈 카페에서 열린 스콧의 반 친구 생일 파티에 스콧과 함께 갔던 일을 이야기했다. "집에서는 스콧의 사회 불안 증상이 드러나지 않아요. 저는 아이가 또래와 함께 있을 때를 제 눈으로 직접 보고 싶었습니다." 멜빈이 말했다. "우리가 들어가니 아이들이 모두 트램펄린 위를 뛰어다니거나 볼풀에 들어가서 아주 재미있게 놀고 있었어요. 스콧은 뛰어다니기 시작했지만 다른 아이들과 떨어져서 움직였어요. 아이들도 스콧을 피했고요. 스콧 주위를 어떤 힘의 장이 둘러싸고 있는 것 같았어요. 아이는 괜찮은 시간을 보낸 것 같았지만 그것은 그저 자기만의 세계 안에서 벌어지는 일 같았습니다. 스콧이 뒤를 돌아보며 저한테 손을 흔든 순간 제 마음은 산산이 부서지고 말았어요."

멜빈은 아들이 친구들을 사귈 수 있도록 코치하겠다고 결심했다. 생일 파티에서 찍은 스콧의 영상을 다시 보면서 다른 아이와 함께 놀기 위해 무슨 말이나 행동을 할 수 있었는지 논의하기 시작했다. "효과가 없었어요." 멜빈이 말했다. "스콧은 영상을 싫어했고 대화를 강요하는 제게 화를 내고 섭섭해했어요. 하지만 저는 아이에게 아빠 말을 들으면 다음 파티에서 친구를 사귀고 즐거운 시간을 보낼 수 있다고 다짐을 두었습니다. 저는 아이가 불안하지 않도록 마음의 준비를 하게 했지만, 그것이 오히려 불안을 부추겼고 저 자신이 거짓말쟁이가 되었음을 뒤늦게 깨달았어요."

아이에게 힘든 상황이 예상된다면 그것에 대처할 수 있는 아이의 능력을 강조하는 것이 좋다. 아이에게 "멋질 거야!"라고 말하면서 부담을 주는 대신 현실적으로 접근해 이렇게 말하라. "재밌을 것 같아. 아닐 수도 있고. 하지만 항상 시도해볼 가치는 있어."

사건이나 상황이 벌어지기 전에 그것이 잘 될 수 있도록 당신이 할 수 있는 일에 노력을 집중해라. 비계는 아이가 자신감을 느끼도록 아이와 파티용 의상을 사러 가거나 파티 주인공과 미리 좀 친해질 수 있도록 놀이 약속을 잡는 것을 의미할 수도 있다. 아이가 어려움에 직면할 것이고 그것을 잘해낼 수 있도록 돕기 위해 당신이 할 수 있는 일들이 있다는 사실에 집중하라. 장기적으로 보면 여덟 살 아이가 파티에서 좋은 시간을 보내는지 나쁜 시간을 보내는지는 별로 중요하지 않다. 중요한 것은 어느 쪽이든 그것에 대처하는 아이의 능력을 부모가 지지하는 것이다.

멜빈의 '영상 다시 보기' 접근법은 미식축구 코치의 경기 후 분석에는 유용할지 모른다. 하지만 이 경우에 이런 접근법은 스콧에게 불편하거나 정도는 약하더라도 충격적인 경험을 다시 체험하도록 요구하는 것이고, 그것은 통찰력을 부여하기보다 불안을 유발할 확률이 더 높다. 파티 이후의 평가를 하지 말아야 하는 것은 아니지만 부모는 말하기보다 듣기에 집중해야 한다. 치료 시간에 환자가 완전히 의미 없어 보이는 뭔가를 무심코 언급하면 우리는 그것을 기록한다. 그런 우발적인 언급은 거의 항상 어떤 의미를 담고 있는 것으로 밝혀진다. 예를 들어 한 여자아이가 파티 주인공의 새 드레스가 얼마나 이뻤는지 이야기하면서 정작 자신의 새 옷이 얼마나 관심을 끌었는지 언급하지 않는다면 그것은 더 조사해 볼 가치가 있을 것이다. 항상 그렇듯이 아이가 마음을 터놓을 수 있도록 다음과 같이 자신감을 되찾게 하는 말로 비계 역할을 하라. "음, 난 네 의상이 정말 마음에 들어. 너한테 아주 잘 어울리는 것 같아."

아이의 곤경에 대해 공포감이나 무력감이 들 때마다 잠시 멈추고 부모의 고통보다 아이의 고통이 먼저임을 다시 한번 상기하라. 한 지인이 근처 병원에서 난데없이 전화를 받았던 이야기를 들려주었다. "열세 살 된 딸이 길을 건너다 택시에 치여서 급히 응급실로 실려 갔어요." 그녀는 말했다. "저는 제정신이 아니었어요." 그녀는 병원에 도착해 다리가 부러져 엄청나게 고통스러워하는 딸을 발견했다. 극도의 통증을 느끼는 아이를 보자 투쟁 도피 반응이 격렬하게 일어났다. 그녀는 딸의 침대 옆에 앉아 아이를 달래는 대신 찾을 수 있는 모든 간호사, 의사, 전문가를 쫓아다니며 관심을 요구하기 시작했다.

어머니는 즉각적인 도움을 구하려 했다. 부모가 아이의 고통을 보면 그것을 멈추기 위해 행동에 나서는 것은 당연하다. 하지만 부모가 아이의 고통(그리고 자신의 고통)에 대해 너무 겁을 내고 놀라면 아이를 도울 수 없다. 여자아이는 응급실에 홀로 있었다. 아이에게 약보다 훨씬 더 필요했던 것은 엄마가 함께 있다는 위안이었고, 엄마가 다 잘될 거라는 말로 달래고 안심시켜 주는 것이었다. 엄마가 침대 곁으로 돌아올 때까지 딸은 고통과 외로움에 빠져 있었다. 엄마는 자신이 딸을 돕고 있다고 생각했지만, 자신의 고통에 굴복함으로써 상황을 더 악화시켰다.

•• 위기에 직면할 때 통제력 가지기

부모의 감정에 관한 이야기가 아니다. 아이가 자신의 감정을 처리할 수 있도록 비계가 되는 것에 관한 이야기다. 아이가 힘든 감정을 표현할 때 부모가 괴로워하는 반응을 보이면 아이는 자신을 표현하는 것을 꺼리게 되고 자신의 감정을 숨긴다. 그러나 아이의 고통에 공감과 보살핌으로 반응한다면 아이는 자신을 부끄러워하지 않고 솔직하게 표현하는 것[1]을 배우고 다른 사람들에게 더 공감할 수 있게 된다. 아이가 커서 어른 간 상호작용을 잘하려면 부모가 현재 상호작용에서 흔들리지 않는 능력을 보여 줘야 한다.

하지만 어떤 상황에서는 겁내고 놀라지 '않는' 것이 명백히 불가능하다. 그렇더라도 그 비극적 사건을 겪은 아이를 위해 가장 좋은 것은 안정적인 힘이 되는 것이다.

우리 십 대 환자 중 한 명은 교사에게 성폭행을 당했다. 아이가 겪은 일이 트라우마를 초래할 수 있어서 우리는 몇 달 동안 외상 후 스트레스 장애(PTSD) 치료를 했다. 마침내 아이는 이렇게 말할 수 있었다. "그건 제 잘못이 아니었어요. 저는 잘못된 행동을 아무것도 하지 않았어요." 그렇게 생각할 수 있게 되면서 불쑥불쑥 끼어드는 나쁜 생각과 악몽이 줄어들었다.

하지만 불행하게도 아이 엄마의 경과는 훨씬 뒤처졌다. 그녀는 자신이 성폭행을 막을 수 있는 방법이 없었는데도 막지 못했다는 것에 대해 심한 죄책감을 느끼고 있었다. 딸의 삶이 망가졌고 (딸의 남자 친구들을 포함해) 남자아이와의 모든 접촉이 딸에게 다시 한번 엄청난 충격을 줄 것이라고 확신했다. 이성 교제와 인간관계는 논의할 여지조차 없었다. 어머니와 딸을 함께 상담하는 자리에서 아이 엄마는 울면서 성폭행과 그에 따른 죄책감이 얼마나 자신에게 영향을 주었는지 이야기했다. 엄마가 "다 내 잘못이야."라고 울부짖을 때마다 딸은 "엄마 탓이 아니에요."라고 대답했고, 자기 자신의 회복을 떠나 위로하는 역할을 강요받았다. 어머니에게 계속 진행 중인 위기가 딸의 고통을 연장했다.

"'통제 밖'이라고 설명할 수밖에 없는 상황에서 가족이 위기를 겪고 있어도 부모는 여전히 아이들 앞에서 감정을 조절할 수 있어야 합니다." 아동정신연구소 불안장애센터의 트라우마 및 회복력 부문 이사, 제이미 하워드는 말한다.

하워드 박사는 부모와 교사들이 끔찍한 경험을 극복할 수 있도록 도움을 주고 있다. 2012년 12월 코네티컷 뉴타운의 샌디 훅 초등학교에서 총기 난사로 28명이 목숨을 잃은 사건 이후 아동정신연구소의 치료사들은 학교 총격 사건에 영향받은 수백 명의 환자, 부모, 교육자들을 치료했다. 일부 부모와 교사에게는 PTSD 상담을 받으라고 권유했는데 그 프로그램에는 항상 아이들과 학생들 앞에서 냉정하게 보이는 방법을 훈련하는 과정이 포함된다.

학교에서 총에 맞는다는 두려움은 밀레니얼 세대와 Z세대의 학생들(그리고 그들의 부모)만이 느끼는 불안이다. "우리가 이 분야에서 했던 일들을 통해 알게 된 것은 아이들이 어떻게 느끼는지는 어른들이 어떻게 느끼는지를 본보기로 한다는 사실입니다." 하워드 박사는 말한다. "학교의 총격범 대응 훈련에 관해 몹시 화를 내는 부모를 많이 봤어요. 그러나 아이들에게 그것에 관해 물으면 훈련 때문에 두려움을 느낀다고 말하지 않습니다. 아이들에게 총격범 대응 훈련은 화재 대피 훈련과 다를 게 없어요. 그저 학교생활의 일부분일 뿐입니다. 아이들이 느끼는 현실은 부모들이 아이들보다 더 무서워한다는 사실입니다." 겁에 질리는(그런 악몽에 시달리고 학교 가기를 꺼리거나 거부하는) 아이들은 보통 집에서 부모가 최근 사건에 대해 집착하고 있는 경우가 많다.

"부모와 함께, 우리는 할 수 있는 것에 초점을 맞춥니다." 하워드 박사는 말한다. "사람들이 어떻게 안전하게 지낼 수 있는 능력을 향상시킬 수 있을까? 어떤 단계를 밟아야 할까? 무엇을 배우고 연습해야 할까?" 능력 교범을 익히면 대규모 공동체에 공포를 불러일으키는 상황(학교 총기 난사 사건, 질병 발생, 범죄 행각, 폭풍주의보)에 대해 불안을 줄일 수 있다. 능력 교범을 요약하면 다음과 같다.

준비되어 있어라. 세상이 얼마나 안전하지 못하고 위험한지가 아니라 어떻게 안전하게 지낼지에 초점을 맞추어 논의해야 한다. 2019년 질병관리예방센터의 연구 결과에 따르면 아이가 학교 총격범에게 목숨을 잃을 가능성은 200만 분의 1이다.[2] 아이에게 이렇게 말하라. "아마 너는 학교 총격 사건에 절대 연루되지 않을 거야. 하지만 그런 일이 일어나면 비상 탈출구가 어디인지 알잖아. 훈련받은 대로 하는 거야. 뭘 할지 알 수 있을 거야."

일관된 메시지를 보내라. 학교에 연락해 정부에서 학교 총격 사건에 대한 사실들과 안전 계획을 어떻게 제시하고 있는지 정보를 얻음으로써 혼란을 피하고 집에서도 같은 방식으로 대응 계획을 세워라.

침착하게 행동하라. 아이가 집에 와서 "오늘 총격범 대응 훈련했어요."라고 말하면 담담하게 반응하되 무시하지 말라. 다 안다는 듯이 "잘 했네."라고 하면 무관심한 것처럼 들린다. 흥분하지 말고 관심을 보여야 한다. 이렇게 말함으로써 긍정적인 태도를 유지하라. "훈련은 유용한 것 같아. 안전을 지키는 다양한 방법을 연습하는 것은 아주 좋은 일이야."

이성적으로 생각하라. 준비는 불안의 적응 기능이다. 불안은 우리를 준비하게 한다. 불안이 적응 기능보다 우위에 서면 장애가 된다. 사람들은 재앙을 막을 수 있는 것은 아무것도 없다고 믿기 시작하며, 일어날 확률이 낮거나 일어나더라도 그렇게까지 나쁘지 않을 사건이나 상황에 대해 과도하게 걱정한다. 준비가 너무 지나치면 불안 심리를 완화하지 못한다. 오히려 악화시킨다. 극심한 불안과 공포를 느끼는 상태에서는 명료하게 생각할 수 없으므로 문제에 대한 해결책을 찾지 못할 것이고 그것은 누구에게도 도움이 되지 않는다.

ᣟ 그 모든 감정을 느끼기까지 무슨 일이 있었는가?

한 어머니에게 아이 앞에서는 불안을 조절하라고 주의를 주자 그녀는 말했다. "부모가 감정을 표현해야 아이도 감정을 표현할 줄 아는 사람이 된다고 말하지 않으셨나요?"

속상하고 화가 나는 것은 인생의 일부다. 우리는 공포, 두려움, 슬픔, 좌절감, 혼란, 공황을 느끼면서 살아왔으며 우리 모두 아이들에게 그 무서운 감정들이 평생 인생의 일부로 존재할 것이라고 가르쳐야 한다. 중요한 것은 우리가 그 감정들을 다루는 방식이다. 아이에게 감정에 지배되지 않는 모습을 보여 주어라. 그런 감정을 느끼는 동안 자신을 통제하라.

"로봇이 되는 것을 본보기로 보여 주고 싶지는 않을 겁니다." 하워드 박사는 말한다. "아동정신연구소에서 자주 논의되는 흔한 상황이 아이의 조부모가 죽음을 앞두고 있거나 돌아가셨을 때처럼 슬픔을 다루는 방법에 관한 것입니다. 아이의 엄마나 아빠는 '자신의' 엄마나 아빠를 잃는 중입니다. 아이는 부모님이 크게 슬퍼하고 계실 거라고 충분히 짐작할 수 있죠. 그러면 우세요. 아이가 부모의 슬퍼하는 모습에 겁먹은 것 같다면 이렇게 말하세요. '엄마 지금 슬퍼. 할머니가 보고 싶을 거야. 그게 엄마가 지금 우는 이유란다. 하지만 영원히 슬퍼하지는 않을 거야.'"

적당하고(극단적이지 않고) 진실한 감정 표현의 본보기를 보이고, 아이에게 감정 그 자체의 메커니즘을 가르침으로써 비계 역할을 하라. 예를 들어 비통함의 메커니즘은 죽음에 대해 슬퍼하는 것이다. 그런 감정을 느끼는 것은 정상적이고 건전한 것이다. 결국에는 슬픔이 희미해질 것이고 기분이 다시 좋아질 것이다.

공교롭게도 하워드 박사는 비통함을 본보기로 보여 주는 것을 주제로 나와 논의하던 시기에 자신의 어머니가 폐렴으로 병원에 이송되었다. "제 딸은 다섯 살인데 제가 불안해하면 그만큼 아이도 불안해합니다." 그녀는 말한다. "제가 어머니 때문에 불안해하는 것을 아이가 알아차렸어요. 아무렇지 않은 척하지도 않고, 소리 내 울지도 않겠다고 생각했어요. 그래서 딸에게 말했어요. '제발 할머니가 안 아프셨으면 좋겠어. 병원은 재미있는 곳은 아니지만, 약이랑 의사랑 간호사가 있는 곳이야. 할머니가 다시 건강해지도록 아주 열심히 치료할 거야. 할머니가 집으로 돌아오셔서 침대에서 쉴 수 있다면 엄마는 너무 행복할 것 같아.'"

다섯 살 아이라도 엄마가 속상하고 괴롭다는 사실은 눈치챌 수 있다. '괜찮지 않은' 것은 그것이 상황상 이해되는 일이라면 완전히 괜찮다. 할머니가 병원에 계시다면? 물론 걱정이 될 것이고 그것은 표현할 수 있고 표현되어야 하는 감정이다.

아이를 지나치게 겁먹게 하는 것은 부모가 설명 없이 감정을 강렬하게 표현하는 것이다. 할머니가 병원으로 실려 간 후에 눈물을 멈추지 못하면서도 아이에게는 "할머니 괜찮으실 거야!"라고 말했다면 아이는 당연히 혼란스러울 것이다. 혼란은 어른에게도 그런 것처럼 아이들을 불안하게 한다. 아이들이 어른과 다른 점은 서로 충돌하는 메시지를 어떻게 처리할지 모른다는 것이다. 자신의 안전과 생존을 책임지고 있는 어른이 주어진 상황에 비해 감정을 너무 격렬하게 표현한다면 아이들은 나이에 상관없이 그 경험에 압도되어 겁에 질리거나 입을 닫을 것이다.

부모가 감정을 전혀 드러내지 않으려고 노력하는 것도 아이를 속상하게 한다. 우리는 대부분 '애들 앞에선 안 돼!'라는 주의가 엄격하게 강요되었던 가정에서 자랐다. 워싱턴 주립대학교 연구자들은 아이들에게 감정을 숨기는 부모[3]가 아이에게 어떤 영향을 미치는지 연구했다. 그들은 109명의 부모(대략 반은 엄마고 반은 아빠였다)에게 스트레스를 유발하는 과제를 수행하도록 요구했다. 그 과제는 사람들 앞에서 연설하고 부정적인 피드백을 받은 뒤 곧바로 자녀와 방으로 들어가 레고를 조립하는 것이었다. 부모 중 절반에게는 청중들에게 야유를 받은 스트레스를 아이에게 의도적으로 숨기라고 요구했고 나머지 절반에게는 그냥 '자연스럽게 행동'하게 했다.

워싱턴 주립대학교 인간발달학과 조교수 새라 워터스Sara Waters는 〈사이언스 데일리Science Daily〉지에 이렇게 말했다. "스트레스를 억누르려고 했던 부모는 레고 과제에서 덜 긍정적인 모습을 보였습니다. 아이에게 설명도 별로 하지 않았어요. 하지만 부모들만 반응을 보인 것이 아니었어요. 그 부모의 아이들도 부모에게 반응을 적게 하고 덜 긍정적인 태도를 보였어요. 부모가 아이에게 감정을 전염시켰다고 볼 수 있습니다."[4]

억누르는 것보다 훨씬 더 건강한 접근법은 당신이 어려움에 직면하고, 고통을 느끼고, 갈등에 대처하고 그것을 해결하는 모습을 아이가 보게 하는 것이다. "아이가 모든 궤적을 보게 하세요." 워터스는 말했다. "아이가 감정을 조절하고 문제를 해결하는 법을 배우는 데 도움이 됩니다. 아이들은 문제가 해결될 수 있다는 것을 알게 됩니다. 당신이 화난(또는 슬픈,

---

아동 자녀의 감정 조절을 위한 비계 세우기

- 체계. '통제 밖'의 상황에 대해 아이의(그리고 부모 자신의) 불안을 덜기 위해 걱정보다는 할 수 있는 것에 초점을 맞춰라. 학교의 화재 대피 또는 총격범 대응 훈련과 같은 준비와 감정 확인이 주기적으로 이루어져야 한다.
- 지지. 부모가 힘든 감정을 추스리는 능력을 본보기로 보여 주고 감정이 어떻게 작용하는지 메커니즘을 설명함으로써 아이의 대처 기술을 강화하라.
- 격려. 부모가 자제력을 잃지 않으면 아이들도 그렇다. 아이가 부모에게 어떤 어려움을 털어놓든 차분한 태도로 받아들임으로써 숨김없이 자신을 표현하도록 격려하라.

두려운, 혼란스러운, 실망한) 것을 아이에게 알리는 것이 가장 좋습니다. 그리고 아이들에게 상황이 더 나아지도록 앞으로 무엇을 할 것인지 이야기해 주세요." 다만 이 규칙에 예외가 있는데, 부부 사이에 갈등이 깊어서 싸우는 것은 아이들에게 알리지 말아야 한다.

·· 부모를 돌보는 아이들

아이가 너무 자주 부모의 극단적인 감정 표현에 노출되고 부모를 위로하도록 강요받으면 어른스러운 행동이 비정상적으로 많이 발달하게 된다. 우리는 그것을 부모가 정신 질환자, 약물 중독자, 알코올 중독자, 장애인, 이혼 부모인 가족에서 목격한다. 아이는 돌보는 사람이 되고 부모는 보살핌을 받는다. 이러한 역할 전도를 '부모화parentification'라고 하고 그것은 부모-자녀 관계와 아이의 정서 발달에 매우 파괴적이다.

심리학적으로 말하면 부모화는 도구적인 것과 정서적인 것, 두 가지로 구분된다. '도구적 부모화'는 아이가 통상 우리가 심부름이라고 생각하는 것을 훨씬 넘어서는 어른이 할 일을 하도록 요구받을 때 나타난다. 우리가 상담했던 한 가족은 경제적으로 절망적인 상황에 처해 있었고 치매가 있는 할아버지를 24시간 보살필 수 있는 형편이 아니었다. 그래서 열두 살 된 딸에게 여든일곱 살 할아버지를 먹이고 씻기는 사실상의 가정 간병인이 되기를 요구했다. 가족의 생활비를 벌어야 하거나 어린 동생들을 어머니나 아버지처럼 돌봐야 하는 아이는 정도의 차이는 있지만, 도구적으로 부모화된다. 토요일 밤이나 유사시에 십 대 자녀가 어린 동생들을 돌보면 안 된다는 이야기가 아니다. 그러나 만성적으로 부모가 할 일을 아이에게 하도록 요구하면 아이는 너무 빨리 어른이 된다.

'정서적 도구화'는 훨씬 더 은밀하게 진행될 수 있다. 부모는 아이에게 비밀을 털어놓을 수 있는 친구 또는 고해성사를 들어주는 신부 역할을 기대한다. 부모 사이에 이혼을 앞두고 폭언이 난무하고 있을 때 우리는 늘 이 현상을 목격한다. 어떤 부모는 배우자의 개인적, 성적, 감정적 경험을 폭로함으로써 아이를 자기편으로 만들려고 노력한다. 어떤 아이도 부모 사이의 중재자가 되어서는 안 된다. 아이가 엄마의 남자 친구 이야기, 아빠의 돈 걱정을 들어주거나 부모의 자존심을 세워주거나 술을 마시는지 감시하라고 요구받아서는 안 된다.

부모는 아이의 어린 시절을 지켜줘야 한다. 아이에게는 근심 걱정 없이 지내는 어린 시절이 필요하다. 엉뚱하지만 창의적인 행동을 하고 자잘한 잘못들을 저지르고 어른의 무거운 짐을 짊어지지 않아도 되는 시절을 보내야 한다. 어떤 아이도 부모의 감정과 책임감의 무게에 짓눌려서는 안 된다. 부모가 아이에게 자신들의 문제를 걱정하도록 강요할 때 그것은 아이에게 너무 벅차고 해를 입힌다. 아이는 발달하는 데 힘을 쏟을 수 없고 필수적인 인생의 기술들을 배울 기회를 놓칠 것이다.

환자 중에 사샤라는 열여섯 살 소녀가 있었는데 어머니가 전이성 유방암 환자였다. 사샤는 아버지에게 매우 집착하게 되었는데 아버지는 자신의 처지를 두고 자기 연민에 빠지기 좋아하는 사람이었다. 사샤는 어머니의 건강이 걱정되었지만, 아버지가 아픈 어머니를 더 잘 보살필 수 있도록 돕는 것이 아니라 아버지가 무너지지 않도록 아버지를 떠받치는 데 에너지를 쏟고 있었다.

아버지의 괴로움 때문에 걱정이 많았던 사샤는 전학을 가고 치료를 그만두는 등 자신에게는 불행한 일이더라도 아버지가 요구하는 모든 것에 동의했다. 사샤는 치료를 멈추기 전에도 이미 불안감이 커지고 건강하지 못한 대처 행동이 늘어났다는 점에서 부모화 증상을 보이고 있었다. 자신에게 못되게 굴고 약물과 술에 취해 말썽을 부리는 소년과 만나기 시작했다. 사샤는 나중에 동반의존과 사람들의 비위를 맞추는 행동, 자기 부정적인 행동을 해결해야 할 것이다. 아이에게 부모화의 위험[5]은 심각하고 오래 지속된다. 불안, 우울증, 섭식 장애, 약물 남용, 불신, 양가감정, 파괴적인 특권 의식, 자꾸 해로운 관계에 연루되는 증상을 보인다.

부모화는 아이에게 자기 건물의 층을 높이는 것은 잊어버리고 그 대신 부모를 지지하기 위해 부모의 비계 바깥으로 비

부모와 자녀의 역할 전도

정서적으로 해를 끼치는 '역할 전도'는 아이에게 집안 심부름을 시키거나 필요할 때 도움을 요청하는 것을 훨씬 넘어서는 것이다. 아이를 위험에 빠뜨리는 무리한 요구는 다음과 같다.

- 알코올 중독자인 부모가 목욕하거나 잠자리에 들거나 아플 때 씻는 것을 도와주는 것
- 부모가 술을 마시거나 돈을 쓰는지 감시하는 것
- 부모에게 절친한 친구, 기대어 울 수 있는 어깨가 되는 것
- 집에 없거나 가정에 소홀한 부모를 대신해 요리하고 청소하고 어린 동생들을 보살피는 것
- 생활비를 마련하는 것
- 부모의 재정, 결혼, 성생활과 같은 어른 문제에 관여하도록 요구받는 것

계를 세우라고 강요하는 것이다.

부모는 아이의 선생님이고 안내인이고 지지자다. 절대 그 반대가 되어서는 안 된다.

** 비계는 샌드백이 아니다

젊은 세대 사이에 불안이 만연한 것에 대해 듣거나 읽은 적이 있는지 모르겠다. Z세대(1996년에서 2012년 사이에 출생)

는 '가장 외로운 사람들'[6]이라 불려 왔고 가장 '스트레스 받는' 세대이며 정신건강이 가장 좋지 않을[7] 가능성이 크다. 왜일까? 오늘날의 아이들은 많은 압박을 받고 있고 그것이 우리가 지금 목격하고 있는 높은 불안의 원인이다. 아이들은 해야 할 일이 너무 많거나 대인관계에 어려움을 겪는다. 십 대는 선생님이나 친구에게는 소리 지를 수 없기 때문에 가장 쉬운 해결책으로 부모에게 화풀이를 한다. 무엇에 화가 났든 부모가 그 분노, 불만, 두려움의 대상이 될 수 있다.

양육에 있어서 대표적인 진퇴양난의 난제는 다음과 같다. 부모는 십 대 자녀가 다른 누군가에게 분노를 터트려 그 관계가 틀어지는 것을 원하지 않는다. 그래서 부모-자녀 관계가 훼손되더라도 부모 자신이 분노의 대상으로 나선다. 희생을 자초하는 것이다.

그러나 그것은 단기적으로나 장기적으로나 나쁜 전략이다. 비계의 역할은 샌드백이 아니다. 어떻게 힘든 감정에 대처하고 이차적인 피해 없이 가라앉힐 수 있는지 가르치는 것이다.

다음은 십 대 자녀에 대해 '흔들리지 않는' 2단계 규칙이다.

첫째, '인정하라.' 십 대 자녀가 방금 말한 것을 따라 말함으로써 아이의 말을 들었음을 확실하게 하라. 예를 들어 "알겠어. 정말 실망스러웠구나. 시험이 진짜 어려웠어. 정말 안타깝다. 억울할 것 같아." 또는 "알겠어. 친구랑 같이 있고 싶어서 통금시간보다 더 늦게까지 밖에 있고 싶구나. 하지만 엄마는 그게 안전하지 않은 것 같아서 그건 어려울 것 같아."

특히 다음과 같은 말은 아이의 말을 전혀 받아들이지 않는 것이고 이미 예민해진 십 대 자녀의 화를 더욱 돋우는 것이다. "그냥 하라는 대로 해." 그것은 마치 황소 앞에서 붉은 망토를 흔드는 것과 같고, 정식으로 결투를 신청하는 도전장을 보내는 것과 같다. 그렇게 하는 대신 어떻게 규칙을 제시할지 심사숙고하라. 규칙을 규정하고 정당성을 증명할 수 있어야 한다. 부모의 권위에 순종해야 한다는 막연한 요구는 십 대 중후반 아이들에게는 아무 효력이 없다. 권위에 이의를 제기하는 것이 그 아이들의 발달 과제다.

둘째, '떠나라.' 걷잡을 수 없이 악화되는 논쟁에서 잠시 물러서는 것을 행동으로 보여 줘라. 그것은 목숨을 구하는 기술일 수도 있다. 같은 대화가 반복되기 시작하면 방을 나가야 할 때다. 감정을 조절하는 누군가(부모)가 대화를 멈추지 않으면 논의는 영원히 제자리를 맴돌 것이다. "저기, 이제 식사 준비해야 해." 또는 "이제 동생 숙제 봐 주러 가야 해."라고 말하라. 대화를 피하는 것이 아니다. 잠시 쉬는 것이고 대화를 다시 시작하기 위한 효과적인 전략이다.

이 접근법은 부부 치료에서도 기적을 낳는다. 미국의 심리학자이자 결혼 생활 안정에 관한 전문가, 존 가트맨John Gottman은 40년 동안 갈등 해소에 관한 실험을 했다. 한 연구에서 그는 부부들에게 그들의 민감한 문제에 관해 대화하게 하고 심장 박동수를 측정했다.[8] 논쟁이 격해질수록 두 사람의 심장 박동수는 급상승했다. 그들 중 일부에게는 대화 도중 심장 박동수 측정기에 문제가 생겼으니 고칠 때까지 대화를 멈추라고 말했다. 그 사이 부부는 잡지를 읽거나 빈둥거리면서 조용히 시간을 보냈고 마음이 진정되었다. 20분 후 심장 박동수와 호흡수가 기준치로 돌아왔을 때 대화를 다시 시작하게 하자 쉬지 않고 계속 언쟁을 벌인 부부보다 대화가 훨씬 더 건설적이었다.

부모와 자녀 사이에도 대화를 잠시 쉬면 같은 효과가 나타난다. 막다른 골목에 다다랐을 때 물러서는 것을 본보기로 보여 주어라. 두 사람 모두 나중에 후회할 말을 내뱉지 않는 데 도움이 될 것이다.

회피하거나 화내는 부모

어떤 아이들은 사회적, 정서적으로 지독하게 힘든 시간을 보내게 된다. 그런데 일부 부모들은 이런 자녀의 고통을 지켜보는 것 자체를 견디지 못한다. 격렬하게 과잉 반응을 보여서가 아니라 극도로 연약하고 회피적인 반응을 보여서 잘못 대처하는 부모들이 있다.

십 대 소녀 매기는 우울증 치료를 위해 아동정신연구소에 오기 시작했다. 매기의 엄마이자 불안 증상이 심한 로렌은 매기의 우울한 이야기를 들을 때마다 눈물을 흘렸다. 매기는 엄마가 얼마나 연약한지 알기 때문에 자신의 우울증에 관해 이야기하기가 두려웠다. 로렌이 술을 마시면서 상황이 복잡해졌고 그것은 매기가 엄마와 이야기하기 두려워한 또 하나의 이유가 되었다. 로렌은 딸 곁에 있고 싶었지만(적어도 생각으로는) 알코올 중독과 회피 때문에 매기를 지지할 모든 기회를 놓쳤다.

대처하기에는 너무 연약한 부모의 반대편에는 너무 화가 많은 부모가 있다. 우리는 열네 살 소년 톰의 불안을 치료하고 있었다. 톰의 아버지는 월스트리트에서 힘깨나 쓰는 콧대 높은 인물로 톰이 경기에 나가 잘하지 못하거나 전 과목 A 학점을 받지 못하면 심하게 화를 내곤 했다. 아빠는 톰의 실패가 자신의 명성에 누가 된다고 생각했다. 톰은 치료사에게 노트북 컴퓨터를 펼쳐 놓고 탁자에 앉아 있는 것 말고는 다른 어떤 것도 하기가 겁이 난다고 말했다. 아빠가 톰이 숙제하는 모습을 보는 것은 좋아했기 때문이다. 사실 톰은 컴퓨터로 TV를 보고 있었지만, 아버지는 일아차리지 못했다. 톰은 자신의 불안을 다루는 것을 비롯해 많은 전략을 세워야 했지만, 모든 에너지와 시간을 아빠를 화나지 않게 할 전략을 짜는 데 썼다. 우리 치료사는 톰의 아빠와 개인 상담을 하면서 아들에게 너그러워져야 하고 분노는 도움이 되지 않는다고 말했다. 하지만 행복한 결말을 맺지 못했다. 아버지는 치료사에게 몹시 화를 냈다.

이것들은 물론 극단적인 사례고 연약한 엄마와 화내는 아빠 모두 독자적인 해결책이 필요했다. 그러나 부모들에게도 아이의 문제에 귀를 기울이고 싶지 않거나 아이를 지지할 만큼 기분이 좋지 않을 때가 있을 수 있다. 아이의 문제 말고도 처리해야 할 자신의 문제가 있는 것이다. 한결같기 위해서는 자신을 돌보기 위한 휴식을 계획하고 정서적 지지자인 주위 사람들(배우자, 친구, 가족)에게 의지해야 한다.

청소년 자녀의 감정 조절을 위한 비계 세우기

- 체계. 심부름은 시키되 어른이 할 일을 맡겨서 작은 어른이 되게 하지 말라. 그리고 십 대 자녀가 친구라도 되는 것처럼 비밀을 털어놓지 말라. '부모화'될 위험이 있다.
- 지지. 아이가 살아가면서 안전하게 감정을 터트릴 수 있는 사람이 돼라. 아이의 감정을 인정하고 대화가 제자리에서 맴돌기 시작하면 진정하기 위해 자리를 뜨고 나중에 다시 시작하라.
- 격려. 십 대 자녀가 자신의 힘든 감정을 부모에게 공유하도록 격려하라. 부모가 슬픔이나 분노, 회피로 반응해 버리면 아이는 감정을 숨기려 할 것이다.

·· 불안해하는 부모

하워드 박사는 어릴 때 범불안장애Generalized Anxiety Disorder (GAD)를 앓았지만, 당시에 한 번도 치료를 받지 못했다. "아직도 그 증상을 겪고 있어요. 딸과 놀이터에 가면 딸이 놀다가 다칠 수도 있다는 생각이 머릿속을 떠나지 않아서, 정말 많은 아이들이 이리저리 뛰어다니는 곳에서 딸을 계속 놓치지 않으려고 애쓰다 지치곤 해요." 그녀는 말한다. "그런 불안함이 아이를 잘 보호하는 데 도움이 될 때도 있지만 너무 과도하게 불안해할 때도 있어요."

불안이 유전된다는 사실을 익히 아는 그녀는 딸 앞에서 불안을 표현하는 방식에 대해 세심하게 주의를 기울이고 있다. "놀이터는 즐거워야 해요. 저는 불안을 떨쳐 버리고 저 자신을 달래기 위해 '우와~ 여기 재밌겠다! 뭐부터 할까?'라고 말합니다." 사실상 그녀는 그녀 자신과 딸을 동시에 안심시키는 것이다.

아이들은 상황을 이해하기 위해 부모의 얼굴을 살핀다. 불안해하는 부모의 상황 이해가 비이성적이고(미끄럼틀이 얼마나 경사졌는지 또는 그네가 얼마나 높이 올라가는지만 보는 경우) 사실(놀이터는 안전하고 잘 관리되고 있다)에 부합하지 않으면 아이에게도 영향을 미친다. 불안해하는 부모가 사실을 근거로 상황을 해석할 수 있다면 합리적인 태도를 아이에게 본보기로 보여 주는 것이다.

스트레스와 불안에 이성적으로 반응하기 위해서는 부모 자신이나 아이에게 범불안장애가 있는지 아는 것이 도움이 된다. 있다면 치료가 필요하다. 아니라면 하워드 박사처럼 하면서 자기 자신에게 물어라. '지금 내가 이성적인가? 내 걱정은 합리적인가? 어떻게 하면 합리적인 방법으로 내 마음을

범불안장애인가요?

정상	문제 있음	장애
• 부모/아이의 걱정이 신체와 관련 없는 정신적 작용이다. 즉, 신체적 증상이 없다. • 부모/아이의 걱정이 객관적으로 합리적이고, 일시적이고, 실체가 있는 특정 실제 사건에 기반을 두고 있다. • 부모/아이의 걱정이 문제에 대한 해결책을 떠올림으로써 사라질 수 있다.	• 부모/아이의 걱정이 원인이 된 사건에 비해 과도해 보인다. • 부모/아이가 꼭 구체적인 어떤 일에 연관되어서가 아니라 일반적으로 불안해한다. • 부모/아이가 불안의 원인이 해결된 이후에도 진정하는 데 어려움을 겪는다.	• 부모/아이가 모든 것에 대해 끊임없이 걱정하지만, 특히 학교/직장 또는 다른 활동에서의 성과와 능력이 기대를 충족할지에 대해 걱정한다. • 부모/아이가 두려움과 걱정을 누그러트리기 위해 안심시켜 줄 수 있는 것을 자주 찾는다. • 부모/아이가 불안감 때문에 융통성 없고 짜증을 잘 내고 가만히 있지 못한다. • 부모/아이에게 피로, 복통, 두통 등 신체적 증상이 있다. • 부모/아이가 실체가 있는 실제 문제에 몰두해 지나치게 두려워한다. • 범불안장애가 있는 아이들은 어른과 달리 자신의 두려움이 지나치다는 사실을 알지 못할 수도 있다.

아이에게 표현할 수 있을까?'

그러면 린다와 나는 조슈아가 캠프에서 사랑받지 못하는 느낌이라고 말했을 때 어떻게 했을까?

나는 처음에 속상했던 마음을 뒤로 하고 그것을 해결해야 할 문제로 생각했다. 아들이 힘들어하는 것에 관해 이야기를 나누려고 캠프 책임자를 만났다. 이야기가 잘돼서 몇 가지 합의가 이루어졌다. 조슈아는 남은 여름 동안 끝까지 캠프에 있었지만, 집으로 자동차에 태워 돌아올 때 자기는 그동안 억지로 참았고 캠프 내내 비참했다고 말했다.

나는 조슈아가 캠프를 아주 좋아할 수 있고 또 좋아할 것이라는 생각을 그렇게 빨리 포기하지는 않았다. 그래서 아내와 나는 다른 선택지를 탐구했다. 우리는 다른 캠프를 조사했고 아이에게 보여 줄 괜찮은 안내 책자 한 무더기를 모았다. 하지만 우리가 의욕적으로 조슈아에게 그것들을 내놓았을 때 아이는 관심을 보이지 않고 모두 거절했다.

아이는 캠프를 좋아하지는 않았지만 이후 별다른 동요를 보이지도 않았다. 그렇다면 나는 왜 그토록 캠프 문제에 충격을 받고 슬픔에 휩싸였던 것일까? 그 이유를 자세히 살펴봐야 했다. 나는 아이가 언제 어떤 준비가 되어 있어야 하는지에 대해 머릿속에 일정표가 있었고 아이가 그것을 따르지 않는 것이 불편했다. 나는 잠시 내면의 나와 이야기를 나누었다. 아이가 살아가는 속도에 대한 내 불편함은 아이에게 도움이 되지 않았다. 그것은 아이를 아프게 했다. 캠프로 돌아가게 강요하는 것은 좋은 생각이 아니었다.

이듬해 여름 아이는 일일 캠프에 갔고 그것을 아주 좋아했다. 그 이듬해에는 2주간의 테니스 캠프에 갔고 또 성공적이었다. 마침내 조슈아는 8주 캠프에 갔고 그 몇 년 후에는 여름 내내 청소년 여행을 다녀왔다. 나는 내 불편함을 다시 살펴봄으로써 아들의 속도로 나란히 움직이며 아들에게 긍정적이고 힘을 실어 주는 경험을 줄 수 있었다.

발판을 단단히 고정하라!

자녀가 괴로워하는 모습을 지켜보는 것보다 더 힘든 일은 없지만 흔들리지 않고 자신의 불편함을 견디고 아이의 성장에 비계가 되어야 한다.

인내심
- 아이의 고통이 깊이 느껴진다고 하더라도 아이가 곁에 있을 때 괴로움을 표출하지 말라. 우리의 목표는 우선 아이를 지도하고 지지하는 것이고 그다음엔 자제력을 본보기로 보여 주는 것이다. 감정을 터뜨리거나 위안을 찾아야 한다면 다른 어른들에게 의지하라.

온정

- 아이가 속상해할 때 다정하고 세심하라.
- 말하기보다 듣는 것에 집중하라.
- 아이의 감정을 인정하라.

관심

- 과잉 반응을 보이거나 대처하기를 회피하고 있는 것은 아닌지 의식해야 한다. 이러한 접근법들은 부모와 아이 모두에게 도움이 되지 않는다.

차분함

- 아이가 혼란스럽거나 겁먹지 않도록, 강렬한 감정은 강도를 조절하여 표현하라.
- 아이의 감정 표현에 괴로워하는 반응을 보여서는 안 된다. 그러면 아이는 부정적인 감정을 숨기거나 내면화하는 법을 배울 것이다.

관찰

- 아이가 어떻게 느끼는시에 대해 대화하라. 때론 위로하고 때론 절제하며 본보기가 되어 주어야 한다.

6장

건물과 같은 속도로 올라가기

눈높이 대화법

집 앞마당에 서서 지붕에 올라가 있는 누군가와 대화한다고 상상해 보라. 그렇게 순조롭지는 않을 것이다. 지붕에 있는 사람은 내려다보면서 말하거나 소리쳐야 할 것이다. 그는 모든 말을 다하는 것은 너무 번거롭다고 생각하게 될 수도 있다. 두 사람 간의 먼 거리가 원활하고 솔직한 대화를 불가능하게 한다.

이제 아이의 건물과 그 건물을 둘러싼 부모의 비계가 같은 높이에 있다고 상상해 보라. 가까운 거리에서 직접 말하고 서로 눈을 바라보며 같은 언어와 어조로 두 사람이 동등한 위치에서 이야기할 수 있을 것이다.

아동, 청소년 자녀와 의사소통을 위한 통로를 만들고 열린 상태로 유지하기 위해 비계의 높이를 아이의 건물 높이와 같게 하라. 그리고 솔직하고 진정성 있는 태도를 보임으로써 같은 높이를 유지하라.

그웬은 열다섯 살 난 소녀인데 우리 아동정신연구소에서

치료를 받고 있는 환자다. 그웬은 기타를 잘 치고 예술적 재능이 있으며 크리스마스가 되면 대프니 듀 모리에Daphne du Maurier의 《레베카Rebecca》를 다시 읽는다. 우리는 그웬을 경미한 우울증으로 진단하고 치료했다. 우리 연구소로 오게 된 것은 그웬의 동급생 중 하나가 자살한 며칠 후에 어머니와 나눈 대화 때문이었다. "그웬은 그 아이를 잘 알지는 못했어요." 그웬의 엄마 캐서린이 말했다. "학년도 달랐고 어떤 것도 겹치는 부분이 없었어요. 그 아이는 소위 인기 있는 아이였고 그웬은 더 예술 쪽이고 비주류에 속하는 편이에요. 학교 측에서 알려 준 대로 아이에게 그 자살에 대해 어떻게 느끼는지 물었을 때 그웬이 이렇게 대답했어요. '정말 슬퍼요. 좋은 아이 같았는데. 하지만 그렇게 우울했던 거라면 지금은 더 나아졌을지 모르죠.' 그래서 겁이 났던 거예요. 다음 날 바로 전화를 걸어 진료 예약을 했어요. 진짜 문제는 아이가 무엇을 느끼고 생각하는지를 우리는 모른다는 사실이었습니다. 그웬은 괜찮아 보였어요. 아이가 우리에게 와서 '우울해.'라거나 '친구가 없어.'라고 말했다면 우리는 즉시 행동했을 거예요. 지나고 나서 보니 그웬이 열다섯 살에 자신의 감정에 관해 제게 이야기하지 않았던 것은 열 살, 다섯 살, 또 몇 살 때에도 우리가 그런 이야기를 나누지 않았기 때문이에요. 제 남편과 저도 그렇게 자라지 않았습니다. 제가 어린아이였을 때 무슨 일 때문에 울었는데 엄마가 제게 방으로 들어가 미소를 지을 수 있을 때까지 나오지 말라고 이야기했던 기억이 나요. 감정을 속이라고 배웠어요. 제가 그웬에게 그렇게 했을지도 모른다고 생각하니 괴롭습니다. 감정을 표현하는 것을 가르쳐 준 적이 없어요."

부모의 비계 역할에서 가장 기본적인 것 중 하나가 아이에게 감정 어휘를 알려 주는 것이다. '송아지', '집'과 같은 단어를 가르칠 때 감정을 식별하는 것도 가르쳐라. "슬퍼.", "아쉬워.", "화났어."라고 말할 수 있는 아이는 평생 활용할 사회적, 정서적 지능을 발달시킬 수 있을 것이다. 감정에 이름을 붙이는 것은 감정을 느끼는 순간 그 영향을 감당하는 것에도 도움이 된다. 2007년 UCLA 연구[1]에서 연구자들은 참여자들에게 분노, 두려움, 슬픔이 드러난 얼굴 사진들을 보여 주고, MRI 기계로 뇌를 촬영했다. 참여자들이 화난 표정이나 두려워하는 표정 사진을 볼 때는 뇌의 편도체 부위에서 신체적 감정 경보 시스템이 발동되었다. 그러나 사진을 보고 단순히 그 감정을 "화났어." 또는 "두려워."라고 말로 표현하자 편도체의 활동이 감소했나.

아이가 감정에 이름 붙이는 법, 즉 '무엇을'을 배웠다면 다음 단계는 그 감정이 '왜' 일어났는지 생각하는 것이고 그다음은 그 감정을 '어떻게' 다루는지 배운다. 이 '무엇을', '왜', '어떻게' 과정이 우리 모두 각자가 인생의 문제를 해결하는 방법이다.

우리가 비계 역할만 제대로 한다면 아이들이 어른이 되는 데 필요한 감정 인식과 분석력이라는 기초를 놓을 수 있다. 하지만 그것은 아이가 몇 살이고 어느 단계에 있든 부모가 귀를 기울이고 대화하고 소통할 때만 가능하다. 비계로서 우리의 역할은 아이가 자기 자신을 이해하도록 이끄는 것이다. 아이에게 부모와의 의사소통 통로가 막히거나 불편하다면 그 역할은 훨씬 더 어려워질 것이다.

아동 및 청소년 자녀들이 부모와 반드시 원활하게 소통하는 것은 아니고 특히 사생활을 철저히 감추려 하는 청소년이나 너무 당황하거나 혼란스러워서 느낌을 이야기하지 못하는 아동의 경우 더욱 그렇다. 부모는 저항에 부딪히면 의사소통을 멈추거나 아이의 메시지를 오해하거나 아이와 가까워질 기회를 놓칠 수 있다.

네 살 아이의 멈추지 않는 재잘거림을 견뎌 본 적이 있거나 대화가 한 음절의 불평 소리로 구성되는 무뚝뚝한 십 대 때문에 좌절해 본 적이 있는 사람이라면 아이와의 의사소통이 실망스러울 수 있다는 사실을 이미 알고 있을 것이다. 하지만 인내심, 온정, 관심, 차분함, 관찰이라는 비계의 발판을 이용하면 아이와 매혹적이고 재미있고 유익하며 때로는 어렵지만 가치 있는 대화를 시작할 수 있다. 그 대화는 아동기에서 청소년기, 성인기로 가는 동안 점점 더 깊고 풍부해질 것이다.

이 평생의 대화를 어떻게 시작할 수 있을까?

정신적으로 건강한 자녀일지라도 생각과 감정을 자유롭게 공유하도록 이끄는 것은 다정한 부모에게도 어려울 수 있다. 자신이 불안하거나 우울한 아이와 첫 번째 치료 시간에 만난 치료사라고 상상해 보라. 환자는 진료실에 오기까지 아마도 수개월 또는 수년 동안 증상과 관습, 회피 때문에 고통받았을 것이다. 학업적, 사회적 삶이 휘청거린다. 다른 의사들에게 진료를 받았고 이미 치료 과정에 대해 냉소적일 수 있다. 부모들이 아동정신연구소가 마지막 희망이라고 말하는 경우도 있다. 그러면 도대체 우리는 어떻게 심각한 위기를 겪고 있는 아이가 전혀 모르는 사람에게 마음을 터놓게 할까?

우리는 아이가 이야기하게 만드는 방법들을 알고 있다. 다음은 우리가 치료할 때 쓰는 몇 가지 요령으로 특별히 표현을 잘하거나 솔직한 아이들을 제외하고 치료를 받고 있지 않은 아이들에게 가정에서 사용해 볼 수 있다.

아이가 이해할 수 있는 언어로 말하라. 주제를 간단한 요소들로 나눠서 한 번에 하나씩 다루어라. 예를 들어 미취학 아동인 아들에게 놀이 약속이 어땠는지 알고 싶다면 이렇게 질문하라. "놀이 약속에서 가장 좋았던 것과 가장 나빴던 것이 뭐였어?" 그러면 여러 단어로 된 제약 없는 대답을 들을 수 있다. "놀이 약속 가서 재미있었어?" 또는 "거기서 뭐 먹었어?"라고 물으면 크게 도움이 되지 않는 한 단어 대답을 들을 것이다. "너와 댄이 좋은 친구가 될 수 있을 것 같아?" 같은 추상적인 질문을 피하라. 혼란스러워하며 아무 말도 하지 않는 아이의 모습을 맞닥뜨리게 될 것이다.

반응을 얻어 낼 적절한 말투로 말하라. 여섯 살한테 열여섯 살에게 말하듯 말하지 않되 어린애 취급을 해서도 안 된다. 아이가 반응을 보일 적절한 말투를 알아내기 위해 아이의 친구, 선생님, 과외 교사가 쓰는 말투를 써라. 아이가 '밖에서' 어떻게 대화하는지 관찰하여 기준틀을 얻고 가정에서 같은 말투를 활용할 수 있다.

헛소리를 피하라. 아이에게는 어른과 같은 여과 장치가 없다. "제가 지금 당장 아주 멍청한 말을 하게 되더라도, 같이 있던 어른은 예의상 그것을 눈감아 줄 것입니다. 하지만 아이는 이렇게 물을 것입니다. '왜 그런 말을 하세요?' 아이들은 그것을 짚고 넘어갈 것입니다." 우리 연구소의 강박장애 부문 이사 제리 부브릭은 말한다. "헛소리 때문에 대화가 끝나거나 거부될 수 있으니 괜히 그러지 마세요."

관심사에 대해 질문하라. 아이가 스포츠를 좋아하면 당신이 좋아하는 팀에 관해 이야기하라. 패션에 관심이 많으면 브랜드에 관해 실용적인 지식이 있어야 한다. 아이는 잘 아는 주제라고 느낄 때 경계심을 푼다.

비슷한 감정과 경험을 공유하라. "한 학설에 따르면 의사는 환자에게 자신의 사생활을 상세하게 밝히지 말아야 합니다."

부브릭 박사는 말한다. "성인 환자라면 저도 동의합니다. 하지만 아이들에게도 항상 그런 것은 아닙니다. 아이들은 상대가 누구인지 약간은 이해해야 합니다. 그래서 저는 개를 무서워했던 것과 같은 제 과거 불안에 관해 많이 이야기했어요. 불안한 아이는 제가 자기를 이해할 것이라 믿고 무엇이 무서운지 이야기할 수 있을 만큼 편안해집니다." 비슷한 감정이나 경험을 공유함으로써 아이를 이해할 수 있다는 것을 보여 주어라. 그러나 초점을 빨리 아이에게로 옮겨라. 그렇지 않으면 강의하는 것처럼 느껴질 것이다.

편안한 모습을 보여라. "저는 치료 시간에 아이들을 만날 때 보통은 넥타이가 흐트러져 있고 칼라의 단추가 풀려 있고 소매를 걷은 채 앉아 있습니다." 부브릭 박사는 말한다. "의사가 아니고 제리인 거죠." 부모로서 당신은 권위자다. 하지만 편안한 모습이 덜 위협적으로 보인다.

아이가 자신이 누구인지 말할 때 들어라. "제 환자 중에 아기 때부터 조니라고 불리던 아이가 있었어요. 아이는 열네 살 때 조나단으로 불리고 싶다고 선언했죠." 부브릭 박사는 말한다. "모든 사람이 그렇게 바꿔 불렀지만, 아이의 어머니는 예외였어요. 습관을 고칠 수가 없었죠. 아이는 치료 시간에 엄마가 자신을 '아기 때 이름'으로 부르는 것을 두고 자신을 진지하게 생각하지 않는다고 말하곤 했어요. 그리고 어머니가 아이를 진지하게 생각하지 않았다면 아이도 어머니에게 진지한 이야기를 털어놓지 않을 겁니다." 당신의 자녀는 '맘마'와 '뛰뛰빵빵'의 날들을 지나 여러 가지 면에서 성장했다. 아이가 쓰는 말을 잘 알고 있음으로써 아이와 눈높이를 맞춰라. 아이의 언어로 말할 필요는 없지만(당신의 입에서 나오면 '웃프게' 들릴 수도 있다) 알아들을 수 있어야 한다.

진지한 대화

일상 대화로는 충분하지 않을 때가 올 것이다. 어쩌면 생각보다 빨리 아이와 진지한 대화를 나누게 될 것이고 그 주제는 무엇보다 섹스, 죽음, 이혼, 마약, 기후 변화 같은 것들이 될 것이다.

부모들은 종종 "…에 대해 아이에게 뭐라고 말해야 할까요?"라고 묻는다. 어린아이들의 부모 중 일부는 단지 너무 무서운 것은 한마디도 하지 않겠다고 결심한다. 또 다른 부모들은 아이에게 모두 말하는 것이 좋다고 생각한다.

두 전략 모두 옳지 않다.

"제 환자 중에 가족이 죽는 것을 경험한 일곱 살 남자아이가 있어요." 버스먼 박사가 말했다. "증조할머니가 아흔셋에 돌아가셨죠. 슬픈 일이었지만 하늘이 무너지는 일은 아니었어요. 아이는 이렇게 묻고 있었어요. '할머니는 어디로 갔어요?', '할머니 집은 어떻게 돼요?', '할머니 몸은 어떻게 돼요?'"

발달과 치료 관점에서 아이가 죽음, 사후 세계, 부패에 대해 궁금해하는 것은 지극히 정상적이다. 그러나 아이의 어머니는 아들이 할머니의 뼈에 대해 계속 묻는 것이 불편해서 "그 이야기는 이제 그만하는 게 좋겠다."라고 말함으로써 그 논의 자체를 중지시켰다.

이 경우 어머니의 비계는 아들보다 뒤떨어져 있었다. 아들은 성장하고 있는데 어머니는 감정적으로 아들을 따라갈 준비가 되어 있지 않았다. "아이의 타당한 질문에 대답하기를 거부하는 것은 중대한 실수입니다." 버스먼은 말했다. "사랑하는 사람과 사별하는 것처럼 중요한 경험은 부모에게 아이와 신뢰를 쌓고 아이의 이해를 진전시키며 탐구심을 격려할 기회를 줍니다. 그 주제에 관한 이야기를 아예 멈추는 것은 솔직하게 대답하는 것보다 아이를 더 좌절하고 놀라게 해요. 아이는 '엄마가 왜 말 안 하는 거지? 정말 나쁜 건가 봐!'라고 생각할 수도 있어요. 부모가 너무 슬퍼서 질문 공세에 답할 수 없다 하더라도 이렇게 말할 수 있습니다. '우리 이야기할 게 많구나. 네 질문에 다 대답해 줄게. 그런데 지금 당장은 다른 일들을 먼저 처리해야 한단다.'" 시간을 끄는 것은 대화를 거부하는 것보다 낫다. 하지만 약속은 꼭 지켜야 한다.

부모가 너무 걱정이 많아서 뭔가 이야기할 수 없다면 아마도 많은 것에 대해 얼버무리게 될 것이다. 사람들은 습관적이기 쉽다. 그런 부모는 단순히 세상과 차단되어 있고 기질적으로 초조해하는 사람이라서 어려운 대화를 피하는 것일 수도 있다. 항상 성격을 바꿀 수 있는 것은 아니지만 자신의 본래 성향이 아이의 사회 정서적 교육에 이상적이지 않다는 사실을 인지할 수 있다. 아이에게 정보를 제공하고 아이의 성장을 (비계로서) 지지하기 위해 자신의 거부감을 의식하고 극복하기 위해 노력하라. 아이가 부모와의 의견 주고받기, 질문과 답변, 요청과 응답에 의지할 수 있게 하라. 아이는 인생의 모든 어려운 질문들을 부모에게 물어볼 수 있어야 한다.

이런 류의 부모라면 믿을 만한 정보원(소아과 의사 또는 치료사)에게서 그 주제를 어떻게 논의하고 어떻게 말할지에 대한 정보를 미리 얻는 것이 좋다. 더 잘 알고 있을 때 그 지점에 도달하는 것이 덜 불안하게 느껴질 것이다.

우리는 아이들에게 이렇게 말한다. "혹시 무슨 문제 생기면 엄마한테 말해!", "친구가 술 취해서 운전 못 하면 전화해. 데리러 갈게." 그것은 "언제든지 너를 도울 준비가 되어 있어."라는 의미다. 그래서 아이가 정말로 새벽 3시에 데리러 오라고 전화하면 부모는 곧바로 소리치기 시작한다. "도대체 생각이 있는 거야, 없는 거야?" 둘 사이에 맺었던 정서적 계약을 위반하는 것이다. 아이가 부모를 신뢰하기 원한다면 약속을 지키고 아이의 이야기를 비판 없이 들어야 한다. 무슨 일이 있었는지는 나중에 차분한 목소리로 논의할 수 있다.

아이가 부모에게 어려운 질문을 던지고, 그 질문이 어떤 이유에서든 부모를 화나게 하거나 대답하기 거북한 질문일 때도 위의 상황과 마찬가지다. 초등학교 2학년 아이가 "할머니는 천국에 있어요?"라고 묻는 것은 고등학생일 때 새벽 3시에 걸려 오는 전화의 예행연습이다. 튼튼한 비계는 흔들리지 않는다. 우리 모두가 직면하는 인생의 진실과 현실에 대한 건강한 질문과 솔직한 논의가 비계를 튼튼하게 만든다.

부모는 양면적인 태도를 통해 아이에게 진실을 감당할 수 없다는 메시지를 보낸다. 아이는 부모가 대답을 거부하거나 대답은커녕 화부터 내기 일쑤라는 사실을 매우 빨리 배울 것이다. 대답을 원한다면 다른 곳으로 가야 한다는 사실 또한 그만큼 빨리 배울 것이다.

아이들이 죽음, 섹스, 마약, 종교를 인터넷에서 배우기를 원하는 부모는 없다.

아이가 무엇이든 그것에 대해 물을 수 있는 나이라면 부모는 대답해 주어야 한다. 논문 수준의 대답일 필요는 없다. 그저 아이가 묻는 질문들에 대답하면 된다. 얼마나 상세하게 답할지는 아이의 나이, 경험, 기질, 부모의 개인적 선호도에 따라 다르다. 다시 말하지만, 담당 소아과 의사나 치료사에게 지침을 구하라.

최근에 한 친구가 이런 이야기를 들려주었다. "딸이 여섯 살인가 일곱 살 때 이런 질문을 하더라고. '아기는 어디에서 나와요?' 난 대답을 미리 생각해 두었기 때문에 정자가 난자를 만나 태아가 되는 과정을 친절하게 설명해 줬어. 딸은 잠시 생각하더니 말했어. '그러면 정자는 몸 밖으로 어떻게 나와요?' 난 눈만 몇 번 깜박거리다가 이렇게 말했어. '스무 살 되면 물어봐라.'"

버스먼은 말한다. "될 수 있는 한 솔직하게 말하세요. 제 친언니가 임신했을 때 열한 살 된 첫째 아이가 물었답니다. '아기가 어떻게 나와요?' 언니는 헛기침을 몇 번 하고 나서 말했어요. '병원에 가면 의사 선생님이 도와주실 거야.' 그 대답은 조카를 만족시키지 못했어요. '그런데 어디로 나오는 거예요?' 마침내 언니는 대답했어요. '생식기. 아기는 엄마의 생식기로 나올 거야.' 아이는 잠시 생각하더니 말했어요. '아, 그렇구나.' 그러고는 방으로 들어가 비디오 게임을 했답니다." 솔직하게 대답하면 아이는 완전히 이해하지 못했더라도 부모가 정직하게 대답했다는 것을 직관적으로 이해할 것이다. 그리고 대개의 경우, 그것은 전문적인 대답보다 아이가 훨씬 더 원하는 대답이다. 아이들은 부모에게 신뢰와 더불어 정직함을 기대한다. 아이는 부모의 말을 이해하지 못하면 당장은 그냥 넘어가지만 나중에 그것에 대해 생각할 기회가 있고 더 배울 준비가 되었을 때 다시 돌아온다. 아이는 보이는 모든 곳에서 걸러지지 않은 수많은 정보를 얻는다. 부모로서 우리는 아이가 우리에게 오해의 여지가 없는 올바른 정보 제공을 요구하는 편이 더 낫다.

중요한 대화가 끝나면 항상 "더 물어볼 거 있어?"라는 질문을 덧붙여야 한다. 항상 그렇게 물어라. 섹스나 마약 이야기는 한 번 하고 끝나는 것이 아니다. 그것은 계속 진행 중인 폭넓은 대화의 시작이다. 아이는 끊임없이 의문을 제기하는 뭔가를 보고 들을 것이고(버스먼은 "제 환자들이 통학 버스에서 들었던 이야기를 듣고 제가 얼마나 많이 바로잡아야 했는지 모릅니다."라고 말했다), 바라건대 경험과 지식을 쌓기 위해 몇 번이고 부모를 찾을 것이다.

∙∙ 나란히

당신은 지금 이런 생각을 하고 있을지 모른다. 나는 오히려 아이와 더 많이 대화하고 싶지만 정작 아이는 비디오 게임을 하고 있거나 항상 다른 뭔가를 하고 있다고. 당신만 그런 것이 아니다! 많은 부모가 이렇게 소리 지르며 아이 손에서 컨트롤러를 빼앗아야 한다고 털어놓는다. "컴퓨터 꺼! 도대체 게임을 왜 하는 거야? 뇌가 바보가 돼도 좋아?" 아이가 결국 컴퓨터를 끄고 일어났을 땐 방금 자기에게 소리를 지르던 사람과 화기애애하게 이야기를 나누고 싶은 마음은 들지 않을 것이다.

최근 연구에 따르면 만 8~10세 아이들이 하루 동안 갖가지 매체에 노출되는 시간이 8시간[2]이라고 한다. 더 나이가 많은 아이들과 청소년들은 하루에 11시간 동안 화면에서 눈을 떼지 못한다. 미국소아과학회에서 권고하는 시간을 훨씬 초과한다.[3] 아이들의 매체 노출은 평일에는 하루에 한 시간, 주말이나 방학에는 두 시간으로 제한되어야 한다.

기기를 몇 시간이나 사용하는지 관찰하는 것과 더불어 항상 온라인 상태인 '방법'과 '이유'에 주의를 기울여라. 아동정신연구소는 소셜 미디어와 게임이 정신건강에 미치는 영향[4]을 연구하기 위해 만 7~15세 아이들 500명을 대상으로 설문조사를 실시했고 문제성 인터넷 사용Problematic Internet Use(PIU)과 정신건강 장애 사이의 연관성을 찾고자 했다. PIU 등급을 측정하기 위해서는 다른 중독 검사처럼 단순히 '얼마나 오래' 하는지가 아니라 강도와 기능 장애에 대해 질문을 한다.

예를 들어 우리는 아이들에게 이렇게 물었다. "네가 인터넷 하는 시간에 대해 주위에서 얼마나 자주 뭐라고 하니?", "인터넷 하느라 잠을 못 잘 때가 얼마나 자주 있어?", "얼마나 자주 외출 대신에 인터넷 하는 것을 선택하니?"

결과에서 나타났듯이 우리는 PIU가 아이들이 학교, 사회, 가정 생활에서 정상적으로 기능하는 데 있어서의 장애뿐만 아니라 우울장애, ADHD에도 영향을 미친다는 사실을 알아냈다. 아이의 온라인 집착을 우려하고 있다면 아이들과 함께 그것에 참여함으로써 화면 사용을 감시할 수 있고, 그것이 일명 '부모의 중재'다. 거기에 앉아 "한 시간 됐다! 와, 시간 정말 빨리 간다. 잠깐 다리 스트레칭 좀 하고, 이제 다른 거 하자."라고 말함으로써 화면 사용에 대한 아이의 마음 챙김을 지지할 수 있다.

그리고 가정의 규칙을 정해라. 모든 숙제와 심부름을 끝낼 때까지 매체 오락을 허용하지 말아야 한다. 화면 보는 시간은 친구들과 어울리기, 과외 활동 참여하기, 가족과 오붓한 시간 보내기, 충분히 자기 등과 같은 발달에 필수적인 활동과 균형을 이루어야만 한다. 명확하게 정해진 매체 규칙을 어기면 아이는 그에 따른 결과를 받아들여야 한다.

그러나 아이가 매일 저녁 재미있게 게임을 할 때 당신도 컨트롤러를 들고 아이와 함께 앉아 '마인크래프트'나 '포트나이트'를 한다고 큰일이 나지는 않는다. 사실 나란히 앉아 함께 뭔가를 하는 경험은 소파의 아이 옆자리에 앉지 않았다면 놓쳤을 풍부한 유대감을 형성할 수 있는 기회다.

아이와 함께 놀아라. 아이가 즐기는 재미있는 뭔가를 하라. 당신도 좋아할지 모른다. 공통된 관심사는 물론, "너 이거 정말 잘한다!"와 같이 자존감을 형성하는 칭찬을 대화에 가미할 기회가 생길 것이다. 그냥 편히 앉아서 아이가 게임하는 것을 지켜보며 게임에서 벌어지는 일에 관해 이야기하는 것도 괜찮다. 그것은 당신이 아이의 삶과 관심사에 호의적이라는 사실을 보여 준다.

아이가 보는 TV 프로를 보고 아이가 듣는 음악을 듣고 아이가 보는 책을 읽어라. 그것을 비계 역할 수행을 위한 관심과 배려로 생각하라. 아이들이 무엇을 받아들이는지 더 잘 아는 상태에서 그것이 나타내는 가치를 승낙하거나 반대할 수 있다. 소파의 아이 옆자리가 둘의 관계에서 신뢰와 확신을 확고히 하고 이야깃거리를 준다. 식탁에서의 형식적인 대화보다 낫다. 유튜브 시청 시간의 예기치 못한 가장 큰 선물은 이런 것이다. 아이가 게임의 로딩 시간이나 TV 프로의 중간광고 시간에 갑자기 떠오른 뭔가에 관해 이야기해야 할 때 당신이 이미 아이 옆에 있고, 들을 준비가 되어 있다는 것이다.

아동 자녀와 자유로운 대화를 위한 비계 세우기

- 체계. 방과 후든, 잠자리에 들기 전이든, TV/게임 시간이든, 아이와 이야기하는 시간을 일과에 포함하라. 아이가 어릴 때부터 이야기할 기회를 찾아라. 자기 전에 책을 읽어 주는 것은 대화를 시작하기에 훌륭한 방법이다. 토요일마다 공원을 함께 산책하는 습관을 정착시켜라. 학원에 데려다주는 길에 차에서 대화하라.
- 지지. 감정에 이름을 붙이는 것을 가르침으로써 아이를 정서적으로 도와라.
- 격려. 질문에 신속하고 솔직하고 믿을 수 있게 대답함으로써 대화를 발전시켜 나가면 아이는 부모에게 정보를 구하는 것에 익숙해질 것이다.

●● 수다스러운 아이

아이가 혼자서만 주구장창 말한다면 그것은 사실상 생각, 감정, 정보를 나누는 대화가 아니다. 그것은 독백이다. "우리 딸 올리브는 네 살인데 입을 다물지 않아." 친구 하나가 말했다. "같은 질문을 계속 반복하고 자기 기분이 어떤지 끊임없이 말해. 좋아하는 프로가 있으면 매회 줄거리를 지겹도록 이야기하고 집이나 극장에서 영화를 볼 때도 계속 떠들어. 사람들이 조용히 하라고 신호를 보낼 때 정말 난처해. 이기적으로 들린다는 걸 알지만 딱 한 번만 방해 없이 책을 읽거나 조용한 시간을 보내고 싶어. 너무 버거워."

또 다른 엄마는 일곱 살 아들이 아무 때나 툭툭 말을 내뱉는 행동을 반복하고 있다고 이야기했다. "집에서는 그렇게 해도 상관없지만, 유치원에서는 분위기를 망치는 행동이에요." 그녀는 말했다. "선생님이 반 전체에 이야기하고 있을 때 제이비어가 끼어들어 다른 아이들을 웃기는 말을 해서 교실이 혼란스러워져요. 선생님 말씀에 끼어들지 말라고 여러 번 말했지만 자기도 어쩌시 못하는 것 같아요."

만 4세 이하 유아는 대부분 올리브처럼 수다쟁이다. 언제나 모든 것이 새로워서 그것을 이야기함으로써 보고 겪은 것을 처리하고 소화할 수 있다. 하지만 대부분의 유아는 사회적 신호를 알아차리고 이를 통해 언제 이야기해도 되고 언제 안 되는지 이해한다. 유치원 선생님의 손이 위로 올라가면 아이들은 조용히 해야 한다는 것을 안다. 적절한 의사소통(순서를 기다려 말하기, 말하기 전에 손들기, 속으로 말하기, 조용한 시간 방해하지 않기, 존댓말 쓰기, "감사합니다.", "죄송합니다."라고 말하기, 말다툼 후에 '말로 표현하기'와 '대화로 해결하는 것' 배우기)은 유치원에서 가르치는 가장 중요한 내용 중 하나다.

1학년 또는 2학년까지 아이가 계속 수업을 방해하고 머리

그저 수다쟁이인가요, ADHD인가요?

정상	문제 있음	장애
• 대화를 즐기고 세상에 대한 자기 생각을 말하는 게 좋아서 말이 많은 아이라 할지라도 늦어도 만 7세가 되면 언제 말해도 괜찮고 언제 안 되는지에 대한 사회적 신호를 알아차리는 법을 배운다. 또 모든 사람이 골고루 말하고 전혀 모르는 사람들에게는 너무 장황하게 이야기하면 안 된다는 사실을 알고 있다.	• 관심을 받으려고 또는 일부러 분위기를 해치려고 너무 많이 말하는 아이는 자신의 말을 골라서 할 줄 모르고, 누구에게 이야기해야 하는지, 사람들 앞에서 무슨 이야기를 할 수 있는지 경계를 모른다.	• 충동적으로 불쑥 내뱉는 말과 쉴 새 없는 수다는 ADHD의 증상일 수 있다. • 혼자 있을 때조차 말을 멈추지 못하는 등 강박적으로 말하는 것은 자폐증이나 아스퍼거 증후군, 양극성 장애의 증상일 수 있다. • 끊임없이 안심시켜 주고 인정해 주길 요구하는 것은 불안장애를 나타낼 수 있다. • 여과 장치가 없는 것처럼 친구와 낯선 사람을 가리지 않고 말을 지나치게 많이 하는 것은 윌리엄스 증후군이라고 불리는 희귀한 유전병을 나타낼 수도 있다.

에 떠오르는 것을 무심코 내뱉으며 다른 사람이 말할 수 없도록 쉴 새 없이 말하면 행동이나 신경, 유전적 문제가 있을 수 있다. 방금 이야기한 유치원 방해꾼 제이비어는 우리 환자로 ADHD 진단을 받았다. 말이 많고 충동적으로 말하며 ADHD 진단을 받은 아이에게 우리는 적절한 약물 치료, 부모 훈련, 행동 치료를 권한다. 다음은 아이에게 말을 멈춰야 할 때를 가르치고 싶은 부모를 위한 몇 가지 조언이다.

신호 보내기. 손가락을 입술에 갖다 대거나 아이의 어깨를 부드럽게 만지는 것처럼 아이가 말을 멈춰야 할 때 보낼 신호를 아이와 함께 정해라.

의미 있는 칭찬. 아이에게 "신호를 알아차리고 말을 멈춘 것 참 잘했어." 또는 "다른 아이들도 말할 수 있게 배려한 것 정말 잘했다."라고 말하라.

∵ 말이 없는 아이

유전적으로 내성적인 아이는 (그 짐에 대해서는 어른도) 혼자 있는 것을 좋아하고 생각과 감정을 말하기를 꺼린다. 그것은 아이가 모든 사회적 교류를 피하고 필요한 삶의 기술을 전혀 배우지 않을 때만 문제가 된다. 수줍어하는 아이라도 일단 긴장이 풀리면 학교의 모든 활동에 참여하고 다른 아이들이나 어른과 대화를 나눌 수 있다.

선택적 함구증Selective Mutism(SM)을 앓는 아이들은 수줍음 때문에 침묵하는 것이 아니다. 그들의 불안은 훨씬 더 심각하다. 이 아이들은 집에서는 형제, 부모와 완벽하게 정상적으로 상호작용을 한다. 그러나 학교에서는 다른 아이들과 이야기하거나 수업 시간에 손을 들거나 화장실에 가도 되는지 또는 다쳤을 때 병원에 가도 되는지 묻지 않는다. 선택적 함구증과 사회 불안장애는 같이 나타날 수도 있고 아닐 수도 있다. 두 불안장애가 모두 있는 아이는 어떤 상호작용에도 얼어붙을 수 있다. 결코 주의를 끌거나 대화하지 않고 엄마 뒤로 숨거나 구석에 혼자 앉아 있는 모습을 보인다. 운동장에서 뛰어다니거나 다른 아이들과 상호작용을 하는 아이는 사회적으로 불안하지 않다. 그러나 한마디도 하지 않는다면 선택적 함구증이다.

선택적 함구증은 드문 장애로 1% 미만의 아이들에게 발생한다. 보통은 아이가 학교에 다니기 시작할 때 진단받는다.[5] 유전적인 영향도 있다. 우리 이웃집의 세 딸 중 둘은 어릴 때 매우 조용했고 제니퍼라는 아이는 선택적 함구증이었다. 두 집이 추수감사절을 같이 보냈는데 모두 식탁에 앉아 돌아가면서 감사한 이유를 이야기하곤 했고 그것이 소녀들에게는 늘 어려운 일이었다(그리고 힘들어하는 모습을 지켜보는 우리도 마음이 편치 않았다). 제니퍼는 자기 차례가 되면 얼굴이 빨개지고 눈에 눈물이 고이곤 했다. 처음 몇 년 동안 나는 생

각했다. '매년 이걸 하는데도 이러네. 왜 부모가 미리 연습을 시키지 않는 걸까?'

어느 해에 나는 중재에 나섰다. 제니퍼의 가족이 우리 집에 도착했을 때 제니퍼를 옆으로 끌어당겨 와서 말했다. "올해 감사한 게 뭔지 나한테 귓속말로 얘기해 줄 수 있어? 하키 경기 뛴 거? 치아 교정기 뗀 거?" 아이는 내게 자기 생각을 이야기해 주었다. 그때 나는 이렇게 말했다. "식탁에서 돌아가면서 말할 때 내가 먼저 너에게 말하고 싶은지 물어볼게. 하기 싫으면 그냥 머리를 흔들어. 그러면 내가 '제니퍼와 식사 전에 이야기했는데 친구들을 사귄 것이 감사하다고 합니다.'라고 말할게." 그런 방법으로 아이는 대화에 참여할 수 있었고 불안한 마음으로 휴일을 망치지 않을 수 있었다.

또 다른 해에는 제니퍼의 동생 애비가 다리에 깁스를 하고 휠체어에 앉아 있었다. 우리는 그 가족을 모르는 한 부부를 초대했다. 그 남자가 애비에게 말했다. "안녕, 아가씨. 다리는 왜 그런 거야?" 애비는 남자를 빤히 쳐다보기만 했다. 애비의 아빠는 뒤에 서서 아무 말도 하지 않았다. 남자는 물었다. "아이가 왜 이러죠? 말할 줄 모르나요?"

애비 아빠는 대답했다. "그냥 수줍음이 많아서 그래요."

그 상황에서는 분명 관심이 집중되는 것을 피하는 것이 낯선 사람이 아이에게 무례하게 굴도록 놔두는 것보다 더 나았다. 선택적 함구증이 있는 아이의 부모 중 일부는 혼내고 창피를 줘야 불안장애가 바뀔 거라는 듯이 이렇게 묻는다. "너 도대체 뭐가 문제야?"

도움이 되는 것은 '용감하게 말하기'라고 부르는 행동 훈련 또는 아이에게 침묵하는 습관을 버리고 안전한 환경에서 말하는 연습을 하도록 가르치는 것이다. 새로운 장소에서 다른 사람들이 주변에 있을 때 말하는 경험에 점진적으로 노출하고, 의미 있는 칭찬과 많은 장려책이 동반되어야 한다. 예를 들어 버스먼 박사가 이끄는 우리 연구소 프로그램 '용감한 친구들'에 참여한 아이들은 일주일 과정으로 불안 심리를 자극하는 환경에 노출된다. 서서히 아이들은 불안을 견디고 점점 더 어려운 상황에서 ('용감한 말'을 활용해) 말하는 법을 배운다. 이 프로그램은 '용감하게 말하기'를 해낸 것에 대해 아이스크림으로 보상하기 위해 아이스크림 가게로 가면서 막을 내린다. "치료는 아이들에게 스트레스 내성이 생기도록 돕는 것이 전부입니다." 버스먼 박사는 말한다. "우리의 목표는 전혀 불

단순히 수줍어하는 건가요, 불안장애인가요?

정상	문제 있음	장애
새로운 사람과 환경에 적응할 수 있는 얼마간의 시간을 주면 아이가 자유롭게 말할 수 있다.	사회 불안 증상 때문에 습관적으로 대화를 피한다. 수줍음이 학업 성취도에 영향을 미친다.	집에서 말하는 데는 아무런 문제가 없지만, 학교나 다른 곳에서는 한 마디도 하지 않으며 사회적 상호작용을 하지 않는다.

안을 느끼지 않는 것이 아니고 그것을 견디는 법을 배우는 것이고 불안함에도 불구하고 말할 수 있게 되는 것입니다."

여담이지만 제니퍼, 애비, 그리고 또 한 명의 말 없는 자매는 잘 자라 대학을 졸업했고 지금은 꽤 수다스럽다. 그들은 그 과정에서 사람들과 어울리는 기회를 일부 놓쳤지만 어렸을 때 중재가 있었던 덕분에 문제를 극복했다.

•• 퉁명스러운 십 대

우리 아들들이 십 대였을 때 나는 아이들과 자유롭게 대화했고, 아이들은 우리에게 마음을 터놓았을 정도로 아내와 나는 운이 좋았다. 분명 아이들에게도 비밀이 있었겠지만 우리는 아이들에게 비밀을 털어놓을 수 있는 모든 기회를 주었고 다행히 아이들도 대체로 그렇게 했다. 아들의 친구들에게 일상의 세부적인 부분들을 엄마와 아빠에게 말하는지 또는 조언을 구하는지 물었을 때 대부분 웃으며 이렇게 대답했다. "저는 부모님한테 아무것도 말하지 않아요. 부모님은 서에 대해 전혀 모르시고 저도 그게 좋아요."

부모에게 말하지 않는 십 대 자녀에 대해 단순히 자기만의 시간을 원하는 거라고 믿는 오류를 범하지 말라.

"저는 퉁명스러운 십 대 자녀가 떠돌이 개와 비슷하다고 생각해요." 부브릭 박사가 말했다. "길에서 개를 만났다고 생각해 보세요. 당신은 개가 배고픈 걸 알아요. 겁먹었다는 것도 알고요. 다가가 보지만 짖고 으르렁거려서 가까이 가면 안되겠다는 생각이 들죠. 그러나 그 개와 친구가 되지 않으면 개는 계속 굶주리고 있겠죠. 그래서 더이상 뒷걸음질하지 않고 손을 내밀며 천천히 다가갑니다. 개가 다시 으르렁거리면 잠시 거기에 서 있다가 손을 내밀며 한 발짝 더 다가갑니다. 드디어 개는 당신이 위협적인 존재가 아니라는 것을 이해합니다. 당신을 일단 믿게 되면 그 개는 당신의 친구가 되는 겁니다."

개 또는 십 대 자녀를 위해 음식 한 접시를 내놓는 것도 도움이 된다.

부모의 대화 시도를 밀쳐 내는 아이도 자신을 표현하고 싶지만, 경계하는 것이다. 부모가 개인적인 질문을 하거나 민감한 문제를 거론하면서 너무 강하게 다가가면 십 대 자녀는 취조당하는 느낌이 들 것이다. 부모가 "나는 그냥 즐겁게 대화하려는 거야."라고 해도 십 대 자녀는 여전히 자신의 비밀을 캐내려 한다고 생각할 것이다. 아이는 자꾸만 금고에 자물쇠를 채우려 할 것이다.

십 대 자녀는 사실 부모가 뒤로 물러나는 것을 전혀 원하지도 필요로 하지도 않는다. 아이가 그렇게 말한다고 해도 아니다. 하지만 아이에게 거절당하는 것은 좌절감을 주고 "그래 시간이 필요하구나. 그럼 그렇게 해."라고 말하기는 너무 쉽다. 결코 부모는 아이를 세심하게 돌보지 않게 되고 특히 아이가 원하지 않는 것처럼 보일 때는 더욱 그렇다. 때로는 반대로, 십 대 자녀가 모두 털어놓도록 훨씬 더 큰 압력을 가할 수도 있다. 두 극단적인 방법 모두 효과가 없다.

나는 폐쇄적인 아이들 수천 명을 상담해 봤기 때문에 두 전략 모두 효과가 없을 거라고 말할 수 있다. 우선 첫 번째 전략이 효과 없는 이유는 아이가 감정을 말하는 방법을 모르는 걸 수도 있기 때문이다. 또 다른 전략이 효과 없는 이유는 십 대의 비밀 유지가 발달상의 기능이기 때문이다. 청소년의 책무는 세상의 한계를 시험하는 것이라서 부모가 "나한테 말해!"라고 요구하면 십 대의 즉각적인 반응은 반대로 하는 것이다. 건강한 발달 과정의 어떤 지점에서 십 대는 부모의 비계를 지지가 아닌 구속으로 여기며 마구 흔들어 댈 것이다.

십 대 자녀에게 '무엇이든' 반응을 얻으려면 개인적이거나 편파적인 대화 주제를 피하고 중립적인 주제에 머물러라. 안전한 대화 주제는 다음과 같다.

반응을 얻기 쉬운 대화 주제
- 날씨
- 아이가 좋아하는 TV 프로그램과 게임
- 지역 소식

- 조리대 위 바나나가 얼마나 빨리 갈색으로 변하는지
- 영화 감상평
- 휴가 계획
- 틱톡TikTok의 많은 쓰임새
- 거실에 새로 깔 러그의 색깔 선택

우리의 목표는 직접 대화를 나누거나 댓글을 달고 아이의 인스타그램 사진 또는 트윗에 '좋아요'를 눌러서 아이와 온라인으로 관계를 맺음으로써 십 대 자녀가 말 그대로 '무엇이든' 말하게 하는 것이다. 교류나 대화가 진실한지, 또는 깊은지는 중요하지 않다. 모든 교류를 통해 부모는 자신이 무해하고 편협한 판단을 하지 않고 도움이 된다고 아이에게 확신을 주어야 한다. 아이를 감시하거나 고치려 들거나 설교하지 않아야 한다. 그것이 어떤 말이든 아이의 입에서 나오는 말을 듣는 것이 목표고 말하기보다 더 많이 들음으로써 그렇게 할 수 있을 것이다. 십 대 자녀는 부모가 몹시 화내거나 개인적 정보를 캐내지 않을 거라고 확신하게 되면 금고를 열 것이다. 부모가 고양이의 어떤 귀여운 행동에 대해 완벽하게 무해한 수다를 떨고 있을 때 십 대 자녀가 갑자기 대화 주제를 자신을 속상하게 하는 중요한 뭔가로 바꿀 수도 있다.

·· 대화를 죽이는 말들

십 대 자녀와 대화를 시작할 때 '통하지 않는' 문장 두 개와 '통하는' 문장 한 개를 이야기하겠다.

"그래, 오늘 하루는 어땠어?"

이 질문을 들으면 어떤 기분인가? 기꺼이 답하고 싶은 적이 있었나? 아무도 이 질문에 대답하고 싶지 않다! 열린 대화를 유도하는 질문 같지만, 사실은 대화의 막다른 길이다.

대화는 아마 이렇게 진행될 것이다.

부모: 그래, 오늘 하루는 어땠어?

자녀: 괜찮았어.

부모: 대답이 그냥 '괜찮았어'야?

자녀: 좋았어.

부모: 어떻게 좋았는데?

자녀: 몰라. 그냥 괜찮았어. 평상시랑 똑같았어.

부모: 좀 더 자세하게 말해야지.

자녀: 뭐 어쩌라는 거야?

부모: 엄마한테 말하는 것 좀 봐….

[언쟁이 계속된다. 아이는 방으로 뛰어들어가서 문을 쾅 닫는다. 부모는 주방에서 씩씩거린다. 좋았어…컷!]

대화가 잘 흘러갈 것이라고 기대를 가지는 것은 당연하다. 부모가 '이 질문'을 던지면 아이는 가족 시트콤의 아역 배우처럼 그날 일어났던 모든 일에 관해 귀엽고, 재미있게 미주알고 주알 이야기하기 시작하고 마지막에 이렇게 말하면서 이야기를 마친다. "역시 우리 엄마가 최고야! 고마워요." 가족 시트콤의 이상적인 모습과는 다르게 당신이 명연기로 첫 대사를 내놓았을 때 아이가 대본대로 하지 않으면 거부당한 느낌이 들고 화가 날 수도 있다.

대본을 완전히 내던져 버리는 것이 훨씬 나을 것이다. 대화가 어떻게 흘러가야 한다는 기대를 모두 내려놓아라. 그리고 아이가 관심을 가지는 구체적인 뭔가에 관해 이야기함으로써 아이의 눈높이에서 아이에게 다가가라. 아이가 지금 심취해 있는 컴퓨터 게임이나 최근 인기 있는 틱톡 영상 같은 것이 좋다. 아이는 대화하는 방법을 모른다. '아이의' 관심사, 아이가 자신 있어 하고 부모보다도 더 잘 아는 뭔가로 어필해서 대화로 끌어들여라. 아이의 생활을 세부적으로 기억하라. 물론 아이가 십 대들만의 문화나 패션에 관해 이야기하는 것을 듣는 것은 지루할 수 있다. 하지만 듣지 않으면 아이들은 친구관계, 자신의 감정, 무엇 때문에 화가 나는지, 스스로 자랑스럽게 여기는 것은 무엇인지와 같이 부모가 더 관심 있는 것에 대해서도 마음을 터놓지 않을 것이다.

"나 때는 말이야…." 아이의 현재 걱정을 부모가 과거에 어떻게 처리했는지 떠올리는 것은 아이를 부담 속으로 내모는 것일 수 있다. 부모가 "내가 어렸을 때는 …에 대해 걱정해 본 적이 없어."라고 말하면 아이는 "하지만 엄마가 고등학교에 다닐 때는 스마트폰이 없었잖아."라고 대답하는 것이 너무 당연하다. 당신이 눈 오는 날 학교까지 몇 시간을 걸어서 등교했던 이야기를 했을 때 어떻게 투덜댔는지 돌이켜 생각해 보라. 아이의 눈높이에 머무르기 위해서는 오만한 태도를 버리고 당신이 그 나이 때 겪은 세상과 아이의 세상이 다르다는 사실을 인정해야 한다. 변화를 따라가기 위해 노력하라!

그럼 이제, 십 대 자녀와 대화를 시작할 때 '통하는' 문장이다.

"있잖아, 진짜 웃긴 이야기 하나 해 줄까?"

이것은 좋은 의미로 '죽인다.' 아이가 입을 열고 반응하도록, 또 기분이 좋아지도록 아재 개그를 하고 유머를 동원하라.

"웃음은 치료제에요. 우리는 불안하거나 슬픈 아이들을 봅니다. 그 아이들은 불안과 슬픔에 휘말리지 않기 위해 생활하면서 많이 웃어야 해요. 아이들의 어두운 생각은 기능과 기분에 영향을 주고 자신에 대해 어떻게 느끼는지를 결정합니다." 부브릭 박사는 말한다. 아이들의 장애는 밑으로 빨아들이는 것이고 웃음은 위로 올라가는 엘리베이터다. "웃음을 이용하는 것은 강력한 대응책입니다."

부정적인 감정을 상쇄하는 방법으로서 웃음과 미소를 이용하는 것의 가치는 수십 년 동안 과학자들의 뜨거운 토론 주제였고 현재는 과학적 사실로 증명되었다. 테네시 대학교에서 50년에 걸쳐 1만 1,000명을 대상으로 이루어진 138건의 연구를 연구자들이 메타 분석한 결과[6]에 따르면 미소는 당신을 조금 더 행복하게 만들 수 있다. 심각한 우울증을 기적적으로 고칠 수는 없지만, 농담, 웃긴 목소리, 우스꽝스러운 걸음걸이, 어떤 바보 같은 방법을 쓰든 아이가 미소 짓게 할 수 있다면 아이의 기분을 나아지게 할 수 있다.

"제가 어제 치료 시간에 만난 열다섯 살 소년은 자신이 가족을 신체적으로 해칠 것이라는 강박 관념이 있었어요." 부브릭 박사는 말한다. "그 생각 때문에 아이는 당연히 겁에 질려 있었고 저는 아이가 느끼는 압박감을 완화해 줄 방법을 생각해 내야 했죠. 우리는 다음날 다시 만나기로 약속이 되어 있었어요. 제가 말했어요. '오늘 밤 네가 부모님을 해칠 수도 있으니까 이번 주 비용은 오늘 다 선불로 내고 가렴.' 아이는 웃음을 터트렸어요. 아이는 그렇게 무서운 상황에서 그런 유머를 듣는 것에 익숙하지 않았고 덕분에 두려움은 분산될 수 있었습니다."

아이가 불안하면 부모는 그것에 사로잡혀서 불안에 관해서만 이야기할 수 있다. 그러나 '진짜' 아이는 여전히 거기에 있고, 아이는 자신을 정상적인 아이로 생각하고 이야기해 주길 원한다. 불안을 아이와 분리해서 치료하라. 불안은 중대한 문제고 적당한 무게로 다뤄져야 한다. 그러나 그런 상황에서도 아이에게 농담을 할 수 있다. 그것은 균형을 잡는 행동이다. 시소의 한쪽은 불안의 무거움이다. 다른 쪽은 웃음의 가벼움이다. 부브릭 박사는 가족들에게 시트콤을 함께 보고 부모는 모든 농담에 웃으라고 처방한다. 그들은 건강한 방법으로 스트레스와 불안을 줄이고, 웃음을 이용해 기분이 더 좋아지게 하는 방법을 아이에게 보여 주는 본보기이다.

몇 가지 주의 사항

청중을 파악하라. 가족이 이미 유머 감각이 탁월하다면 성공적일 수 있다. 그러나 유머로 인해 중재의 효과가 훼손되는 경우도 있다. 아이는 부모가 자신을 진지하게 여기지 않는다고 생각할지 모른다. 아무도 자신을 이해하지 못한다고 느끼며 좌절할 것이고 아이의 소외감과 불안감이 커질 것이다. 처음 시도할 때 아이의 반응을 잘 살펴야 한다.

아이를 절대 놀리지 말라. 웃기기 위한 풍자는 매우 신중하게 사용되어야 한다. 부부 상담에서도 마찬가지다. 배우자에게 "설거지해 줘서 고마워요."라고 말하는 것은 생산적이다. "천 번밖에 부탁을 안 했는데 말이죠!"라고 덧붙이면 그것을 망치는 것이다. 아이들은 훨씬 더 칭찬 부분("동생을 데리고 잘 놀았구나.")을 반어적으로 덧붙이는 말("5분이나 버텼다니 놀랍구나.")과 분리하지 못한다. 아이들은 마지막에 혼합된 것만 느낀다. 비꼬는 게 익숙하다면 그것이 아이를 얼마나 불편하게 하는지 깨닫지 못할 수도 있다. 대안으로서 진심에서 나오는 목소리를 찾아라. 진심을 말하는 것이 습관이 되어 있지 않으면 진심에 익숙해지기가 쉽지 않다. 진심으로 말하는 것이 쑥

청소년 자녀와 자유로운 대화를 위한 비계 세우기

- 체계. 아이와 함께 보내는 오붓한 시간을 마련하라. 바쁜 청소년은 그렇게 하기가 쉽지 않을 것이다. 매일 함께 보내는 시간을 마련할 수 없다면 매주, 또는 주말마다 한 시간을 신성불가침의 시간으로 정하라. 취소는 안 된다! (부모도 마찬가지다.)
- 지지. 개인적인 생활을 털어놓도록 강요하지 않음으로써 아이에게도 사생활이 필요함을 존중하라.
- 격려. 아이가 준비될 때까지 기다리고, 이야기했을 때 비판하거나 비난하지 않고, 이야기해 줘서 고맙다고 말해 줌으로써 부모에게 속마음을 털어놓을 수 있게 하라.

스러울 수도 있다. 작은 것부터 시작하고 칭찬의 말을 하는 것을 연습하고 마지막에 붙은 잽을 떼어 내라.

캐서린과 그웬의 이야기로 돌아가서 어머니와 딸은 동급생의 자살 이후 의사소통에 문제가 있었다. 캐서린은 내게 말했다. "그웬의 감정을 캐묻지 않으려고 애쓰는 것 말고는 모르겠어요. 그웬이 괜찮을까요? 여전히 우울할까요? 아이를 도우려면 내가 뭘 할 수 있을까요?"

나는 캐서린이 딸을 치료 받게 하고 의사와 치료 계획을 세움으로써 딸에게 이미 비계가 되었다고 안심시켰다. 지금 당장 할 수 있는 최선은 그웬이 감정에 대해 부모에게 이야기할 수 있을(또는 이야기하지 않을) 정도로 편안해질 때까지 기다리는 것이었다. 또 그웬에게 우울증 증상이 있는지 행동을 잘 지켜보고 딸의 감정 상태에 대한 캐서린 자신의 감정을 조절하는 것이었다.

캐서린은 그웬에게 딱 한 가지만 부탁했다. 매일 조금씩 시간을 함께 보내는 것이었다. 둘은 매일 그웬이 숙제를 마치고 나서 TV를 보며 수다를 떠는 시간을 가지기 시작했다. "그웬이 넷플릭스로 〈영국 제빵 쇼 *The Great British Baking Show*〉를 보기 시작했고 저는 딸이 그 프로그램을 보는 동안 나란히 앉아 있었어요. 우리는 직접 빵을 구워 보는 것에 관해 이야기했어요." 캐서린이 말했다. "저는 재미있는 프로젝트가 되겠다고 생각했고 그웬은 학교 음악 선생님께 우리가 구운 빵을 맛보도록 드리고 싶다고 말했어요. 그리고 이어지는 말에 전 충격을 받았어요. '선생님이 내 유일한 친구야. 쉬는 시간마다 음악실에 가서 기타를 치고 선생님이랑 놀아.'"

캐서린은 딸이 얼마나 고립되고 외로웠는지 전혀 몰랐다. 딸의 인간관계에 대해 단도직입적으로 물었다면 알아내지 못했을 것이다. 그러나 제빵에 관해 이야기를 나누면서 진실이 밝혀졌다. "그 이야길 들었을 때 복부를 한 대 얻어맞은 것 같았어요." 그녀는 말했다. "그웬 생각에 마음이 아팠지만, 음악 선생님이 그웬 곁에 계셔 주신 것이 정말 감사하기도 했어요. 감정적으로 반응하거나 캐묻지 않고 침착해야 한다는 것을 알았기 때문에 이렇게 물었어요. '선생님도 기타 치셔?' 그러고 나서 우리는 아이가 좋아하는 노래에 대해 그리고 최근에 딸의 기타 실력이 얼마나 향상되었는지 이야기했어요. 저는 과감하게 농담을 던졌습니다. '음, 친구가 없는 게 좋은 점도 있네.' … 그리고 그웬이 웃었어요. 딸과 제가 함께 웃은 게 몇 달 만에 처음 있는 일이었어요."

그것은 돌파구 같았다. 그웬은 마침내 어머니를 자신의 삶으로 들어오게 했다. 훗날 치료 시간에 그웬은 얼마나 외로운지 엄마에게 말하기가 두려웠다고 말했다. 일단 말하고 나니 두려움과 부끄러움이 조금 줄어들었고 기분이 더 나아졌다. 별 이야기 아닌 것으로 시작된 대화는 신뢰를 깊게 하는 것으로 바뀌었다. 캐서린은 딸의 곁에 있고, 들어 주고, 침착함을 유지함으로써 딸이 마음을 터놓도록 비계가 되었다. 그웬이 감정을 자유롭게 이야기하는 방법을 배울 때까지는 시간이 좀 걸리겠지만 둘 모두에게 그것은 좋은 출발이었다.

발판을 단단히 고정하라!

아이와 자유롭게 의사소통하기 위한 비계를 세우려면 부모가 아이의 눈높이에 머물러야 하고 솔직하고 진정성 있어야 한다. 아이와 모든 상호작용의 최종 단계는 신뢰를 강화하고 존중을 본보기로 보여 주는 것이다.

인내심

- 개인적이지 않은 주제에 관해 이야기하고 무심하게 의견을 물어라.
- 아이가 실제 마음에 있는 이야기를 꺼낼 때까지 참을성 있게 기다려라.
- 아이가 의견을 물을 때까지 의견을 말하지 말고 기다려라.

온정

- 적절할 때 유머를 이용하라.
- 아이의 취미와 여가 활동에 관심을 가져라.
- 아이의 음악, 게임, TV 프로그램 취향을 비판하지 말라.
- 아이가 질문을 많이 할 때 호기심에 대해 칭찬하고 질문에 대답해라.

관심

- 아이가 대화를 시작하는 말을 잘 듣고 주제를 조심스럽게 좀 더 넓힐 수 있다.
- 아이가 감정을 표현할 때마다 칭찬하고 왜 그런 식으로 느끼는지 생각해 보도록 격려하라.
- 의사소통에 대한 자신의 걱정과 불편함을 인지하고 아이를 위해 극복하라.

차분함

- 차분하고, 위협적이지 않고, 통제하지 않으며, 가시적인

부모가 되어라.

- 답변을 듣기도 힘들 뿐 아니라 캐묻는 것처럼 느껴지는 질문(예를 들어 "오늘 하루는 어땠어?")을 하지 말라.

관찰

- 어떻게 하면 아이에게 가장 잘 이야기할 수 있는지 또래나 다른 어른과 함께 있는 '밖에서의' 아이를 관찰함으로써 기준틀을 마련하라. 아이가 무엇에 대해 이야기하는가? 어떻게 소통하는가? 아이를 더 잘 알기 위해 그 틀 안에서 대화하라.
- 추상적인 질문보다 대답하기 좋은 구체적인 질문으로 매일 대화하라.

7장

확장 가능성 열어 놓기

해결사에서 상담가로

아이가 새로운 기술을 배우면 아이의 건물은 커질 것이다. 배움이란 시도하고 때로는 실패하는 것을 의미하기 때문에 아이의 건축은 새로운 부분을 설치하고 재설치하는 과정이다. 비계는 항상 건물 곁에서 건물 일부가 떨어져 내릴 때 낙하물을 받아 내고, 증축을 위한 자재 준비와 도구 선택을 지원한다. 어떤 아이의 건물은 마천루처럼 층이 계속 높아지면서 위로 곧장 뻗어 올라갈 것이다. 또 다른 아이의 건물은 마구 옆으로 뻗어 나간 목장 주택처럼 바깥 방향으로 확장된다. 아이의 건축 양식은 부모에게 달린 것이 아니다. 부모는 방갈로가 될 재능과 기호를 가진 아이에 내서택이 되라고 강요할 수 없고 그 반대도 마찬가지다. 부모의 비계는 아이가 선택하는 형태를 수용해야 한다. 부모가 성장을 막거나 통제하려고 하면 사실상 성장을 방해하게 될 것이다.

초등학교 선생님인 내 친구 애니는 아들 벤의 공부에 항상 관여하고 있었다. 여섯 살 때는 읽는 법을 가르치고 1학년 때는 기초적인 수학 공부를 도왔다. 학교 공부에서 벤이 진전을 보였기 때문에 둘 다 숙제하는 시간을 즐겼다. 그러나 유대감을 형성하는 의식으로 시작했던 것이 4학년 때 나쁜 습관으로 바뀌었다. 애니는 매일 밤 벤이 숙제를 다 할 수 있도록 '돕고' 있었다. "도왔다기보다 답을 알려 주고 있었어요." 그녀는 말했다. "아이가 스스로 해야 한다는 것을 알았지만 내버려 두면 몇 시간 동안 헤매곤 했어요. 지켜보는 게 고문이었고 도와줘야 할 것 같았어요. 중학교에 다닐 때까지 우리는 그 패턴에 갇혀 있었어요. 우리 둘 중 누구도 벤이 스스로 할 수 있다고 기대하지 않았어요. 정말 솔직해지자면 제가 다 하고 있었어요. 제가 아이의 리포트를 쓰고 숙제를 했어요. 아이는 옆에 있었지만 거의 할 수 있는 게 없었어요."

벤의 선생님 누구도 그 사실을 알지 못했다. "수업 중에 시험을 보면 벤의 점수는 형편없었지만, 선생님들은 아이가 '시험에 약하다'라고만 생각했어요. 숙제를 훌륭히 해 왔기 때문에 다그치지 않았어요." 이상하게도 벤은 우등생으로 여겨졌다.

"교사로서 저는 부모들에게 아이를 위해 너무 많은 일을 하는 것은 위험하다고 늘 경고합니다." 애니는 말했다. "그러고 나서 집에 가면 제 자신의 충고를 무시했죠. 아이의 숙제는 점점 더 오래 걸렸고 남편과 딸아이를 위한 시간은 없었어요. 우리의 숙제 습관은 제 삶의 다른 모든 부분을 갉아먹고 있었지만 제가 무엇을 할 수 있었을까요? 제가 숙제하기를 멈췄다면 사람들이 다 알게 되었을 텐데. 아이가 망신을 당하고 대학 입시에도 영향을 미쳤을 거예요."

부모가 아이를 위해 너무 많은 것을 하면 성장을 가로막게 된다. 애니의 사례는 극단적인 예지만 그녀가 아들을 '도우려던' 방법은 아이가 배울 수 없게 했고 스스로 숙제를 할 수 없다는 교훈을 남겼을 뿐이다. 아이는 밤마다 엄마에게 의존하는 법만 배웠다.

나는 긍정 강화의 힘에 대해 많이 이야기해 왔다. 아이를 위해 너무 많은 일을 하는 부모는 좋은 의도에도 불구하고 아이가 자신을 무능하게 여기고 능력을 시험하는 모든 것을 두려워하도록 부정 강화하는 것이다.

도전을 두려워하지 않는 독립적이고 유능한 어른으로 아이를 키우고 싶다면 아이가 어릴 때 아이를 위해 더 적은 일을 하라. 아무것도 하지 않는 것은 아니다. 아이의 비계로서 한 걸음 떨어져 물러나 가르치면서 지지하고, 시도하도록 격려하고, 실패하도록 허용하며, 실수를 반복하지 않도록 무슨 일이 일어났는지 살피도록 지도하라.

데릭 지터Derek Jeter와 비욘세 같은 백만 분의 일 확률의 예외 사례가 아니라면 세상의 모든 사람이 몇 번이나 반복해서 실패를 경험한다. 실패는 기정사실이다. 정말 중요한 것은 실패에 어떻게 대처하는지다. 아이가 실패와 거절에 침착하게 대처하도록 부모가 비계가 된다면 아이는 인생에 걸쳐 자신을 보호할 감정의 갑옷을 지을 것이다.

해결사에서 상담가로

아이가 어릴 때 부모의 역할은 해결사, 보호자, 사교 활동 담당 비서다. 집을 어린아이에게 안전한 환경으로 바꿔서 아이가 싱크대 아래로 들어갈 수 없게 하고 계단에서 굴러떨어지지 않도록 계단을 막아 놓는다. 놀이 약속을 잡고 파티를 열어 준다. 문제가 생기면 선생님께 전화한다. 그러나 그 과정의 어느 시점이 되면 경고나 조짐도 없이 부모의 역할이 바뀌고 우리는 상담가가 된다. 그때 우리의 역할은 아이가 스스로 해결책을 찾도록 돕는 것이다.

'해결사'에서 상담가로 바뀌는 것은 큰 변화고 부모는 힘든 시간을 보낼 수도 있다. 부모로서 우리는 해결사/보호자로서 끼어들어 문제를 처리하도록 사회화되었다. 아이가 넘어져서 무릎이 까지면 본능적으로 밴드를 붙이고 "괜찮아, 아가. 엄마가 낫게 해 줄게."라고 말하게 된다. 그런 다음 아이가 다시 놀기 시작하면 해결사로서 부모의 역할을 잘해 낸 것에 기분이 좋아질 것이다.

하지만 사회적인 부적응이나 실패 경험에는 부모가 밴드를 붙일 수 없다. 열두 살 소녀가 갑자기 친구들 사이에서 소외될 때 또는 여덟 살 소년이 구구단을 외우기가 힘들어서 자신이 멍청하다고 생각하기 시작할 때에는 즉각적인 해결책이 없다. 부모가 인생의 시련으로부터 아이를 보호할 수는 없다. 하지만 아이에게 스스로를 지지하고 그것을 통해 생존과 성공에 필요한 투지를 기르도록 가르침으로써 갑옷을 입힐 수 있다.

부모와 자녀 모두 불안이 높은 성향일 경우 이들 엄마, 아빠는 상담가 역할로 옮겨가지 않고 계속 해결사로서 머무르려 하는 경향이 있다. 아이가 불안을 표현하면 이러한 부모들은 즉시 "진정 전략을 실행해 봐.", "처음부터 차근차근 이야기해 보자."와 같은 해결책 목록을 줄줄 읊어 대기 시작한다. 또 기본적으로 공구 상자를 열고 준비된 상태로 서 있다가 아이에게 도구를 건넨다. 아이는 부모에게 의지해 문제를 해결하는 법을 배운다. 이런 식이다. "엄마한테 물어봐야겠다. 엄마는 뭘 해야 하는지 알 거야."

예를 들어 아이가 시험에서 안 좋은 점수를 받으면 직접 처리히는 부모는 "점수가 왜 이런지 선생님께 전화해서 여쭤봐야 해. 수학을 잘하는 친구한테 가서 좀 배워야 해. 공부를 더 열심히 해야 해."라고 말할 것이다. 해야 해, 해야 해, 해야 해. 자신이 아이에게 어떻게 말하는지 들어라. 그 말을 들으면서 자신이 여전히 해결사 부모로 머물러 있고 기본적으로 도구를 골라 아이에게 건네고 있음을 의식하라.

비계가 되려면 부모는 아이가 특정 과업에 적합한 올바른 도구를 온전히 혼자서 선택하는 방법을 배우도록 지지하고 격려해야 한다. 아이가 잘못 선택할 수도 있고, 그때 부모는 왜 그 특정 도구가 가장 좋은 선택이 아니었는지 평가하도록 지도할 수 있다. 다음번에는 아이가 새로운 뭔가를 시도할 것이다.

그렇다고 아이가 혼자 알아서 하도록 내버려 두는 것이 아니다. 아이 옆에 서서 아이가 스스로 해결책을 떠올리도록 협력하는 것이다. 부모는 대답을 알려 주는 것이 아니라 아이가 혼자 해내는 방법을 떠올릴 수 있도록 지도하는 것이다.

항상 그렇듯이, 정서적 포용, 비판단, 인정으로 시작하라. "그런 일이 있었다니 마음이 안 좋구나. 정말 힘들었을 것 같아. 어떻게 된 건지 잘 알겠어."라고 말하라. 그리고 다음과 같이 지침을 덧붙여라. "이걸 어떻게 처리해야 할지 몇 가지 생각나는 게 있지만, 네 생각을 먼저 말해 볼래? 그러면 우리가 의견을 교환하고 어떤 생각이 더 좋은지 알 수 있을 거야." 이런 식의 협력을 통해 해결책을 찾아낼 수 있을 것이다. 그러나 점차 자녀가 스스로 생각하도록 이끌어야 한다.

아이가 처음에는 "어떻게 해야 하는지 그냥 말해 줘!"라고 말할 수도 있지만, 주체 의식을 느끼고 권한과 통제력을 가지는 것에 익숙해지면 직접 해결하는 것을 선호할 것이다. 부모로서 자녀에 대한 통제를 포기하는 것은 어려울 수도 있지만 그렇게 해야 아이의 향후 자립을 위한 뼈대를 세울 수 있다는 점을 알아야 한다. 선택은 간단해 보인다. 직접 처리하는 방식을 고수할 수도 있지만 그러면 아이가 마흔 살이 될 때까지 부모 집의 소파에서 사는 것을 각오해야 한다.

⁑ 성장지대

심리적 상태를 종종 '지대zone'라고 부른다. 아이의 발달인 공사가 진행되고 있는 공사 현장에서는 안전하고 위험한 구역뿐만 아니라 아이의 다양한 지대를 아는 것이 도움이 된다.

안전지대. 불안감과 스트레스가 없는 장소를 비유적으로 표현한 것으로 이곳에서는 안전하다고 느끼고, 안심할 수 있고, 통제 가능하다고 생각하며, 부모나 교사의 도움 없이 어떠한 사회적, 정서적, 행동적, 학업적 과제도 쉽게 할 수 있다. 아이는 안전지대에서 자신감과 자부심을 기를 수 있다. 안심하고 활동할 수 있고 그 활동에 능숙하기 때문에 그것을 즐길 수 있다. 여기에서 시간을 보내는 깃은 기분이 좋을 수도 있고 약간 지루할 수도 있다. 성장은 새로운 것을 배우는 과정에서 비롯되고, 배우려면 무지하고 미숙하며 취약한 상태여야 하므로 아이가 성장하기 위해서는 안전지대를 떠나야 할 것이다.

성장지대. 최대의 배움과 성장은 안전지대 바로 바깥에서 아이가 새로운 기술을 습득하기 위해 전력을 다할 때 가능하다. 1920년대 러시아의 교육 심리학자 레프 비고츠키Lev Vygotsky는 그것을 '근접 발달 지대(영역)Zone of Proximal Development (ZPD)'라고 불렀다. ZPD는 아이가 어른의 지도와 지지 없이는 특정 기술을 발휘할 수 없는 영역이다.[1] 그 상호작용을 통해 아이는 지식을 얻고 숙달될 때까지 앞으로 나아간다. 일단 숙달되면 아이와 교사는 아직 부족한 다음 기술로 넘어갈 수 있다.

비고츠키 박사는 ZPD에서 아이를 교육해야(지금 위치에서 너무 멀어지는 것이 아니라 현재 능력을 약간 넘어서는 것) 아이가 독립적인 문제 해결사와 자기 주도 학습자로 자랄 수 있다고 믿었다. 앞부분에서 언급했듯이 미국의 심리학자 제롬 브루너는 이러한 협력 학습에 '비계'라는 개념을 도입했다. 성장이라고도 하는 배움은 더 많은 것에 이르기 위해 계속되는 과정으로 항상 부모와 자녀가 협력할 때 힘을 얻는다. 아이는 배우는 동안에는 부모의 도움을 받지만, 배워야 할 것을 배우고 나면 부모가 가까운 거리의 비계에서 응원하는 동안 다음 단계로 넘어가고 올라갈 수 있다.

위험지대. 과업이나 활동이 아이의 능력 범위를 너무 많이 벗어나 있어서 부모와의 협력으로 문제를 해결할 수 없을 경우 아이는 위험지대로 들어갈 것이고 그곳에서는 불안, 스트레스, 분노를 느낄 위험이 있다. 아이가 퍼즐이나 장난감을 던져 버리고 좌절하면서 뛰쳐나갈 때 아이는 위험지대에 있다. 그 화난 감정에 부모가 자신도 화를 내는 것으로 반응하면 아이는 부모를 위험지대로 끌어들일 것이다. 이때 아이가 유일하게 배우는 것은 낮은 자존감이다. 아이가 새로운 기술을 습득하도록 비계 역할을 해 줄 때 위험지대에 들어가지 않도록 노력하라. 여기에서는 인내심의 발판이 필수적이다. 성장을 포함한 모든 것은 때가 되면 찾아온다.

·· 실패는 하나의 선택지다

요다Yoda 팬들에게는 미안하지만 나는 제다이Jedi의 철학에 동의하지 않는다. "하거나, 하지 않거나. 해 본다는 건 없어."

해 본다는 건 '있다'. 그리고 해 볼 때마다 성공 또는 실패할 가능성, 또는 각각에 대한 확률이 있다. 어른으로서 우리는 처음 라켓볼을 시도할 때나 지역 극장에서 연기할 때 이전에 알지 못했던 천재성을 발견할 수도 있고 완전히 실패할 수도 있다는 사실을 안다. 우리는 아마 욕구와 호기심을 추구하기 위해서 성공의 기쁨과 만족감을 향해 가는 도중 당혹감, 좌절감, 혼란을 겪을 것이다. 다른 선택지는 관성의 인생이다. 당신은 성장하거나(시도하고 실패하고 배우기) 갇혀 있을 것이다.

부모는 아이를 위해 아이가 완전히 곤두박질칠 가능성이

실제로 있음에도 불구하고 위험을 감수하라고 가르침으로써 현재와 미래의 성장에 비계가 된다.

의미 있는 칭찬은 여기에서 중대한 역할을 한다. 아이가 더 주도적이고 친사회적이길 바란다면 아이가 시도할 때 칭찬해야 한다. 하지만 무엇을 칭찬할지에 대해 조심하라. 아이의 성공을 칭찬하면 아이는 실패가 나쁘다고 생각하게 된다. 그러나 실패는 좋은 것도 나쁜 것도 아니다. 그것은 하나의 결과일 뿐이다.

이러한 관점의 전환이 필요하지만, 우리의 '승자 독식' 문화에서는 쉽지 않은 일이다. 부모들은 자신이, 그리고 자녀가 거절당하고 실패하는 것을 걱정하고 그래서 무슨 수를 써서라도 그것을 피하려고 한다. 우리는 피할 수 없는 현실의 일부를 두려워하도록 사회화되었다.

심각한 불안장애를 앓는 열네 살 소녀 에밀리는 중간고사와 기말고사가 다가오면 항상 극도로 걱정이 되었다. 에밀리의 어머니 다이애나는 딸의 스트레스에 대해 더 열심히 공부하라고 말하는 것으로 반응했지만 그것은 도움이 되지 않았다. 강박적으로 공부하는 것은 에밀리의 불안에 대처하거나 그것을 진정시키는 전략이 아니라 불안장애 증상 중 하나였다. 그것은 마약 중독자에게 크랙crack을 더 많이 피우라고 허락하는 것과 같았다.

우리는 다이애나가 딸에게 이렇게 말하도록 코치했다. "그렇구나. 실패할까 봐 걱정되는구나. 그럴 수도 있지만, 실패해도 괜찮아."

실패에 대한 공포가 사라지자 에밀리는 자신의 약점(불안감)을 강점(생산성)으로 발전시킬 수 있었다. 여전히 친구들보다 두 배로 준비하고 항상 선생님에게 재확인을 받았다. 그러나 실패해도 괜찮다고 스스로를 다독이며 파괴적인 불안감을 누그러뜨렸다.

다이애나는 같은 메시지를 여러 번 보내야 했다. 그녀는 딸이 대학에 다니는 동안 중간고사와 기말고사 기간이 찾아올 때마다 인내심이 한계 상태까지 치달았다. 그러나 결국 메시지는 전해졌고 이제 젊은 여성이 된 에밀리는 냉혹한 취업 전선에 뛰어들었다. "실패한다고 죽지 않아요." 에밀리는 말했다. "그냥 다시 도전하면 돼요."

⠂⠂ 끼어들기

아이가 아주 작은 장애물에 직면했을 때 돕기 위해 주위를 맴도는 것이 '헬리콥터 육아'라고 불리는 것이다. 아이를 위해 문제를 해결하는 습관은 '매니저 육아'라고 불린다. 모든 장애물을 치워 버리는 것은 '제설기 육아'다. 이 모든 행동은 같은 종류의 행동이다. 실패와 거절을 두려워하는 부모는 아이의 숙제를 대신 하고 교사와 코치들에게 전화하고, 아이를 위해 모든 사소한 것을 처리하는 등 아이를 곤경에서 구하기 위해 달려가게 된다.

우리는 이러한 양육 방식들을 포괄해서 '끼어들기'라고 부른다. 끼어들기의 잘 알려진 사례로는 언론에 작전명 바시티 블루스로 알려진 2019년 대학 입시 비리 스캔들[2]이 있다. 사건의 골자는 많은 부모(배우 로리 로우린과 펠리시티 허프만을 포함해 많은 유명인)가 돈을 내고 자식을 대학에 보낸 혐의로 고발된 것이었다. 그들이 고용한 회사는 윌리엄 싱어William Singer라는 대학 입시 컨설턴트가 운영하고 있었는데 그는 아이들을 미국의 명문대에 입학시키기 위해 ACT(대입학력고사)와 SAT(수학능력시험) 시험 감독관들에게 시험지를 제출하기 전에 학생의 답안을 바꾸게 시키고, 지원서에 선수 이력을 거짓으로 작성했으며, 교직원들에게 뇌물을 주는 등 다양한 속임수를 썼다. 일부 부모는 그래서 형을 선고받았고, 거액의 벌금을 냈으며, 감옥에 갔다. 그리고 부모들의 부정행위로 혜택을 볼 예정이었던 아이들은 어떻게 되는가? 그 아이들은 이제 자신이 스스로 성공할 수 있음을 부모가 믿지 않았다는 사실을 안다. 부드럽게 표현하자면 틀림없이 상처를 받았을 것이다.

끼어들기에서 역설적인 것은 아이가 고통받는 것을 막음으로써 부모는 아이들을 돕는다고 생각한다는 것이다. 그러나 부모가 실제로 막는 것은 성장이다.

딸이 학교 연극에서 원하는 배역을 맡지 못했다고 하자.

연극 담당 선생님께 전화해 설명을 요구하고, 아이에게는 배역 선정이 잘못되었으며 그 배역을 맡은 아이보다 네가 훨씬 더 재능이 있다고 말함으로써 끼어들지 말라. 그리고 전체 과정이 근본적으로 불공평하고 반복하기에는 그냥 너무 끔찍하기 때문에 자녀가 다시는 오디션을 보지 못하게 한다면 그것은 아이가 편안한 안전지대에만 머무르게 하는 비결이다.

아이가 실패하는 걸 못 보는 부모가 인생의 불확실성에 대해 자신의 불안을 잠재우려고 과도하게 통제하는 것이다. 그들은 자아의식이 취약하고 안타깝게도 아이도 똑같이 취약해지게 하는 양육 행동을 보인다. 십 년 동안 아들 벤의 숙제를 대신 해 주었던 애니는 부모에게 학업적으로 도움을 받지 못했다. "그 자체를 방치라고 할 수는 없을 거예요." 그녀는 말했다. "하지만 한 번도 부모의 밤 행사에 오거나 제 성적표를 보자고 한 적이 없어요. 대학 지원이나 대출 신청을 도와주지도 않았어요." 그녀는 아이가 자신처럼 도움을 받지 못한다고 느끼지 않게 하겠다고 맹세했지만 반대 방향으로 정도가 지나쳐서 의존적인 아이로 키우고 말았나.

학교 연극에서 거부당한 아이에게 비계가 되기 위해서는 아이의 실망한 감정을 인정하고 감정을 표현하도록 격려하며 아이와 대처 전략에 대해 상의하라. 하나의 중대한 질문으로 시작하라. "왜 그런 일이 일어난 것 같아?"처럼 "왜?"로 시작하는 질문이다. 가능한 '이유'의 목록을 만들어라.

오디션 전에 충분한 예행연습을 하지 않았다.

어쩌면 연기력이 자신이 생각하는 것만큼 좋지 않다.

컨디션이 좋지 않았다.

다른 아이가 더 잘했다.

일단 '이유'를 알면 바로잡는 조치를 취할 수 있다. 딸이 대사를 까먹었다면 다음 오디션에서는 대본을 더 철저하게 암기하고 들어가야 한다는 것을 배우게 된다. 그 배역을 맡은 아이가 그냥 더 잘했다는 것을 인정하면 이후 연습 시간을 늘리

아동 자녀의 성장을 위한 비계 세우기

- **체계.** 아이가 만 일곱 살이 되면 부모는 아이의 문제를 직접 나서서 바로잡고 보호하는 방식에서 아이와 상의하는 방식으로 전환할 수 있다. 부모에게는 이 변화가 쉽지 않지만, 아이들은 자기 인생에 대해 힘과 약간의 통제력을 가지는 것을 더 좋아한다.
- **지지.** 실패한 후에 아이가 느끼는 감정을 인정하라. 성장지대에서 아이가 새로운 기술을 배울 때 아이와 협력하라. 아이가 안전지대에 갇혀 있지 않은지를 항상 살피고 다음 도전에 나서도록 부드럽게 이끌어라.
- **격려.** 칭찬으로 노력과 문제 해결력을 강화하라. 아이가 위험을 감수할 때 결과에 상관없이 응원함으로써 몇 번이고 실패할 수 있음을 가르쳐라.

거나 더 잘 맞는 배역을 찾아보는 등의 노력을 해 볼 수 있다.

'왜'를 묻는 것은 아이의 좌절감과 해석 사이에 감정적 거리를 두는 것이기도 하다. 부모가 경계해야 하는 것은 자녀가 사건에 대해 전 지구적으로 부정적인 해석을 하는 것이고(한 번의 실패가 자신의 본질과 삶 전부에 대한 시각을 바꾸는 것) 그것은 불안과 우울증의 원인이 된다.[3] 시험에 떨어지는 것이 "나는 멍청해!"가 된다. 배역을 맡지 못하는 것이 "다시는 연극 무대에 설 수 없을 거야."가 될 수 있다. 부모와 아이가 구체적인 '왜'에 관해 이야기한다면 아이가 한 번의 실패를 인생 전체의 좌절로 생각하는 일이 더 적어질 것이다. 원인과 이유를 충분히 생각함으로써 아이는 감정을 조절하고 문제 해결을 위해 논리를 적용하는 법을 배울 것이다.

아이에게서 '나'를 꺼내기

에이단이라는 아빠는 나를 찾아와 딸 도나가 갑자기 축구를 그만두겠다는 결정을 내렸다고 이야기했다. 도나는 수년간 인기 선수로 뛰었는데 그런 도나를 가장 자랑스러워한 사람이 아빠였다. 에이단은 한 경기도 놓친 적이 없었다. 자신도 고등학교 때 축구팀에 있었고, 스포츠에 대한 사랑을 재능 있는 딸과 공유할 수 있다는 것이 천국에 있는 것처럼 행복했다.

도나는 고등학교 2학년 진학을 앞두고 있던 여름, 부모에게 축구를 더는 하고 싶지 않다고 눈물로 선언했다. 축구는 딸이 여섯 살 때부터 '가장 좋아하는 것'이었기에 부모 모두 걱정이 많았다. 왜 마음이 바뀌었을까? "마른하늘에 날벼락 같았어요." 에이단이 말했다. "십 년 동안 원정 경기를 따라다니고 사이드라인에서 응원하며 재능이 발전하는 것을 지켜봤어요. 그러고는 손을 떼요? 타이밍도 최악이었어요. 대학에서도 선발할 선수로 도나를 주목하기 시작한 때였습니다. 혹시 다른 선수들에게 괴롭힘을 당하고 있을까요? 우울증에 걸린 것 같아요. 그게 아니라면 그만두고 싶어 할 이유가 없어요."

정신건강 장애는 왜 열여섯 살 난 딸이 지난 10년 동안 해 왔던 것을 갑자기 하고 싶어 하지 않는지 아버지가 떠올릴 수 있는 가장 그럴듯한 이유였다.

"딸이 정말 축구를 좋아하지 않을 가능성은 없나요?" 내가 물었다. "아니면 그냥 다른 것을 해 보고 싶은 것은 아닐까요?"

에이단은 나를 미친 사람 보듯 바라보았다. 그러나 도나가 축구에 대해 어떻게 생각하는지 도나와 한 번도 이야기해 본 적이 없음을 인정했다. 그는 딸이 성장지대로 들어가 새로운 것을 시도하고 확장하며 어쩌면 실패할 수도 있지만 언제나 배울 수 있는 자유를 누리는 것보다 딸을 안전하고 안심할 수 있는 안전지대에 가둬 두는 것이 더 좋았다. 같은 코치, 같은 팀, 같은 경기를 뛰는 것이 아이를 숨 막히게 했고 다른 곳에서 이룰 수 있었을지 모르는 잠재적인 성장을 가로막았다.

"딸에게 축구 대신 무엇을 하고 싶은지 물어봤습니까?" 내가 물었다.

"쇼 합창단에 들어가고 싶대요. 영화나 TV 쇼를 좀 보더니 노래하고 싶어 해요. 제가 말씀드릴 수 있는 건, 코플위츠 박사님, 차에서 아이가 노래하는 걸 많이 들었어요. 아이는 노래를 못해요. 시간을 허비하는 거예요!"

현실은 아이가 전문 가수가 될 확률이나 프로 축구 선수가 될 확률이나 크게 다르지 않다는 것이다. 그러나 현시점에서 부모의 역할은 아이가 용기를 내서 무엇이 필요한지 말할 때 정서적으로 가용하고 비판단적으로 듣는 사람이 되는 것이다.

약간의 도움을 받아 에이단은 도나에게 운동을 적극적으로 권했던 개인적 이유에 대해 고찰했고, 도나를 통해 인기 운동선수였던 자신의 과거를 재현하는 것에 기쁨을 느끼고 있었음을 깨달았다. 그리고 스포츠 장학금에도 관심이 있었다. 치료 시간에 도나는 아버지의 기대를 저버리는 것이 정말 힘들었지만, 경기에 나가는 것(운동 그 자체와 그것을 아빠만큼 많이 좋아하는 척하는 것)이 너무 지겨웠다고 털어놓았다.

자기 인식을 위해 꼭 기억해야 할 말은 다음과 같다. 아이는 부모의 축소판이 아니다. 아이가 어떤 활동을 할지 스스로 선택하고, 자신이 누구인지, 무엇을 좋아하는지, 무엇에 자신감을 느끼는지를 배우게 함으로써 성장에 자율권을 부여하라. 이런 질문이 필요하다. "그 활동이 '아이의' 삶을 풍요롭게 할

부모가 아이에게 뭔가를 강요하는 이기적인 이유

- 대학 지원서의 이력을 채우려고
- 자신의 과거 승리를 재현하려고
- 자신의 과거 잘못을 회피하려고
- 어렸을 때 자신이 이루지 못했던 목표를 달성하려고
- 아이가 따라가지 못할까 봐 두렵거나 걱정돼서
- 아이가 '올바른' 일을 하지 않는 것이 창피해서

까?", "그것이 '아이를' 행복하게 할까?", "그것이 '아이의' 자부심을 높일까?", "그것이 '아이를' 더 끈기 있게 만들까?"

부모가 자신의 목표와 기대를 자녀의 현실과 분리하는 것이 필수적이다. 그렇게 하기 위해 아동정신연구소의 ADHD 및 행동장애 전문가 스테파니 리는 자리에 앉아 아이를 위한 목표 목록을 작성하라고 부모들에게 조언한다. 그녀는 부모들에게 각 목표가 정말 아이에 대한 것인지 아니면 자기 자신에 대한 것인지 자문하게 한다. 즉, 그 목표들이 부모에게 중요한가 아니면 진정 아이에게 중요한가?

"부모들은 아이가 '자신감 있는 사람이 되기'를 목표로 세우고 잠시 생각한 후에 자신이 어릴 때 자신감 있는 아이가 아니었기 때문에 이 목표를 세웠을 수 있다는 사실을 깨닫습니다. 또는 '성취하기'를 목표로 적고 자신이 어릴 때 경험했던 성취가 아이에게 좋은 영향을 미칠 것이라고 느끼기 때문에 이런 목표를 세웠다는 것을 깨닫습니다. '행복해지기' 역시 부모가 불안하거나 우울하기 때문에 정해진 목표일 수 있어요." 리 박사는 말한다.

아이를 위해 더 좋은 목표는 '성장'이다. 아이에게 도전 또는 좌절에 직면하기 위해 필요한 기술을 가르치려면 아이에게 인정, 안심시키는 말, 협력을 통한 문제 해결로 비계가 되어 주어야 한다. 아이가 그것을 할 수 있다면 결국 최종 결과는 아이가 자신감을 느끼고 성취하고 행복한 것이다.

∙∙ 반발 관찰하기

마리아의 엄마 카르멘은 수학을 잘하는 마리아에게 수학 클럽에 가입하라고 권유했다. "저는 그게 정말 좋은 생각 같았어요." 카르멘은 말했다. "아이는 수학에 관심이 있었고 관심사가 비슷한 친구들과 어울리곤 했죠. 그런데 마리아는 제가 마치 지붕에서 뛰어내리라는 제안이라도 한 것처럼 행동했어요!"

부모들은 종종 아이가 성장의 계기가 되고 즐겁게 할 수 있을 것 같은 활동을 하지 않는다고 우리에게 넋두리를 늘어놓는다. 우리 연구소에 와서 카르멘과 마리아는 마음을 터놓고 대화했고, 마리아가 수학 클럽에 가입하면 '범생이'처럼 보일까 봐 두려워했다는 사실이 밝혀졌다. "저는 인정과 격려를 통해 비계 역할을 했어요. 수학 클럽에 가입하고 싶지 않은 것은 괜찮지만 다른 사람들의 시선에 사로잡혀 사는 것은 자신을 아프게 할 뿐이라고 말했어요. 마리아는 아무 말도 하지 않았지만 제 말을 이해한 것 같았어요." 카르멘은 말했다. "그 대화를 통해 아이가 두려움에 대해 털어놓은 후에는 그 두려움이 사라졌고 아이는 결국 편한 마음으로 클럽에 가입했어요."

하지만 다른 사정으로 클럽 가입을 거절하는 아이들도 있다. 컴퓨터를 아주 잘 다루고, 같은 학년 친구들보다 코딩을 잘하는 중학교 1학년 환자가 있었다. 아이의 컴퓨터 공학 선생님은 아이에게 코딩 클럽에 가입하라고 간곡하게 부탁했다. 아이의 부모도 정말 좋은 아이디어라고 생각했다. 아들은 친구가 한 명도 없었고, 이것이 어떤 관계를 맺을 좋은 방법인 것 같았다. 그러나 소년은 거부했다. 아이가 거부하는 이유를 알아내는 것이 우리가 할 일이었다. 우리는 아이에게 사회 불안장애가 있다고 진단했다. 치료 시간에 아이는 그룹 활동에 대한 기계적인 거부 반응을 진정시키고 둔감해지는 방법을 배웠다. 치료는 성공적이었고 결국 클럽에 가입하여 친구를 사귀고 즐겁게 지낼 수 있었다. 부모가 아이의 반발을 더 주의 깊게 보지 않았다면 소년에게 개입이 필요한 현실적인 정서적 한계가 있음을 알아낼 수 없었을 것이다.

단순히 동기 부여가 부족한 건가요?

싫어함	무관심	장애
• 아이가 그 활동을 좋아하지 않는다. • 과장되게 눈동자를 굴리거나 토하는 소리를 일부러 내면 싫어한다는 표현이다. • 그 활동은 아이가 한때 즐겼던 것일 수도 있다. 아이들은 자라면서 기호가 바뀌고 한때 좋아했던 것이 지금은 정말 매력 없는 것일 수 있다. • 아이가 좋아하고 기대할 만한 활동을 찾기 위해 계속 노력하라.	• 아이가 그 활동에 관심이 없다. • 어깨를 으쓱하거나 대답하지 않으면 관심이 없다는 표현이다. • 능숙하지 않은 것이 무관심의 원인일 수 있다. 운동신경이 둔한 아이는 운동에 무관심할 것이다. • 사회적 압력 때문일 수 있다. 즉, 그 활동이 또래 집단에서 '멋있는 것으로' 여겨지지 않는다. • 사회적 압력에 영향받지 않고 관심사를 좇을 수 있도록 곁에서 비계가 되어 주라.	• 아이가 그 활동에 대해 짜증을 부리거나 우는 것과 같이 부적절한 강도로 강하게 반응한다. • 아이는 단지 또 다른 활동을 감당할 수 없고, 번아웃의 위험이 있거나 번아웃에 시달리고 있어서 반발할 수도 있다. • 관심 영역의 클럽이나 그룹에 가입하는 것에 대한 강렬한 반응은 사회 불안장애를 나타낼 수도 있다. • 학구적인 클럽이나 그룹에 참여하기를 거부하는 것은 학습 장애가 드러날까 봐 아이가 두려워하는 것일 수도 있다.

부모의 제안이 '강한' 저항을 만났다면 더 깊은 어떤 일이 벌어지고 있을 수도 있다. 싫거나 관심이 없는 것이 문제라면 성장을 위한 새로운 길을 계속 제안하라. 아이가 계속 탐탁하지 않은 표정을 지을 수도 있지만 계속 관심에 불이 붙도록

시도하라. 또 아이가 당신이 극도로 싫어하는 아이디어("아이돌 가수가 되고 싶어요!")를 가지고 온다면 수용하려고 노력하고 관련된 경험을 제공해 보라. 아이가 열심히 달려들 수도 있지만 의외로 쉽게 시들해질 수도 있다.

·· 성장을 강요할 수 없다

정원사는 식물의 빛 노출을 조작해서 인위적으로 꽃을 피우게 할 수 있다. 아이들에게는 그럴 수 없다. 어떤 특정 방향이나 정해진 일정으로 성장하도록 조작할 수 없다. 사실상 아이에게 준비된 상태보다 빨리 발달하도록 재촉하면 오히려 발달을 저해할 수 있다. 모든 아이는 다르고 고유의 경험이 있다. 아이가 어떤 특정한 속도로 발달하기를 기대해서는 안 된다. 하지만 아이의 발달을 관찰하는 것은 건강한 성장을 촉진하고 모든 우려되는 지연 상태를 파악할 수 있어서 중요하다. 다음 사항의 균형을 이루기 위해 노력하라.

정보 부분. 기본적인 발달 기준 범위는 온라인에서 찾을 수 있다. 그러나 항상 구글에서 정보를 수집하는 것으로 그치지 말아야 한다. 아이를 아는 전문가(소아과 의사, 치료사, 교사)에게 도움을 구하고 발달의 정상 범위에 대해 폭넓은 지식을 습득하라.

직감 부분. 자녀에 대해 자신의 직감을 믿어라. 아이의 친구들 모두 특정 기술이나 활동에 준비가 되었지만, 내 아이는 준비되지 않았다고 생각되면 그 직감을 믿어라. 문제를 감지하면 그 느낌을 간과하지 말고 전문가의 식견을 구하라.

영향력 부분. 자신의 편견과 개인적인 경험을 기준으로 아이를 재촉하거나 저지함으로써 성장에 어떤 영향을 주고 있는지를 의식하라.

레이첼 버스먼 박사는 이것을 잘 보여 주는 이야기를 내게 들려주었다. "남편과 저는 책을 정말 많이 읽기 때문에 우리 아홉 살짜리 아들도 독서를 좋아하도록 격려하고 싶었어요." 그녀는 말했다. "저는 아이가 독서 일지를 쓰면 좋겠다는 생각이 들었고 아이가 무슨 책을 읽어야 할지, 다 읽는 데 얼마나 걸려야 할지, 한 달에 몇 권을 읽어야 할지 등 꽤 괜찮은 계획이 있었어요. 하지만 모든 과정이 생각했던 것보다 순조롭지 않았고 아이의 선생님께 물어봐야겠다는 생각이 들었어요. 선생님께 아들이 이제 글밥이 많은 책들을 매일 한 권씩 읽어 나가야 할 것 같다고 말씀드렸어요. 하지만 선생님이 말씀하셨죠. '아이들은 읽은 책을 또 읽는 것을 좋아해요. 반복해서 읽는 것은 이해하고 해독하는 능력을 키워 줍니다.' 저는 생각했어요, '아. 역시 선생님은 다르군요.'"

야심에 찬 부모로서 버스먼 박사는 아들이 점점 더 어려운 책을 읽도록 유도하고 싶었다. 그러나 아들의 독해 능력은 같은 책을 다시 읽을 때 빠르게 향상될 수 있었다. 그녀는 새삼 깨달았다. "부모는 자신이 무엇을 모르는지 알아야 하고 믿을 수 있는 정보원에게 조언을 구해야 합니다." 그녀는 말했다. 선생님은 오랫동안 수백 명의 아이들에게 독서를 가르친 경험이 있었다. 아이의 뇌에 어떤 일이 일어나는지 잘 알고 있는 버스먼 박사 같은 사람도 그 주제에 대해서는 가장 잘 아는 사람이 아니었다.

그러나 달리 생각하면 당신의 아이를 누가 당신보다 더 잘 알 수 있겠는가? 모든 열 살이 《해리포터Harry Potter》를 읽을 수 있다고 해도 어떤 부모는 그 마법 세계가 아들에게 너무 강렬해서 그 책을 당분간 책장에 그대로 두어야겠다고 생각할 수 있다.

몇 년 동안 우리는 연구소에서 친구들을 따라가기 위해, 또는 대학 지원서의 이력을 채우기 위해 아이가 준비되지 않은 것을 경험하게 함으로써 성장을 강요하는 부모들을 보아 왔다. 한 가족은 여름 동안 딸을 중국에 보냈는데 집에서 너무 멀리 떨어져 있던 경험이 딸에게는 정신적인 충격이 되었다. 직업이 의사인 한 아버지는 십 대 아들이 병원에서 자원봉사 활동을 해야 한다고 고집했다. 그러나 아들은 피 흘리는 환자를 보면 기절할 것 같았고, 매일 저녁 울면서 퇴근했다.

"여덟 살 환자가 있었는데 지나치게 많은 활동을 하고 있었어요. 매주 다양한 활동에 참여하고, 각종 과외 수업을 받고, 글씨 쓰기 작업 치료, 물리 치료도 받았죠. 일정이 너무 빡빡한 것 같았어요." 버스먼 박사는 말한다. "아이에게 작업 치료, 물리 치료, 개인 지도가 필요하다면 저도 분명 반대하지 않을 겁니다. 하지만 이 경우엔 그 일정이 아이의 정서 발달에 방해가 되고 있다고 생각했어요. 그래서 어머니에게 말했죠. '아이가 너무 많은 활동을 하고 있어서 걱정이 됩니다. 아이에게는 아이답게 그냥 놀고 아무것도 안 할 시간이 필요해요.' 어머니는 제 말을 듣지 않았어요. 아들이 다른 사람보다 '앞서 나가야' 하고 이것이 그렇게 하는 방법이라고 진심으로 믿었습니다." 하지만 아이는 열 살이 되었을 때 번아웃되었고 불안증이 심해졌고 모두 그만둬야 했으며 심지어 학교도 한 학기 쉬어야 했다. 아들에게 '앞서 나가라고' 강요함으로써 되레 뒤떨어지게 되었다.

"때때로 부모들은 아이가 정상에 서기 위해 노력하길 바라지만 모든 아이에게 정상이 적합한 것은 아니에요. 우리 증조할머니는 이렇게 말씀하시곤 했죠. '사람들은 각자 자기 자리가 있단다.'" 버스먼 박사는 말한다. "아무리 혹독하게 과외 수업을 받더라도 모든 아이가 아이비리그를 가는 것이 아닙니다. 그보다는 학업적으로, 사교적으로, 정서적으로, 기질적으로 잘 맞는 학교에 아이를 보내는 게 좋지 않을까요? 뉴욕시에 있는 고등학교를 알아보기 시작한 환자가 있어요. 저는 훈련으로서 그 아이와 엄마에게 그들이 방문한 학교에 대해 뭐가 좋았는지 적게 했습니다. 엄마는 학교의 명성을 좋아했어요. 딸은 느낌을 적었어요. 아이는 한 학교를 '집 같은 곳'이라고 표현했어요. 아늑하다고 느꼈죠. 사람들이 친절했어요. 아이는 그곳에서 편안함을 느꼈고 그것이 정서적으로 그 학교가 잘 맞는 이유였죠. 학교는 단지 학문을 배우는 곳이 아닙니다. 인생의 교훈을 배우는 곳이기도 합니다."

부모가 정서적으로 맞는 것(학교, 활동, 교우 관계, 성장의 방향과 속도에서)보다 명성을 우선시하면 아이에게 악영향을 미칠 수 있다. 아이는 불안감을 느끼고 스트레스를 받고 현실 도피 행동을 하게 되고 그것은 성장에 도움이 되지 않는다. 하지만 아이가 학교, 활동, 교우 관계에서 '아늑함'을 느낄 때 아이는 기꺼이 위험을 감수하고 탐험에 앞장서며 성장할 수 있다.

·· 큰 그림

"십 대 자녀가 어떤 실패를 처리할 때 부모는 그것을 폭넓게 봄으로써 비계가 될 수 있습니다." 샌프란시스코만 지역에 있는 아동정신연구소 임상 이사, 마크 라이네케는 말한다. "아이들은 삼각함수에서 C를 받으면 프린스턴 대학에 들어갈 수 없을 것이고 인생도 끝날 것이라고 생각합니다." (참고로 그 생각은 아마 맞을 것이다. 프린스턴 대학의 합격률은 6%다.[4]) "그러면 아이가 멀리 보게 하려면 부모가 뭘 할 수 있을까요?

아이에게 물어보세요. '그냥 궁금해서 물어보는 건데 프린스턴 대학에 못 가도 네가 행복할 수 있을까?'" 그 문제라면 부모는 자신에게도 물어볼 수 있다. "아이가 프린스턴 대학에 못 가도 내가 행복할 수 있을까?" 아이가 명문대 입학에 대해 느끼는 많은 압박감은 부모에게서 비롯된다.

프린스턴 대학 연구자들(경제학자 앵거스 디턴Angus Deaton과 노벨상을 받은 심리학자 대니얼 카너먼Daniel Kahneman)은 바로 이 질문을 탐구했다. 그들은 2년에 걸쳐 45만 명에게 설문 조사를 함으로써 고소득(많은 부모와 학생들이 아이비리그 학위와 연관 지어 생각하는 것)이 행복과 삶의 만족도를 결정하는지에 대해 연구했다.[5] 그 결과 85%에 이르는 대부분의 사람들이 소득과 상관없이 일상적으로 행복감을 느낀다고 답했다. 고소득자들은 돈이 있으면 삶이 더 편해지지만, 부가 쌓일수록 개인이 더 행복해지는 것은 아니라고 인정했다. 매월 청구되는 금액을 지불하는 데 부족함이 없고 여가를 위해 쓸 수 있는 충분한 돈이 있다면 삶의 만족도는 더 이상 부유한 정도에 영향을 받지 않는다.

"삼각함수 시험이요? 그런 건 중요하지 않아요. 일류 대학에 들어가는 거요? 당신이 생각하는 것만큼 중요하지 않습니다." 라이네케 박사는 말한다. "어디를 가더라도 당신은 비참할 수도 있고 행복할 수도 있습니다. 지금 행복하고 낙관적이라면 아마 나중에도 행복하고 낙관적일 것입니다. 그 반대 역시 사실이고요. 대학 선택은 그 궤도에 어떠한 영향도 미치지 못합니다."

대학 진학이라는 경쟁이 심한 위기 상황에 몰입해 있는 십 대 자녀에게 장기적 관점 따위는 통하지 않을 수도 있다. 나쁜 남자 친구에게 실연을 당한 덕에 미래의 남편을 만날 수 있었다는 이야기는 아마 좋아하는 이성 친구에게 답장을 받지 못해서 지금 당장 괴로운 십 대 자녀에게 영감을 주지 못할 것이다. 그러나 부모는 계속 노력해야 한다. 자녀의 시험, 게임, 파티, 복장이 못마땅하다고 자꾸 빈정거리지 말고 품위를 유지하라. 실패에 직면했을 때 길고 폭넓은 시각으로 보는 것이 대단히 중요하다. 아이가 자꾸 꼼지락거리더라도 그들은 듣고 있다. 내내 불평하는 소리를 내고 있어도 부모가 지도해 주길 기대하고 있다는 것을 잊지 말자.

십 대 자녀가 큰 그림을 보도록 유도하기 위해 "소크라테스식 문답법으로 말하세요."라고 라이네케 박사는 말한다. "의견을 질문 형태로 바꿔서 '그냥 궁금해서 물어보는데 5년 후에도 이런 것들이 중요할 것으로 생각해?'와 같이 물어보세요. 십 대 자녀가 아니라고 말하면 이렇게 말해서 그 믿음을 강화하세요. '나도 네 말이 맞는 것 같아.' 그렇다고 대답하면 아이가 왜 그런지, 어떻게 그런지를 설명하도록 더 질문하세요." 삶의 오르막과 내리막에 대해 대화를 나누고, 십 대 자녀가 질문하고, 평가하고, 객관적이고 이성적으로 접근하도록

청소년 자녀의 성장을 위한 비계 세우기

- **체계.** 실패를 겪는 동안 이야기 상대로서 곁에 있어 줌으로써 체계를 제공하라. 아이의 고통 없는 삶을 위해 살지 말라. 끼어 들기는 체계로서 건전하지 못하다. 그것은 십 대 자녀를 부모가 원하는 것과는 정반대로 의존적이고 무능하도록 가르친다.
- **지지.** 부모가 아이에게 원하는 것이 아닌 아이가 부모에게 원하는 것에 대한 지지다. 아이가 자신의 목표와 관심사를 추구할 때 그들을 지지하라.
- **격려.** 극적인 상황과 긴장감으로 점철된 시기에 있는 청소년들이 장기적 관점을 가지도록 도와라. 이 시기에는 실패와 문제가 엄청나게 커 보이지만 일 년 후에는 중요하지 않을 것이다.

지도함으로써 비계가 돼라.

아들이 유치원에 다닐 때부터 숙제를 대신 해 준 선생님 애니는 벤이 자신의 행동 때문에 대학과 삶에 대해 전혀 준비가 되지 않았다는 사실을 깨달았다. 그는 아들을 탁자에 앉히고 말했다. "이대로는 안 돼. 우리는 이제 변해야 해."

둘은 각자 그들이 갇혀 있던 패턴을 어떻게 깨뜨릴지 아이디어를 적고 난생처음으로 문제를 해결하기 위해 함께 고민했다.

애니가 그간 해 오던 일들을 과외 교사를 고용해 맡기기로 했다. 많은 비용이 들었지만 장기적으로 결실을 거둘 것이라고 인정했다. 애니는 남편, 딸과 함께 시간을 더 보내야 했고 자기 자신을 위한 시간도 필요했다. 벤은 대학에 가서, 그리고 그 이후에도 성공하려면 시간을 규모 있게 쓰고 혼자 리포트를 작성할 수 있어야 했다.

"벤과 저의 관계가 가장 큰 변화였어요." 애니는 말했다. "수년간 저는 조력자이자 공모자였어요. 벤을 사랑하지만 벤을 떠올리면 기분이 안 좋아졌어요. 숙제를 대신 하는 것을 멈추자 학교와 아무 관련 없는 것들을 같이했고 정말 즐거웠어요. 과외 교사가 열심히 도왔지만 벤의 성적은 떨어졌어요. 그래도 제 새로운 역할은 아이를 정서적으로 격려하는 것이라 믿었기에 우리 둘 모두에게 훨씬 더 건강하게 느껴졌어요."

벤은 대학(훌륭한 주립대학에 갔다)에 가서 성공적인 학교생활을 했고 취업 준비를 마쳤다. "첫 성적표는 B와 C가 대부분이었지만 그래도 스스로 얻은 점수였어요." 애니는 말했다. "다른 아이들은 그것을 실패로 여길 수도 있어요. 하지만 벤에게는 혼자서 뭔가를 성취했다는 기쁨을 마침내 얻었던 경험이었어요."

애니는 그렇게 오랫동안 아이에게서 그런 행복을 빼앗은 것에 더 많은 죄책감을 느꼈다. "하지만 아이들만 성장하는 게 아니에요." 그녀는 말했다. "저도 제 잘못을 통해 배웠고 이제는 딸에게 너무 많이 관여하는 것은 아닌지 더 조심하고 있어요."

양육에 대해, 우리를 겸손하게 하는 큰 발견 중 하나는 아이의 성장에 힘을 실어 주는 동안 우리도 여전히 배울 것이 많다는 사실을 알게 된다는 것이다.

발판을 단단히 고정하라!

성장은 시도하고 실패하고 배우고 다시 시도하는 과정이다. 부모는 발판에 서서 성장에 힘을 실어 줄 수 있다.

인내심

- 아이를 위해 뭔가를 함으로써 고통을 없애 줄 수 있다는 것을 알면서도 관여하지 않는 것은 고문처럼 느껴질 수 있다. 그러나 인내의 보상은 크다. 아이는 자립적이고 자기 주도적으로 배우는 사람이 될 것이다.

온정

- 기대서 울 수 있는 어깨가 돼라. 아이가 실패를 슬퍼하면 슬퍼하게 하고 그 감정을 인정하라. 그런 다음 온정과 연민의 마음으로 '왜'를 생각하고 문제를 스스로 해결하는 쪽으로 논의를 부드럽게 이끌어라.

관심

- 부모로서 자녀에게 바라는 점이 아이를 위한 것인지 본인을 위한 것인지 항상 고민하라. 아이에게 뭔가를 강력

하게 권하고 싶은 충동을 느낄 때마다 왜 그렇게 강렬하게 느끼는지 곰곰이 생각해 보라.

• 부모가 끼어들 때는 삶의 불확실성에 대한 자기 자신의 두려움 때문인 경우가 많다. 삶은 원래 불확실하다. 아이에게 그 현실을 가르치는 것이 해로운 환상을 강화하는 것보다 더 낫다.

차분함

• 실패는 아프다. 거절은 쓰라리다. 그러나 실패와 거절은 하나의 결과일 뿐이지 "난 잘하는 게 아무것도 없어!"와 같이 전체를 부정하는 해석을 할 필요는 없다. 이 점을 본보기로 보여 주려면 자신의 실패를 당연한 일로 받아들여야 한다. 넘어지고, 일어서고, 먼지를 털고, 앞으로 나아가라. 신파극을 찍거나 자기 연민에 빠지지 말라.

관찰

• 부모가 보기에 적절해 보이는 성장 기회에 대해 아이가 강하게 반발한다면 주의 깊게 보라. 단호한 거절은 전문적인 개입이 필요한 더 속 깊은 문제의 신호일 수도 있다.

• 아이의 성장 속도가 적절한지 믿을 만한 정보원에게 조언을 구하되 아이의 성장을 또래 친구들과 비교하는 것은 삼가라.

8장

강철 빔으로 강화하기

자제력, 끈기, 용기

아이의 건물은 위로 올라가고 있고, 부모의 비계는 건물과 가깝지만 분명한 거리를 두고 따라 올라가고 있다. 모두 좋다! 그러나 건물은 그 모든 놀라운 성장을 보호하고 촉진하기 위해 강화되어야 한다. 용기, 자신감, 회복력, 끈기와 같은 강철 빔을 내부에 설치함으로써 아이는 단지 '주거할' 건물 이상의 것을 얻을 것이다. 아이는 나쁜 날씨와 힘든 시간을 견딜 요새를 가지게 될 것이다. 설사 외력에 의해 불이 나더라도 어떤 일에도 대처할 수 있는 내부의 힘을 지닐 것이다. 부모는 비계 위에 서서 아이를 지도하고 지지하며 힘을 본보기로 보여 줌으로써 그 강철 빔을 강화한다.

우리가 친해진 지 얼마 되지 않았을 때 샌프란시스코만 지역의 아동정신연구소 임상 이사, 마크 라이네케는 이제 막 어른이 된 딸을 키우던 때의 이야기를 들려주었다. "그레이시는 불안해했어요. 유전적인 소인이 있어서 기질적으로 불안했는지는 모르겠지만 아기 때부터 어린아이였을 때까지 확실히 불안한 아이였어요." 그는 말했다. "솔직히 말하면 딸은 자라면서 자주 아팠어요. 배 속에서도 위험한 시기가 있었고 젖먹이일 때 많이 아프고 위독했어요. 유아기 질병은 부모가 아이에 대해 어떻게 느끼는지에 영향을 줍니다. 아이는 허약했고 위험한 세상에서 자라고 있었어요. 우리는 아이가 잘 성장할지 확신할 수 없었어요. 그래서 딸은 불안하고 겁이 많고 항상 엄마의 그림자 아래에서 엄마 다리에 매달리는 아이로 자랐어요. 아이는 용기가 없었어요. 세상을 탐험하려 하지 않았어요."

"아이가 여섯 살이던 어느 날 저는 아이와 집 앞마당에서 놀고 있었습니다." 그는 말을 이었다. "아이는 작은 킥보드를 타고 왔다 갔다 하고 있었어요. '아빠 나 좀 봐, 나 좀 봐봐!'라고 외치면서요."

"저는 격려하기 위해 이렇게 말했어요. '잘하고 있어, 그레이시! 잘 간다!'"

그리고 그때 그레이시의 외할머니이자 라이네케의 장모님이 집에서 나왔다. "우리는 장모님을 정말 좋아해요. 장모님은 정말 멋진 분이세요." 그는 말했다. "장모님은 킥보드를 타고 있는 그레이시를 한 번 보더니 제게 말했어요. '자네도 알지 않나? 그레이시는 헬멧을 꼭 씌워야 해. 정강이 보호대, 무릎 보호대, 손목 보호대도. 그래야 넘어졌을 때 부러지지 않아.'"

라이네케 박사는 바로 수긍할 수 없었다. "저는 말했어요.

'장모님, 저건 땅에서 3cm 높이일 뿐이에요. 그레이시가 그냥 세우고 내려오면 다칠 일이 없어요. 집 앞마당이 그렇게 위험한 것 같진 않아요.' 장모님은 제 얼굴을 물끄러미 바라보고 나서 이렇게 말했어요. '자네가 그레이시 아빤데 왜 위험을 감수하려는 건가?'"

장모님의 그 말이 라이네케 박사에게 터닝 포인트가 되었다. "저는 순간 등골이 오싹했는데 왜냐하면 상황이 갑자기 명확해졌기 때문이었어요." 그는 말했다. "장모님은 대공황 시기에 노스캐롤라이나주에서 몹시 힘들게 자랐어요. 무엇 하나 잘못될까 늘 걱정하는 성격이었죠. 저는 그때 장모님의 불안하고 걱정하는 마음이 제 아내에게 전해져 내려왔고 이제 제 딸에게 전해지고 있음을 깨달았어요. 저는 집으로 걸어 들어가 바로 아내가 있는 곳으로 올라가서 이렇게 말했던 것을 기억해요. '불안을 아랫세대로 물려주는 것은 여기서 끝내야 해!' 그것은 오직 아동심리학자만이 할 수 있는 선언 같은 것이었습니다. 제 아내와 저는 자리에 앉아 이야기를 나누었고 그레이시를 용감한 아이로 키우겠다고 맹세했어요."

그래서 라이네케 박사와 그의 아내는 어떻게 했을까?

"용기, 회복력, 자신감을 본보기로 보여 주고 강화했어요." 그는 말했다. 그레이시의 부모는 그레이시에게 궁극의 용감한 소녀가 등장하는 영화, 디즈니의 〈뮬란Mulan〉을 여러 번 보여 주고 용기 있는 행동을 하고 도전을 찾아 나서며 절대 포기하지 않도록 격려했다. 그리고 그레이시가 마당에서 킥보드를 탈 때 넘어져 긁힐 위험이 있더라도 손목과 무릎 보호대를 고집하지 않았다.

·· 괜찮을 거야

부모는 아이들을 집 밖으로 나오지 못하게 해서 어떤 위험으로부터든 보호하고 싶을지 모른다. 그러나 부모 자신의 불안을 억누르고 기꺼이 아이에게 비틀거리고 넘어질 기회를 주면, 라이네케 박사가 그랬듯 부모 자신의 두려움을 아이에게 전가하는 것에 대해 명확한 깨달음을 얻게 될 것이다.

과잉보호를 받는 아이에게 가장 큰 위험 요소는 팔꿈치가 까지는 것이 아니다. 아이의 사회적, 정서적 발달과 학업적 성공 여부다.

2018년에 발표된 한 연구는 미네소타 대학의 연구자들이 다양한 배경을 가진 400명 이상의 아이들을 8년 동안 추적 관찰한 결과를 담고 있다.[1] 과학자들은 참여자의 선생님 의견과 자기 보고를 참고하고, 아이가 실험실에서 부모와 놀고 소통하는 모습을 관찰함으로써 자료를 수집했다. '헬리콥터 부모'는 아이에게 무엇을 가지고 놀지 어떻게 놀지를 이야기하면서 아이의 모든 행동을 통제하려는 경향이 있다. 연구 책임자인 니콜 페리Nicole Perry 박사는 미국 심리학회American Psychological

Association에서 발표한 한 논문에서 그 상호작용을 '너무 엄격하고 요구가 많다'라고 표현했다. '아이들은 다양한 방식으로 반응했다.[2] 일부는 반항했고 일부는 무관심했고 일부는 좌절했다.' 연구에 따르면 다섯 살까지 지나치게 보호받고 통제된 아이들은 정서적, 행동적으로 조절되지 않는 모습을 보였다. 다섯 살에 충동 조절이 되는 아이들은 열 살이 되었을 때 정서적 문제가 더 적었고 대인관계 능력이 더 좋았으며 공부를 더 잘했다.

"헬리콥터 부모의 자녀들은 성장에 필요한 과제들을 잘 처리할 수 없는 경우가 많았고 특히 복잡한 학교 환경에서 잘 지내지 못했습니다." 페리 박사는 말했다. "감정과 행동을 효과적으로 조절하지 못하는 아이들은 교실에서 나쁜 행동을 할 확률이 높고 친구를 사귀는 데 어려움을 겪으며 학교에서 힘든 시간을 보냅니다. 우리 연구 결과는 주로 선의의 부모들에게 아이가 감정적으로 힘든 일들을 스스로 처리하도록 지지하라고 교육하는 것이 얼마나 중요한지 분명히 보여 줍니다."

비계의 목표는 아이를 독립적이고 회복력 있고 자신감 있는 어른으로 키우는 것이다. 그 과정의 시작은 두 살짜리 아이가 무슨 놀이를 어떻게 할지 자율성을 가지도록 허용하는 것이다. 학교 갈 나이의 아이들은 부모나 교사가 중재를 위해 나서기 전에 스스로 정서적, 사회적 문제를 해결할 기회가 주어져야 한다. 항상 이 질문을 생각해야 한다. "아이가 이것을 스스로 할 수 있을까?" 확실히 모르겠으면 시도할 기회를 줘라. 그러면 답을 알게 될 것이다.

•• 용기의 3단계

가령 자전거 타는 용기는 어디에서 나올까?

1단계: 욕구. 아이가 자전거를 타고 '싶어' 해야 한다. 타고 싶지 않은데 억지로 태우는 것은 용기가 아닌 순종을 훈련하는 것이다. 일방적으로 강요하는 대신 아이가 하기 싫은 이유를 묻고, 무엇을 두려워하는지 조심스럽게 살펴라. 우리 모두 두려운 것에 접근하고 완전히 익혀야 한다는 사실을 부모가 본보기로 보여 주고 강화할 수 있다.

2단계: 역량. 아이에게 자전거를 탈 역량이 있는가? 아직 역량이 없다면 천천히 배워야 한다. 읽기, 사과하기, 테니스 공 치기, 피아노 치기, 그것이 무엇이든 우리는 거의 모든 삶의 기술에 대해 어떻게 하는지 보여 줄 누군가가 필요하다. 아이가 자전거에 탄 채로 깡충 뛰는 것을 시도하다가 넘어진다면 그것은 개인의 실패가 아니라 역량의 부족이다. 아이에게 그 차이를 설명해 줄 수 있다면 아이가 자전거로 돌아와 다시 시도할 가능성이 더 커질 것이다.

3단계: 기대. 자전거 타는 법을 배우는 것은 페달 밟기, 넘어지기, 일어나기, 반복하기와 같은 예측할 수 있는 과정이다.

어느 정도 시간을 들여 연습하면 잘 탈 수 있다는 건전한 기대와 함께 시작한다면 실패를 두려워하거나 도전을 피하지 않을 것이다.

누가 무엇을 하든 처음부터 완벽하기를 기대해서는 안 된다. 부모는 아이에게 매일 용기가 필요한 작은 행동을 보여줌으로써 완벽하지 않아도 편안할 수 있음을 본보기로 보여주고 강화해야 한다. 예를 들어 새로운 이웃에게 자신을 소개하거나 새로운 요리를 시도하거나 TV에 아마존 파이어스틱을 설치할 수 있다. 도전하라. 아이 앞에서 자신을 시험하라. 실수하더라도 계속하라.

삶이 쉬울 것이라거나 완벽해야 한다고 기대해서는 안 된다. 아이가 다섯 살에는 자전거를 잘 타야 한다고 생각하는 부모를 많이 보았다. 또는 전 과목 A를 받아야 한다, 바이올린을 연주할 수 있어야 한다, 학교에서 가장 인기 있는 아이가 되어야 한다고 생각하는 부모들이 많다. 비현실적으로 높은 기대와 완벽주의적인 기준을 가지는 것은 아이가 일이 예상대로 풀리지 않을 때 비참함을 느끼게 한다. 그 비참함은 아이가 뭔가를 시작하기 전에 용기를 효과적으로 차단함으로써 새로운 것을 시도할 욕구를 억누르고 역량을 늘리는 것을 방해한다.

15분 후의 평생 회복력

1970년, 오스트리아 태생의 미국 심리학자 월터 미셸Walter Mischel은 스탠퍼드 대학 부설 유치원에 다니는 만 세 살부터 다섯 살까지 아이들 수십 명을 대상으로 실험을 했다. 한 명씩 방으로 들어와 탁자 앞에 앉게 했는데 탁자 위에 놓인 접시에는 아이가 고른 간식(프레첼, 오레오, 마시멜로)이 한 개 담겨 있었다. 연구원들은 방에 들어온 아이에게 "지금은 간식을 한 개 먹을 수 있어. 그렇지만 15분 동안 안 먹고 기다리면 그땐 두 개를 줄 거야."라고 말하고 나서 아이만 간식과 함께 방에 남겨 두고 밖으로 나왔다.[3] 기다릴 수 없을 것 같으면 종을 울려 어른을 부르도록 했고, 그런 다음에는 간식을 먹는 것이 허락되었다. 실험 결과, 기다릴 수 있었던 아이들은 더 나은 충동 통제력이 있는 것으로 밝혀졌다.

진짜 놀라운 발견은 1989년 미셸 박사가 원래의 피실험자들과 진행한 후속 연구[4]에서 나왔다. 15분 동안 만족을 미룬 (이제 청년이 된) 아이들은 수년 후 모든 사회적, 학업적, 정서적 측면에서 더 성공적인 것으로 나타났다. 그들은 대학 수능 시험에서 더 높은 점수를 기록했고, 약물 복용이 더 적었고, 더 행복한 사회생활을 했으며, 스트레스와 좌절감을 다루는 데 더 능숙했다. 2013년 후속 연구[5]에서는 이제 중년이 된, 만족을 미룬 아이들이 종을 울렸던 아이들에 비해 체질량 지수가 더 낮았다.

연구는 '마시멜로 테스트'로 널리 알려졌고 그것은 미셸 박사가 쓴 책[6]의 제목이 되기도 했는데, 자제력에 대해 그가 수십 년의 연구를 통해 알게 된 모든 것을 담은 책이었다. 아이와 부모를 위한 충동 조절에 관한 그의 몇 가지 팁은 아래와 같다.

주의를 딴 데로 돌리기. 아주 어린 아이들이라 해도 다른 집중할 것을 찾아 방을 둘러봄으로써 욕구 대상에서 주의를 돌릴 수 있다. 미셸 박사는 노래를 부르고 발가락을 꼼지락거리고 코를 후비는 것을 권했다. 마시멜로 또는 마시멜로로 비유할 수 있는 것으로부터 의도적으로 주의를 딴 데로 돌릴 수 있다면 자제력을 기를 수 있다.

'차가운' 생각. 미셸 박사는 '뜨거운' 생각을 충동적인 변연계 뇌의 부작용으로 규정했다. '차가운' 생각은 뇌에서 집행 기능을 담당하는 전전두엽 피질에서 일어나고 그 부위는 아이가 스물다섯 살이 될 때까지 발달이 진행된다. 하지만 초등 1, 2학년도 '뜨거운' 생각과 '차가운' 생각을 구분할 수 있고 정신적 온도를 조절하려고 노력한다. 몇 분 기다리는 것만으로도 변화를 가져올 수 있다. 40년이 지난 2011년 후속 연구[7]에서 '기다릴게요' 그룹의 전전두엽 피질 뇌 영상은 '기다릴 수 없어요' 그룹보다 더 활성화된 모습을 보였다.

액자 그리기. 아이가 상상을 통해 욕구 대상을 다른 것으로 변형시킬 수 있다면 그것에 대한 욕구를 줄일 수 있다. 예를 들어 아이가 그것이 실제 음식이 아니라 사진인 것처럼 마음 속으로 접시 주위에 액자를 그릴 수 있다면 그것을 먹기 전에 더 오래 기다릴 수 있다.

"제 딸의 어린 시절은 만족을 미루는 하나의 긴 실험이었어요. 그레이시가 '우유 마시면서 쿠키 먹어도 돼요?'라고 물으면 우린 '그래, 2분 후에.'라고 대답하곤 했죠. 모든 것을 '2분 후에' 허락했어요." 라이네케 박사는 말한다.

"그래, 2분 후에."를 가정에서 주문처럼 활용하라. 네 살 때 만족을 미루는 것은 평생의 힘과 충동 조절력이 될 수 있다.

아동 자녀의 힘을 기르는 비계 세우기

- 체계. 아이들이 자율적이고, 새로운 것들을 시도하고, 위험을 감수하고, 넘어질 수 있도록 안전한 신체적, 정서적 공간을 제공하라. 도우려고 나서기 전에 아이가 스스로 퍼즐을 맞추거나 옷을 입도록 한 걸음 물러나라. 자제력을 가르치기 위해 아이의 즉각적인 만족을 몇 분 동안 미루는 전략을 도입하라.
- 지지. 아이가 넘어질 때 아이가 일어나도록 돕기 위해 아이 곁에 있어라. 노력을 칭찬하고 시간을 들여 연습하면 무엇이든 잘 할 수 있다는 건전한 기대를 갖게 하라.
- 격려. 충동 조절은 미래의 학업적 생산성과 사회성 기술을 예견하게 한다. 충동 조절을 강화하기 위해 아이에게서 한 걸음 떨어져 묵묵히 응원하라.

ㆍㆍ 창피하다고 죽는 것은 아냐

아들 조슈아가 중학교에 다닐 때 학교에서 추수감사절 기념으로 학생과 선생님이 모두 모여 시를 낭송하거나 기타를 연주하거나 발레 동작을 선보일 수 있는 큰 행사를 열었다. 그 행사는 학교에 속한 누구라도 존재감을 뽐낼 수 있는 좋은 기회였다. 나는 말 없고 조용한 아이였던 조슈아가 친구 아담과 함께 행사에서 공연하기로 했다고 이야기했을 때 놀라지 않을 수 없었다. 침을 한 번 삼키고 나서 격려하려고 애썼던 것을 기억한다. 하지만 조슈아는 공연을 할 수 있는 성격이 아니었다.

"멋지구나! 뭐 할 생각인데?" 나는 물었다.

"크리스 크로스Kris Kross의 〈점프Jump〉에 맞춰서 마이클 조던에 관한 랩 댄스를 할 거예요."

조슈아의 말은 이런 말이나 다름없었다. '무대에서 심장 절개 수술을 할 거예요! 정말 멋질 거예요!'

나는 조슈아가 마이클 조던을 아주 좋아한다는 사실을 알고 있었다. 조슈아의 방은 온통 마이클 조던 포스터로 도배가 되어 있었다. 조슈아는 두 살 때부터 공원의 브레이크 댄서들에게 매료되었고 주방 바닥에 어깨를 대고 회전하려고 애썼다. 그렇지만 그것이 전교생을 앞에 두고 무대에서 랩 댄스를 소화할 수 있다는 의미는 아니었다.

나는 조수아를 대신해 겁이 났다. 이런 생각이 들었다. '조수아가 무대 위에서 죽을지도 몰라!' 30년 넘게 정신과 의사로 일하는 동안 수많은 환자가 어린 시절 많은 사람 앞에서 공연을 망친 트라우마에 관해 이야기했다. 그리고 그들은 수십 년이 지난 후에도 여전히 공포를 느끼고 있었다.

나는 어쩔 수 없이 이렇게 말했다. "음, 그게 좋은 생각인지 나는 잘 모르겠구나."

아내 린다는 나무라는 눈빛으로 나를 한번 쳐다보고는 조수아에게 말했다. "정말 멋질 것 같아!"

조수아는 고개를 끄덕였다. "정말 끝내줄 거예요! 이미 학교에서 댄스 선생님과 연습을 시작했어요. 선생님이 안무를 도와주고 계세요."

'오, 이런.' 조수아는 정말 이걸 하려고 했다. 그것은 정말 그 아이답지 않았고, 너무 대담했다. 그리고 너무 위험했다. 사회적인 자살행위가 될 수도 있었다.

행사 3일 전 조수아는 린다와 나에게 친구 아담이 빠졌다고 알려 주었다.

나는 정말 천만다행이라고 생각하며 가슴을 쓸어내렸다. "아, 그래. 이번엔 공연할 운명이 아니었던 모양이다." 내가 말했다.

"아뇨, 공연은 할 거예요, 저 혼자서."

그러자 린다가 말했다. "잘 생각했다."

"인생의 모든 일에는 비용과 편익이 있는데…" 내가 말하기 시작했다.

"아빠, 걱정하지 마세요. 정말 잘할 거예요."

행사가 있던 날 나는 연구소에서 온종일 동분서주하고 있었다. 그곳에 가기 위해 일정을 조정할 수 없었고 그래서 한편으로는 다행스러운 마음도 조금 들었다는 사실을 인정해야 할 것 같다. 린다는 그 학교의 미술 교사였다. 강당 뒤쪽에서 행사를 지켜보다가 조슈아의 공연이 끝나자마자 내게 전화했다.

나는 물었다. "어땠어?"

"정말 멋졌어." 아내는 말했다. "객석이 흥분의 도가니였어. 조슈아가 정말 너무 멋지게 잘했어."

현실에서 영화 같은 반전이 일어났다! 안도감, 기쁨, 그리고 죄책감을 느꼈다. 왜 아들을 믿지 않았을까?

조슈아의 서른 살 생일 파티 때가 떠오른다. 조슈아의 어릴 적 친구 엘리어스가 자리에서 일어나 이야기했다. "제가 사람들 앞에서 이야기하는 것을 얼마나 싫어하는지 모두 아시겠지만, 저는 조슈아를 정말 사랑하고 그를 위해 뭐든 할 수 있습니다." 그는 말했다. "조슈아는 모르겠지만, 제가 중학교 때 이 친구를 처음 본 것은 추수감사절 행사 때 랩 댄스 공연을 했을 때였습니다. 저는 그때 어린 나이였는데도 불구하고 조슈아가 큰 위험을 무릅쓰고 있다는 것을 알 수 있었습니다. 불이 꺼지고 스포트라이트가 조슈아를 비췄습니다. 조슈아는 야구 모자를 거꾸로 쓰고 헐렁한 시카고 불스 저지를 입고 있었어요. 크리스 크로스 노래가 나오자 춤을 추기 시작했고 점프를 하고 바닥에서 몸을 회전했어요. 일 분도 되지 않아 모든 사람이 일어나서 '조슈아! 조슈아!' 하고 소리를 질렀죠. 휴일이 끝난 월요일에 저는 복도에서 책을 잔뜩 든 채 고개를 떨구고 있는 조슈아를 봤어요. 그는 존재감 없던 원래 모습으로 돌아와 있었어요. 저는 몇 년 동안이나 부모님께 조슈아의 공연에 관해 이야기하면서 이렇게 말했어요. 조슈아가 할 수 있었다면 저도 그렇게 할 용기를 찾을 수 있을 거라고요."

지금까지도 나는 조슈아의 춤이 인기를 끌어서 다행이라고 생각한다. 하지만 그 일 이후 아이의 성격이 바뀐 것은 아니라는 사실도 잘 알고 있다.

조슈아의 공연은 아들이 어떤 사람인지를 바꾸지 않았다. 그러나 그가 그것을 해냈기 때문에 친구 엘리어스가 고무되었고 아마 다른 친구들도 그랬을 것이다. 그리고 아들의 가능성의 세계가 열렸다. 나중에 조슈아는 잠시 전문 DJ로 일했다. 아들은 망신당할 위험을 무릅쓰고 그냥 그것을 함으로써 정신적, 정서적으로 강력한 근육이 생겼다.

자녀에게 엄청난 위험을 무릅쓸 배짱과 투지가 있다면 절대로 나처럼 하지 않았으면 좋겠다. 어떻게 될지는 부모가 결코 알 수 없는 것이므로 아이에게 한번 해 보라고 격려하라. 그렇다, 그것이 어쩌면 20년 뒤 치료받아야 할 트라우마가 될 수도 있다. 하지만 인생의 전환점이 될 수도 있고 다른 사람들에게 용기를 주는 계기가 될 수도 있다.

아이가 창피를 무릅쓰도록 부모가 비계가 되어 주기 위해서는 분위기를 만들어야 한다. 몇 가지 방법을 나열해 보겠다.

훌훌 털어 내는 모습을 보여라. 뭔가가 잘못되면 "내가 이런 일을 저지르다니!"라며 깊이 빠져들지 말라. 웃어넘기거나 이렇게 말하라. "이미 벌어진 일이야. 아, 좋아. 그러면 이제…." 실수를 훌훌 털어 버림으로써 회복력을 본보기로 보여 주어라.

침착함을 유지하라. 창피한 상황 때문에 괴로울 때에도 감정 조절의 본보기가 되어야 한다. 노래방에서 노래를 부를 때 사람들이 무대로 토마토를 던지더라도 몸을 수그려 피할지언정 노래는 멈추지 말라!

절대 비하하지 말라. 아이가 창피해하는 상황이라면 재미로 가볍게 장난치는 것도 해선 안 된다. 아이는 수치심을 내면화하고 다시는 성급하게 부끄러움을 무릅쓰지 않을 것이다.

너무 민감한 반응으로 치부하지 말라. 부모는 "네 생각만큼 나쁘지 않아."와 같은 말을 하며 아이의 창피한 경험이 별일 아니라고 말하고 싶을 수 있고 그것은 자연스러운 반응이다. 그러나 아이의 정말 속상하고 심각한 감정을 무시하는 것은 아이를 무력하게 한다. 아이는 부모가 자신의 괴로움을 이해하지 못하거나 신경 쓰지 않는다고 생각할 것이다. 그러나 이 경우 계속 논의하면서 너무 열중하지는 말라. 감정을 인정하고 다음으로 넘어가라. 창피한 상황에 너무 많은 관심을 쏟으면 상황이 더 좋아지기보다 나빠질 수 있다.

부정적인 경험을 긍정적인 경험으로 재구성하라. 아이가 피아노 연주회를 망치면 불쾌한 경험과 거리를 두게 하고 칭찬으로 희석하라. 예를 들어 "왜 속상한지 알아. 시작이 순조롭지 못했지. 하지만 네가 침착함을 유지하는 모습을 보고 굉장히 자랑스러웠단다. 용기 있는 사람만이 시작이 안 좋더라도 마음을 가다듬고 잘 마무리할 수 있거든!"

큰일이 아님을 깨닫게 하라. 누구나 인생에서 한 번쯤은 다른 사람들 앞에서 방귀를 뀔 것이다. 어릴 때는 실수로 한 번 방귀를 뀐 것이 친구들의 놀림으로 이어진다. 친구들이 계속 킥킥거리며 놀리는 상황을 견뎌야 한다. 아이는 앞으로 영원히 방귀 대장으로 기억될 것이라고 믿으며 좌절할지 모른다. 실제로 많은 친구들이 이튿날까지 계속 킥킥거리고 놀리면 아이는 모든 사람이 그 일에 대해 자신처럼 많이 생각하고 있는 것처럼 느낀다. 당신은 자신의 굴욕적인 방귀 소리 경험담을 들려주고 아이를 웃게 함으로써 아이가 건강한 관점을 가지도록 도울 수 있다. 당신이 그 일을 잘 넘겼고 이제 그 일에 대해 농담할 수 있다는 점을 강조하라. 아이의 경험을 능가하려고 하지 말라. 그것은 굴욕이 아니라 경쟁이다. 그러나 당신이 공감한다는 사실을 아이가 알게 하라. 그런 다음 그 이야기를 그만하라. 부모가 그것을 짧게 이야기하고 끝내면 아이는 그 일이 자신이 생각했던 것만큼 큰일이 아니라는 것을

회피성 행동인가요?

정상	문제 있음	장애
• 아이가 자신이 옳다는 확신이 없어도 수업 시간에 손을 들고 대답한다. • 아이의 창피함이 상황상 적절한 반응이다. 아이가 빠르게 극복하고 금방 다시 시도한다. • 아이가 창피했던 현장으로 돌아가는 것이 싫으면서도 용기를 내 교실로 돌아간다.	• 아이가 수업 시간에 손을 드는 것은 망설이지만, 호명을 받으면 틀릴 가능성이 있어도 대답할 수 있다. • 창피한 상황 이후에 지나치게 짜증을 내고 속상해하는 것 같고 다시 시도할 수 있을 때까지 너무 많은 격려가 필요하다. • 아이가 창피했던 현장, 연관된 사람들을 피하기 위해 변명하지만, 결국 학교로 돌아간다.	• 아이가 답을 확실히 알아도 수업 시간에 절대 손을 들지 않는다. • 창피했던 순간 때문에 잠을 못 자거나 먹지 않거나 과도하게 불안해하는 반응을 보이며 다시 시도하기를 거부한다. • 학교로 돌아가거나 특정 사람들을 만나기를 단호하게 거부한다. 활동에서 빠지거나 완전히 그만두기 위해 아픈 척한다. 창피했던 현장을 억지로 맞닥뜨리게 하면 아이는 매우 화를 낼 것이다. • 위험도가 낮은 활동임에도 공포를 느껴 참여를 꺼리거나 사람들의 평가에 대해 강박 관념을 가지면 사회 불안과 관련된 회피성 행동으로 볼 수 있다.

깨달을 것이다. 이 자각이 비슷한 일이 다시 일어났을 때 아이를 구조할 것이다.

우리 환자 중 일부는 회피적인 모습을 보일 정도로 창피함을 두려워한다. 회피성 행동은 따돌림에 대한 현실적 반응일 수도 있다. 그런 상황으로 밝혀지면 부모와 교사가 개입해 따돌림을 멈춰야 한다. 과도하게 망설이거나 회피하는지 세심히 살펴라. 그것은 발달을 지연시킬 수도 있는 중대한 문제다.

᛫᛫ 회복하기

우리가 힘이라고 부르는 것의 많은 부분이 회복력, 즉 역경에서 빠르게 회복하는 능력이다. 아이가 다시 일어서는 불굴의 용기를 가지도록 비계 역할을 하려면 부모 자신의 회복 능력을 강화하라.

역경은 모든 사람에게 일어난다. 그러나 잘 회복하는 사람은 그것을 극복하고 넘어가야 할 것으로 생각한다. 1980년대 심리학자, 위스콘신 대학교의 린 에이브럼슨Lyn Abramson과 노스웨스턴 대학교의 로렌 알로이Lauren Alloy는 자신에게 일어나는 나쁜 일의 원인을 바라보는 방식에 대해 '귀인 양식'이라는 이론을 발전시켰다.

그들의 연구 결과에 따르면 부정적인 결과(예를 들어 시험에서 떨어진 것)에 대해 '전반적인' 요인("나는 수학 정말 못해!")에 원인을 돌리는 사람들은 "그들이 무력했던 원래 상황과 비슷하거나 비슷하지 않은 새로운 상황에서 무력한 모습을 보일 것이다."[8] 다시 말해서 아이가 전반적 귀인을 하면 모든 학업적 도전 과제에 무력감을 느낄 것이고 다가오는 모든 시험을 망칠 수도 있다.

또 연구 결과에 따르면 부정적인 결과에 대해 '특수적인' 요인("수학 시험이 어려웠지만, 지난주 역사 과목에서는 A를 받았어")에만 원인을 돌리는 사람들은 "그들이 무력했던 원래 상황과 비슷한 상황에서는 무력한 모습을 보이지만 비슷하지 않은 상황에서는 그렇지 않았다." 또는 아이에게 왜 특정 시험을 망쳤는지 명확한 이유가 있으면 다음 수학 시험에는 약간 흔들릴 수도 있지만 다른 과목에 대해서는 무력감의 덫에 빠지지 않을 것이다.

연구자들은 귀인을 '전반적'/'특수적' 귀인으로 구분한 것과 마찬가지로 자부심을 높이거나 낮추고 사람들의 좌절 후 회복하는 능력을 결정하는 또 다른 두 가지 차원을 규정했다. '내부적/외부적 귀인과 지속적/일시적 귀인이다.'

나쁜 결과에 대한 내부적 귀인은 "내가 멍청하니까 시험에 떨어진 거야."처럼 자기 자신을 탓하는 것이다. 외부적 귀인은 "이 선생님과 내가 잘 안 맞아."와 같이 자신의 외부에서 시험에 떨어진 원인을 찾는다.

나쁜 일에 대한 지속적 귀인은 "나는 뭘 하든지 엉망진창

셀카와 자존감

이 이야기는 너무 당연해서 아무도 놀라지 않을 것 같다. 매일 셀카를 찍고 필터와 포토숍을 적용해서 완벽하게 만들고, 그것을 올린 다음 '좋아요'와 댓글을 보며 고뇌하는 것은 아이의 자신감과 자부심에 파괴적이다.

2018년 캐나다의 한 연구[9]에서 연구자들은 110명의 여대생을 세 그룹으로 나눴다. 첫 번째 그룹의 학생들에게는 셀카를 찍고 그대로 올리게 했다. 두 번째 그룹은 셀카를 찍고 수정해서 올렸다. 세 번째 그룹은 통제 집단으로 셀카를 찍거나 올리지 않았다.

셀카를 올리기 전과 후에 세 그룹의 기분과 신체상에 대한 생각이 평가되었다. 그 결과 여대생들은 모두 셀카 수정 여부와 상관없이 심리적 부작용을 겪었고 통제 집단과 비교해 더 불안하고 자신감이 부족하고 자신의 신체적 매력에 대해 더 안 좋게 느꼈다.

아이가 자부심에 해가 되는 행동을 하고 있고, 그것이 부모 눈앞에서 하루에도 수십 번씩 벌어지는 일이라면 부모가 그것에 대해 뭔가를 해야 하지 않을까? 셀카를 찍어 올리는 행동을 줄이는 가장 좋은 접근법은 이 연구 결과에 관해 이야기를 나누고, 나중에 전화기를 꺼내 귀엽고 깜찍한 표정을 지으려 할 때 자기 자신에게 이렇게 말하라고 제안하는 것이다. "좋아, 2분 후에 하자." 2분이 지나면 2분 더 미루고, 그것을 계속 반복한다. 스스로 자신의 비계가 되는 것이 자존감으로 이어진다.

이야. 내가 그렇지 뭐."와 같이 자신의 이력에 영원히 지워지지 않을 오점을 남기는 것이다. 일시적 귀인은 "이런 일도 있고 저런 일도 있는 거지."처럼 부정적인 결과가 단지 우연이라는 것이다.

종합해서 말하면 나쁜 일이 일어날 때 전반적, 내부적, 지속적 귀인을 하는 사람은 우울해지고 자존감이 낮아 무력감과 절망감을 느끼고 미래의 부정적인 사건에 직면하면 포기하는 경향이 있다. 아이의 회복력을 키우는 비계가 되기 위해 특수적, 외부적, 일시적 귀인을 하도록 아이를 도울 수 있다.

결실을 맺는 격려는 다음과 같다. "좋아, 수학에서 D를 받았고 이상적인 점수는 아니네. 미화하지는 말자. 하지만 엄마나 과외 선생님의 도움을 받아 공부를 조금만 더 열심히 한다면 다음번엔 더 잘할 수 있을 것 같아. 네가 멍청한 게 아니라는 것을 명심해. 역사에서는 A를 받았잖아." 아이가 성공할 수 있고 회복할 수 있으며 그럴 가능성이 더 높다는 믿음을 아이에게 반복해서 심어 주어라.

∵ 부모의 비결이 아이에게도 통하는 것은 아니다

그렇다, 이 이야기로 돌아왔다. 아이는 부모가 아니라는 사실을 반복해서 상기시켜야 하기 때문에 이 주제가 거의 모든 장에 등장한다. 부모가 어릴 때 자신감을 키우게 된 비결이 반드시 아이에게도 통하는 것은 아니다.

"어렸을 때 제가 기분이 안 좋아 보이면 할머니는 말씀하셨어요. '립스틱 좀 발라 볼래? 기분이 더 좋아질 거야.' 그것은 구식이고 약간 성차별적인 방법이지만 뭔가 효과가 있었어요. 화장을 하고 예쁜 드레스를 입으면 더 자신감이 생겼어요." 아동정신연구소에 온 환자의 엄마 폴리가 말했다. "우리 엄마와 할머니는 이런 면에서 저와 비슷했고 저는 엄마와 쇼핑하러 갔던 행복한 기억들이 많아요. 우리 둘다 옷에 관심이 많았고 엄마는 저에게 세상과 당당하게 마주하기 위해 어떻게 스타일을 이용할지 조언해 주었어요."

그러나 폴리의 딸 조는 엄마인 폴리나 할머니, 증조할머니와는 달랐다. "조가 학교에서 어떤 일 때문에 화가 나서 돌아오거나 친구와 싸웠을 때 저는 이 오래된 이야기를 꺼냈어요. '예쁘게 꾸며 봐….'" 폴리가 말했다. "조는 전혀 관심이 없었어요. 한번은 아이가 4학년 때 화장을 해 주고 옷을 입혀 주겠다고 끝까지 우겼고 아이는 간신히 견뎌 냈어요. 화장이 끝나자마자 세수를 하더라고요. 이 사건은 이후에 훨씬 더 큰 진실의 일부인 것으로 밝혀졌어요."

조는 우울증 증상을 보여서 우리에게 왔다. 그러나 우리 치료사가 신속하게 진단한 것은 아이의 증상이 자신의 성 정체성에 대한 혼란, 두려움과 관련이 있다는 사실이었다. 폴리는 딸의 문제를 완전히 이해할 수 없었다. 하지만 개인적으로 공감하지 않더라도 아이가 그 문제를 겪는 동안 온정, 차분함, 인내심으로 비계가 될 수 있었다.

부모 자신에게 좋았던 경험을 아이도 똑같이 겪게 하거나 부모가 겪은 뭔가를 아이가 더 잘 겪게 하고 싶은 것은 부모의 자연스러운 마음이다. 그러나 모든 아이가 부모와 완전히 같은 것은 아니다. 아이는 '매우' 다를 수도 있다. 여름 캠프를 즐기지 않거나 부모가 잘했던 스포츠를 잘하지 못하는 것 이상일 수 있다. 부모는 자신이 얼마나 교묘하게 또는 공공연하게 자신에게 맞는 스포츠, 과외 활동, 정체성을 아이들에게 강요했는지 깨닫지조차 못할 수 있다. 부모는 어쩌면 이렇게 생각할 것이다. '내 인생 참 괜찮았어. 아이도 나와 같은 삶을 살게 할 거야.'

어떤 부모는 아이를 '강하게 키우기' 위해 어릴 때 자신을 비참하게 했던 힘든 길로 아이를 이끌기도 한다. 몇 대에 걸쳐 내려오는, 가족의 모든 남자 구성원이 거쳐야 하는 통과의례로서 열 살 때부터 아버지와 사냥하러 가기를 강요당하는 아이를 보았다. 아버지는 자신도 어렸을 때 첫 번째 사냥이 가기 싫었고 다녀온 후에도 몇 주 동안이나 악몽을 꾸었다고 털어놓았다. 그럼에도 아들이 같은 경험을 하고 비슷한 결과가 있어야 한다고 고집했다.

부모가 아이를 강하게 키우는 문제에 관해 이야기할 때 나는 그들에게 말한다. "음, 그건 당신에게도 힘든 경험이었지요. 왜 아이가 그것을 재현하길 원하세요? 정당한 이유가 있습니까?" 아이에게 비참함을 강요하는 것은 아이에게 근성을 가르치는 좋은 방법이 아니라 둘의 관계에 불신을 키우는 전략이다.

환자의 조부모 중 일부는 다른 시대를 살아왔기에 우리가 이용하는 치료와 '심리학 같은 것'에 회의적이다. "어르신들은 누가 뭘 물었을 때만 아이가 말해야 하고 매를 아끼면 아이를 버린다고 생각해요." 레이첼 버스먼 박사는 말한다. "부모가 자녀에게 비계 역할을 하는 것에 대해 조부모가 문제 제기를 하면 이렇게 말할 것을 권하고 있습니다. '아버지 말씀이 맞아요. 아버지 세대에는 상황이 더 힘들고 지금과 달랐죠. 하지만 이제 그때보다 뇌에 대해 더 잘 알게 되었어요. 사람이 어떻게 배우고 강해지는지 더 잘 알아요. 전문가들은 아이가 장애물을 식별하는 법과 그것을 극복하는 법을 배우고 활용함으로써 근성을 기른다는 사실을 알아냈어요. 부모나 조부모가 장애물을 더 많이 던져 줘서 근성을 기를 수 있는 게 아니에요. 고통이 그 과정의 일부가 될 필요는 없어요. 긍정적인 경험을 통해서도 근성을 기를 수 있잖아요. 약속을 계속 지키는 것처럼요.'"

그래도 효과가 없다면 내가 들려줄 수 있는 말은 인내심과 차분함의 발판을 기억하라는 것이 전부다.

·· 등록한 수업은 끝까지 들어야 해

끈기는 지구력이다. 포기하지 않는 것이다. 계속하는 것이다. 그것은 삶에서 총명함을 포함한 그 어떤 것보다도 중요하다. 아주 똑똑할 수는 있지만 그만두면 아무것도 이룰 수 없다.

그것이 무엇이든 약속을 지킴으로써 아이는 끈기를 배운다. 가끔은 부모가 끈기를 강요해야 한다. 대표적인 시나리오는 아이가 어떤 활동에 흥미를 보이고 그것을 시작한 다음에 재미가 없다거나 못하겠고 말할 때다. 자유방임적인 부모는 이렇게 말할 것이다. "아, 하기 싫어? 그래, 하기 싫으면 그만두렴."

그러나 아이가 그냥 그만두게 놔두면 아이에게 계속하는 것을 가르치지 못한다. 부모가 이렇게 말한다면 아이는 훨씬 더 많은 것을 배울 것이다. "네가 생각했던 것만큼 태권도를 좋아할 수는 없었지만, 약속을 했으니 그것은 지켜야 해. 등록한 수업을 모두 들은 뒤에 다시 하고 싶지 않다면 그때 다른 활동을 알아보자."

아이는 매주 태권도를 배우러 가야 하는 것이 마음에 들지 않을 수도 있고 특히 가장 친한 친구의 부모는 친구가 그만두는 것을 문제 삼지 않아서 그곳에 아무도 아는 사람이 없는 처지가 되었다면 더욱 그럴 것이다. 그러나 8주 동안 태권도 배우기를 완수하기 위해 아이가 애를 썼다면 그것은 어떤 마법보다 유익할 것이다. 내 친구 중 하나는 이 상황을 단순히 돈과 상식의 문제로 생각했다. "네가 그것을 정말로 싫어한다고 해도 돈을 냈으니 가야 해!" 그녀는 아이가 발레나 수영 교습에 대해 불평했을 때 이렇게 말했다. 말 자체는 상스러울 수도 있지만 아이는 자신의 선택이 자기 외에 많은 사람에게 영향을 미친다는 사실을 이해해야 한다. 아이의 개인적 취향이 그곳에 가는 것의 유일한 요소가 아니다. 아이가 팀에 들어갔다면 팀 동료들과 코치의 상황을 배려해야 한다. 또는 연극에서 작은 역할을 맡았다면 끝까지 해내야 하고 그렇지 않으면 나머지 배우들이 곤란해질 것이다.

부모들은 종종 아이가 최선을 다하고 있는 한 실패해도 상관없다고 말한다. 하지만 아이의 입장을 고려해야 한다. 최선을 다했는데 실패하면 속상하고 좌절할 수 있다. 잘하는 것은 자부심을 세워 준다. 아이는 무엇인가를 뛰어나게 잘할 때 자신감이 커진다. 아이가 미술에 뛰어나면 그림 수업을 듣게 하라. 아이가 매우 뛰어나다는 것, 잘하고 좋아하는 것에 집중하는 것, 이 한 분야 내에서 안전지대를 벗어나도록 밀어내는 것에는 아무런 문제가 없다. 하지만 한 가지 주의할 점이 있다. 아이가 뛰어나야 한다는 압박감을 느끼면("우리 아들 피카소 같다!") 괴로움을 유발할 수 있고 그것은 도움이 되기보다 해로운 점이 더 많다.

비계가 되는 것은 균형 잡기처럼 느껴질 수 있다. 새로운 것을 시도하도록 격려해야 하지만 어떤 것도 강요해서는 안된다. 정말 쉽지 않다. 정말 다 망쳐 버리는 유일한 방법은 아이를 위해 부모가 너무 많은 일을 하고 고통을 근성과 동일시하는 것이다.

청소년 자녀의 힘을 기르는 비계 세우기

- 체계. 아이에게 귀인 양식을 가르쳐라. 나쁜 일이 일어났을 때 자신을 어떻게 연관 짓는지 돌아보게 하라. 근성을 가르치기 위해 긍정적인 경험을 이용하는 방법을 고안하라.
- 지지. 아이에게 뭔가를 잘해서 자부심을 키울 기회를 주어라. 시작이 좋지 않더라도 끈질기게 도전할 기회를 주어라. 아이가 잘하든 못하든 감정을 인정하고 소셜 미디어의 댓글은 그렇게 큰 일이 아니라고 말해 주는게 좋다.
- 격려. 웃음거리가 될까 봐 겁이 나더라도 위험을 감수하는 아이를 응원하라. 청소년 자녀는 친구들, 소셜 미디어의 '좋아요'와 댓글에 쉽게 휘둘린다. 셀카를 올려서 받는 외부의 인정은 정말 좋은 말이라도 자부심과 자신의 신체에 대한 생각에 부정적인 영향을 미치기 때문에 인정받기 위해 내면을 보라고 격려하라.

발판을 단단히 고정하라!

힘은 근육처럼 만들어지는 것이다. 양육에서 '스쿼트' 같은 역할을 하는 것이 비계의 발판을 강화하는 것이다.

인내심

- 아이가 자제력 근육을 크게 키우길 기대한다면 부모 또한 기다리는 것을 본보기로 보여야 할 것이다.
- 아이는 스스로 해 보는 것이 매우 중요하다. 부모는 자신이 개입하면 즉시 해결할 수 있는 문제 앞에서도 아이를 그저 지켜보는 인내심을 발휘해야 할 것이다.

온정

- 아이의 힘을 키운다는 것은 아이가 위험을 감수하고 대담해지는 것을 허용한다는 의미다. 넘어진 아이를 온정으로 위로하고 아이의 감정을 인정하라.

관심

- 부모 자신의 과거를 아이에게 강요하고 있는지 돌아보라. 부모에게 효과가 있었던 것이 아이에게는 통하지 않을 수도 있다.

차분함

- 아이의 곤란한 상황이나 실패에 과잉 반응을 보이지 말라.

부모가 과잉 반응을 보이면 아이도 더욱 중대한 일로 심각하게 받아들일 것이다.

관찰

- 아이가 더 자율적으로 변화해 나갈 때 정신을 바짝 차리고 아이의 발달을 좇아라. 아이는 어떤 과업은 스스로 할 수 있고 비슷한 난이도의 또 다른 과업은 할 수 없을 수도 있다. 도전은 힘과 끈기를 기르지만, 좌절과 불안은 회피로 이어질 수 있고 그것은 의지를 약화시킨다.

9장

안전기준에 따른 한계 설정

적절한 처벌

아이의 건물을 둘러싼 부모의 비계는 절대로 건물의 성장을 지연시키거나 건물이 어떤 형태로 세워지든 방해하지 말아야 한다. 하지만 건물은 안전해야 하고 안전기준에 부합해야 한다. 부모는 공사 현장의 책임자처럼 비계로서 아이 발달의 품질을 계속 관리하고 '규정에 맞게' 건설이 이루어지고 있는지 확인해야 한다. 부모는 무엇이 옳지 않은지 지적하고 그 구역의 변화를 강제해야 한다.

막내아들 샘이 중학교 2학년 때 아내와 나는 아이가 파티에 가기 전 우리 아파트에서 친구들과 함께 술을 마셨거나 담배를 피웠거나 혹은 둘 다 했다는 사실을 알게 되었다. 같은 학교 학부모 중 한 아버지가 내게 전화해 말했다. "다른 학부모한테 들었는데요, 토요일 밤에 아드님이 친구 몇 명이랑 같이 완전히 취했었답니다."

다른 부모가 내 아들의 나쁜 행동에 관해 이야기하는 것은 지금도 나를 몹시 괴롭게 한다. 내가 소아 청소년 정신의학과 의사인데! 다른 부모들이 내게 조언과 지도를 요청할 때 정작 내 아들은 명확하게 규정된 규칙을 위반하고 있었다.

처음에 나는 여느 부모처럼 반응했고 이렇게 말했다. "오해하신 것 같은데요. 제 아들이 그랬을 리가 없어요."

그 아버지가 말했다. "이런 전화를 드리기가 얼마나 힘들었는지 모르실 겁니다. 두 번이나 전화를 걸었다가 끊었습니다." 이 소식을 알리는 것이 서로에게 난처한 일이라 힘든 것도 있었지만 며칠 후면 아들이 그 가족과 함께 스키장에 다녀오기로 되어 있어서 더욱 그랬던 것이다. 그는 우리 계획이 이제 바뀌어야 한다는 사실을 알고 있었다. 이런 이야기를 듣고 어떻게 그 여행에 아이를 보낼 수 있겠는가?

나를 정말 괴롭게 한 것은 샘과 친구들이 그날 밤 우리 집에서 놀 때 내가 거기에 있었다는 사실이다. 이상한 점을 전혀 눈치채지 못했다. 전면적인 조사를 시작하기 전에 무슨 일이 일어났는지 샘의 입으로 직접 들어야 했다.

마음의 평정을 유지했다고 말할 수 있으면 좋겠지만 사실 나는 몹시 화가 났다. 샘은 셋째 아들이었고 우리는 모든 것에 관해 이야기를 나눴다. 우리의 대화 통로는 활짝 열려 있었다. 샘은 린다와 내가 흡연에 대해 어떻게 생각하는지, 그리고 그것이 뇌에 어떤 영향을 미칠지 알고 있었다. 그리고 고등학교를 졸업할 때까지 담배를 피우지 않겠다고 약속했었다. 듣자 하니 샘은 우리의 약속을 어겼고 어쩌면 처음이 아닐 것이다. 나는 어리석게 속아 넘어간 것 같은 기분이었다.

나는 린다에게 전화해 알게 된 이야기를 전했다. 린다도 믿기를 거부했다. 나는 동료를 축하하는 중요한 행사에 가기로 되어 있었지만, 린다가 말했다 "파티는 잊어요. 당신이 집에 와야 해요. 나 혼자서 이 일을 처리하고 싶지는 않아요."

알겠다고 대답한 뒤 아들의 전화기에 즉시 집으로 오되 항상 어울리는 친구 무리는 데려오지 말라고 메시지를 남겼다. 아이는 뭔가 문제가 생겼다는 사실을 눈치챘을 것이다. 내가 아파트에 도착할 때까지 샘은 오지 않았다. "지금 당장 집으로 와라!"라고 재촉 메시지를 한 번 더 보낸 후에야 아이는 나타났다. 아이가 우리 침실의 방문을 두드렸을 때 아내와 나는 방 안에서 이 문제를 어떻게 처리할지 이야기하고 있었다. 우리는 아이에게 거실에서 기다리라고 말했다.

나는 아이가 잠시 초조한 시간을 보내는 것이 좋겠다고 생각했고 아이와 이야기를 나누기 전에 화를 가라앉힐 시간이 필요하기도 했다. 아내와 내가 아이에게 갔을 때 아이는 근심 가득한 얼굴로 앉아 있었다.

내가 말했다. "우리 다 알고 있어."

샘이 대답했다. "무슨 말씀이세요?"

"토요일 밤에 무슨 일 있었니?"

"파티에 갔어요."

"가기 전에는 뭐 했어?" 나는 물었다. 아이는 거짓말을 해야 할지 말아야 할지 생각하는 것 같았다. "지금 아주 심각한 상황이야." 나는 말했다. "너한테 빠져나올 기회를 주는 거야. 진짜 무슨 일 있었어?"

아이가 대답했다. "보드카를 마셨어요."

"담배는?" 나는 물었다.

샘은 고개를 저었다. "그건 안 했어요."

"보드카는 어디서 났어?"

"친구가 가져왔어요." 샘이 대답했다.

린다가 물었다. "얼마나 마셨어?"

"세 잔이요."

아이가 말한 '잔'이 주스 컵이란 사실이 밝혀졌다! 아내와 내가 충격을 받은 것처럼 보였을 것이다. 아들은 죄책감, 후회, 당혹감, 수치심으로 울음을 터트렸다.

아이가 시인하고 그렇게 속상해하는 모습에 나는 망연자실했다. "넌 내 신뢰를 잃었어." 나는 말했다. "결과가 어떻게 될지는 모르겠지만 오늘 밤 이야기는 여기까지야."

우리는 각자 방으로 들어가 그 일에 대해 생각했다. 나도 내 역할을 다하지 못한 것이 아들만큼 속상했다.

나는 자라면서 부모님이 아이를 벌주는 것에 대해 한 말씀을 기억한다. "나는 네가 아픈 것보다 훨씬 더 아프단다." 아이가 신뢰를 저버리는 행동을 해서 아이에게 제약을 가하는 것은 분명 유쾌하지 않은 일이다. 그러나 비계 역할이 원래 쉬운 것이 아니다. 가족, 공동체, 사회 안에서 살아가기 위해서는 지켜야 할 행동 규칙이 있다. 부모로서 우리의 책무 중하나는 그러한 규칙을 가르치고, 지키는 것을 보여 주고, 강화하는 것이다.

그리고 규칙을 어기면 그에 상응하는 결과가 있어야 한다.

·· 예방

우리 모두 이 사실에 동의하자. 때로는 아이를 견디기가 어려울 수 있다. 모든 가정에서, 모든 가족에게, 아이가 끔찍하게 행동할 때가 있을 것이다. 부모들이 치료사에게 묻는 가장 흔한 질문 중 하나가 이것이다. "아이가 저 화나게 하려고 일부러 그러는 건가요? 왜냐하면 진짜 화나거든요!"

아이가 괴물이 되는 순간들은 아직 마르지 않은 전전두엽 피질의 부작용이다. 아이의 뇌에서 합리적인 것을 담당하는 부분은 아직 공사 중이다. 아이는 논리적으로 생각하는 작은 어른이 아니다. 욕망과 욕구 위에서 돌아가는 충동적이고 감정적인 존재다. 아이가 마트 통로에서 마구 뛰어다니거나 여동생의 머리에 머핀을 던질 때, "엄마 미워!"라고 소리 지르고 자기 방으로 들어가며 문을 쾅 닫을 때는 이 사실이 그다지 위로가 되지 않을 수도 있지만.

상황에 따라 제멋대로인 아동과 반항적인 십 대 자녀에게 부정적인 제재로 대응해야 할 수도 있다. 그것에 대해 몇 페이지 내로 다시 이야기할 것이다. 비계의 역할은 단순히 한 번의 위반에 적절하게 반응하는 문제가 아니다. 그것은 아이가 규칙을 거의 어기지 않도록 가정 환경을 만들고, 부모 자신의 행동을 관찰하는 것이다.

따라서 아이의 벌 받을 만한 행동(그리고 부모가 악당 역할을 해야 하는 상황)은 대부분 부모와 아이의 효과적인 의사소통을 통해 예방될 수 있다.

명확하게 지도하라. 당신은 아이에게서 정확히 무엇을 기대하는가? 혼란이 없도록 가능한 한 구체적이고 명확하라. 명령을 내리는 것에 관한 문제가 아니다. 부모는 교관이 아니다. 부모는 권위자고 아이는 부모가 지도해 주길 기대한다. 예를 들면 이렇게 말하라. "이제 잘 시간이야. 잠옷으로 갈아입어라. 책 골라. 침대로 가. 엄마가 5분 안에 갈 거야." 좀 더 나이가 많은 아이에게는 "파티에는 가도 되지만, 자정까지 집에 들어오렴. 그때까지 못 올 것 같으면 11시 45분까지 전화나 문자로 알려 줘야 해."라고 말하라. 구-체-적-으-로-말-하-라.

잘한 것을 칭찬하라. 친사회적이고 적극적인 행동(사실상 사이좋게 놀기)을 격려하고 유지하려면 특정 행동들에 대해 긍정 강화를 충분히 하라. 이 전략은 20명 이상의 아이들을 통제해야 하는 교사들에게도[1] 부모에게도 효과가 있다. 칭찬하려는 행동을 다음과 같이 구체적으로 말하는 것이 요령이다. "친구들에게 네 장난감을 양보한 거 정말 잘했어." 또는 "설거지 도울 줄도 알고 정말 착하구나." 한 번에 세 가지 기술에까지만 긍정적인 관심을 쏟아라. 가장 큰 효과를 얻기 위해 가장 방해가 되거나 문제가 되는 행동부터 먼저 해결하라. 사소한 골칫거리는 큰 문제를 바로잡을 때까지 처리를 보류하라.

적극적으로 무시하라. 이 전략을 '얻을 것이 없는 싸움은 피하기'라고도 부를 수 있다. 특히 십 대 자녀가 당신의 반응을 보려고 테스트한다고 느껴지면 무시하라. 한 어머니는 열두 살짜리 딸이 집에서 욕을 하기 시작했다고 말했다. 어머니는 딸의 치료사에게 뭘 어떻게 해야 할지 물었고 예상치 못한 치료사의 대답에 깜짝 놀랐다. "아무것도 하지 마세요. 무시하세요." 엄마가 딸의 욕설에 대해 혼을 내고 벌을 주면 아이는 엄마를 괴롭히는 방법을 정확하게 알게 될 것이다. 다음에 딸이 욕했을 때 어머니는 입술을 깨문 채 아무 말도 하지 않았고 결국 욕설이 점점 줄어들었다. 적극적인 무시는 훌륭한 효과가 있었다 … 어느 날 딸이 특히 참기 힘든 말을 해서 어머니가 완전히 냉정을 잃을 때까지는. 그때부터 딸은 다시 관심을 받고 싶을 때마다 두 글자 욕설을 내뱉었고 어머니는 적극적인 무시 전략에 두 배로 전념해야 했다.

·· "정신 차려!"

아이에게 행동의 결과에 대해 가르치는 동시에 그 결과에 이르는 행동을 피할 수 있도록 대처 기술을 훈련시켜야 한다. 다음과 같은 기술이다.

다른 생각 하기. 아이가 속상하게 하는 것에서 눈을 돌려 다른 뭔가에 집중하는 법을 배울 수 있다면 자제력을 잃지 않을 수 있다. 아이에게 그것을 '마음의 채널을 바꾸는 것'으로 설명하라.

다르게 생각하기. 자제력은 상황을 다르게 봄으로써 발휘될 수 있다. 아이가 동생은 아이패드로 게임을 하고 있는데 자기는 수학 숙제를 해야 해서 속상하다면 다음과 같이 새로운 시각에서 생각하는 법을 배울 수 있다. "잘됐다! 숙제를 다 끝내면 나도 게임을 할 수 있어."

심호흡하기. 복식호흡, 점진적 근육 이완과 같은 마음챙김 전략은 어른뿐만 아니라 아이에게도 비슷하게 진정 효과가 있는 것으로 밝혀졌다.[2] 아이에게 "그만하고 숨 쉬어 봐."라고 말하고 심호흡을 같이하면 어떤 상황에서도 긴장이 완화될 가능성이 있다.

표현하기. 아이들은 가질 수 없는 뭔가를 원하기 때문에 잘못된 행동을 한다. 좌절감을 표현("저걸 못 가져서 기분 나쁘다고!")하는 간단한 행동을 통해 그 감정을 누그러뜨리고 감정 통제력을 되찾을 수 있다.

사이보그처럼 대응하기

이제 막 걸음마를 배우는 우리 손자는 원하는 것을 얻지 못하면 소리를 지르며 발을 구르기 시작한다. 네 발로 엎드려 바닥에 머리를 찧을 때도 있다. 아이의 삼촌인 내 막내아들 샘도 같은 행동을 했었다. 당시에 샘의 소아과 의사 선생님에게 이 행동에 관해 물었더니 선생님은 이렇게 대답했다. "진짜 아프면 안 할 겁니다."

아기들은 끓어오른다. 하지만 다행히 아기들은 작다. 부모가 물리적으로 통제할 수 있다.

십 대가 아기와 조금도 다르지 않다는 말은 십 대가 운전할 수 있다는 사실을 제외하면 완전히 틀린 말이 아니다. 십 대는 뭔가가 거부되었을 때 끓어오르지만 얼어붙기도 한다. 그리고 부모는 이제 아이를 물리적으로 통제할 수 없다.

청소년에게는 부모의 훌륭한 비계 기술이 통하지 않을 수 있다.

아동기에서 청소년기로 넘어갈 때, 아이들은 경계를 시험하는 방식과 도발적인 언어 선택, 규칙 위반, 말대답이 늘어나는 등의 변화가 일어난다. 십 대의 뇌는 새로운 것, 다른 것을 추구하도록 구성되어 있다. 그들에게는 새로운 경험이 주변에 있는 인간의 인내심을 시험하는 것일 수 있다. (가족이라는 작은 사회를 포함해) 사회에 어떻게 적응하는지 알아내고 모든 것에 의문을 제기하는 것이 십 대의 발달 과제다. 부모는 당연히 표적이 된다. 십 대가 고르는 모든 논쟁 또는 그들이 어기는 모든 규칙은 그들이 하고 싶은 대로 할 수 있는 것은 무엇인지, 부모에게 도전하면 어떻게 되는지, 끔찍한 말을 해도 부모가 여전히 자신을 사랑하는지를 알아내기 위한 시험이다.

십 대의 생물학적 과제가 부모의 규칙에 도전하는 것이지만 부모는 아동 또는 청소년 자녀의 올바른 행동을 형성하기 위해 고안된 다음과 같은 행동 양식을 준수함으로써 비계가 될 수 있다.

1. 차분한 목소리로 지시하라.
2. 지시에 따르지 않는 것에 대해 일관된 어조로 경고하라.

3. 일관성 있게 벌을 주어라.

4. 미적거림 없이 벌을 집행하라.

5. 필요한 만큼 반복하라.

주의할 점은 아이의 행동이 개선되기 전에 '소거 격발 extinction burst'(소거의 초기 단계에서 반응률이 갑자기 증가하는 것-옮긴이)이라고 불리는 현상을 견뎌야 할 수도 있다. 그러면 아이의 행동이 좋아지기도 전에 되려 더 나빠질 것이다. 환자를 치료할 때 모든 구성원이 서로에게 소리를 지르는 가정 환경에서 이 현상을 종종 본다. 그들은 분노가 통하는 것에 익숙하다. 그러나 그 깊이 뿌리내린 역학에 단호하게 맞선다면 가족을 그 (시끄럽고 적대적인) 틀에 박힌 일상에서 구출할 수 있다.

비결은 소거 격발 도중에 항복하지 않는 것이다. 십 대 자녀가 규칙을 지키지 않아서 전화기를 압수했다고 하자. 아이가 "친구들은 어쩌고요! 단체 대화방에서 주말 약속을 잡기 때문에 확인해야 해요!"와 같은 말을 하며 화낼 수 있다. 이야기를 듣고 이렇게 말함으로써 공감하고 타협하는 태도를 본보기로 보여라. "오늘 자기 전까지 바르게 행동하면 전화기를 돌려줄 거야."

아이가 안쓰러워서 또는 징징거리는 것에 지쳐서 항복하면 부모로서 일관성이 없는 잘못을 저지르는 것이고 모든 신

맞불 대응의 함정

아이가 부모를 자기편, 협력자로 생각하고, 부모가 주는 정보를 더 잘 받아들이게 하려면 아이가 정말 화나게 할 때에도 친절과 공감으로 비계가 돼라. 화가 나서 아이에게 나쁜 행동으로 대응하면 아이는 부모를 적으로 보고 부모의 모든 접촉을 전쟁의 시작처럼 느낄 것이다.

오리건주의 심리학자이자 부모관리훈련 분야의 선구자, 제럴드 R. 패터슨Gerald R. Patterson은 '강압적 순환'이라고 불리는 단계적 확대의 패턴을 발견했다. 자녀와 부모의 언쟁은 점점 더 언성이 높아지고, 비열해지고, 무례해지며 둘 중 하나가 '이겨야만', 엄밀히 말하면 둘 다 침착함, 품위, 평정심을 잃어야만 끝이 난다.

예를 들어 아이가 "엄마, 아빠 미워!"라고 소리치며 마트 바닥에 앉아 버리면 부모는 일어나라고, 또는 조용히 하라고 고함을 지른다. 그리고 얼마 안 돼 의도와 다르게 부모와 아이 모두 얼굴이 벌게지도록 화가 나고 그들 사이에는 분노가 뜨거운 용암처럼 흐른다.

부모는 불에 맞불로 대응함으로써 아이를 부정 강화하고, 자제력을 잃는 모습을 본보기로 보여 준다. 강압적 순환 함정에 빠지지 말라. 폭언을 퍼붓고 싶은 충동이 들면 아이와 부모 모두에게 상황이 더 나빠지기만 한다는 것을 기억하라.

언제나 제1의 양육 지침은 아이와 강력하고 신뢰하는 관계를 구축하는 것이다. 그 목적을 위해 아이가 일부러 도발하는 것 같다면 미끼를 물지 말아야 한다. 부모가 화를 낼 때는 훈육 전략이 효과가 없다. 침착할 때 효과가 있다. 명상을 배우거나 더 나은 방법은 부모 자신에게 타임아웃을 적용하는 것이다. "쉬어야겠어."라고 말하고 자신을 침실에 10분 동안 가둠으로써 감정 조절을 본보기로 보여 줘라.

일상생활에서 규칙을 지키도록 비계 세우기

식사 시간에 아이를 부를 때는 감정이 담기지 않은 어조로 요구하라. "와서 밥 먹어." 지시를 똑같이 반복해 말함으로써 두 번째 기회를 주어라. 그래도 오지 않으면 감정 없는 같은 어조로 말하라. "3분 안에 안 오면 내일은 전화기를 사용하지 못할 거야." 그것이 효과가 없으면 다음 단계는 이렇게 말하는 것이다. "밥 먹으러 안 오면 전화기를 보관 장소에 넣고 지금부터 24시간 동안 사용할 수 없을 거야. 식탁으로 얼른 와." 그러면 아이는 틀림없이 식탁에 나타날 것이다.

십 대 자녀가 반복된 요청에도 다 먹은 그릇을 싱크대에 갖다 놓지 않았다고 하자.

본능적으로 반응한다면 분노와 실망감을 표출할 수도 있다. "엄마가 오늘 회사에서 얼마나 힘들었는지 알아? 너한테 이거 한 가지 하라고 한 건데 그게 뭐가 그렇게 힘들어서 그러는 거야?"라고 입에서 나오는 대로 마구 쏟아 내면 그 말은 아마 반발("이래라저래라 하지 마세요!")을 불러일으킬 것이다.

대신에 감정이 담기지 않은 어조로 "다 먹은 그릇은 싱크대에 갖다 놔."라고 아이가 그렇게 할 때까지 반복해 말하라.

아이가 그렇게 하면 "고마워. 네가 집안일을 거들어 줘서."라고 말함으로써 감사하는 모범을 보여라.

뢰를 잃을 것이다. 행동에 따른 결과는 바뀔 수 없다고 침착하게 전달하라. 그것이 부모가 진지하다는 것을 아이가 이해할 유일한 방법이다.

∵ 더 강한 벌을 줘야 할까?

아동정신연구소에서는 '처벌'이라는 단어를 좋아하지 않는다. 처벌은 아프게 할 것처럼 가혹하게 들린다. 양육은 아이를 아프게 하거나 괴롭게 하는 것이 아니어야 한다. 그렇다 하더라도 X세대와 밀레니얼 세대 부모는 '그들의' 베이비 붐 세대와 침묵 세대 부모 덕분에 처벌로 수치심, 죄책감, 외로움, 배고픔을 느끼게 하지 않으면 아이는 '교훈을 얻지' 못할 것이라고 믿으며 자랐다. 애석하게도 그러한 처벌의 교훈은 '우리 부모님은 무자비하다'였다.

아이가 울거나 용서를 빌지 않으면 처벌이 효과적인지 아니면 전혀 영향을 미치지 않는지 의심하게 될 수도 있다. 아이가 처벌을 대수롭지 않게 여기거나 선선히 받아들이면 이렇게 생각할 수도 있다. '처벌이 약한가 보네. 더 강하게 해야 하나? 다음 주말에도 나가 놀지 못하게 할까?'

단언컨대 아니다. 행동에 따르는 결과는 아프게 해야 효과가 있는 것이 아니다. 비계의 목적은 아이에게 고통을 주는 것이 아니라 아이의 행동을 올바로 형성하는 것임을 기억하라.

관심이 필요한 사람들

아이가 규칙을 어기는 것은 관심을 요구하는 것일 수 있고, 그것은 어른이 되어서도 이어질 수 있는 행동이다. 나는 당신이 이 전략을 지금도 열심히 구사하는 40세 이상의 지인 몇 명을 즉석에서 떠올릴 수 있을 것이라 확신한다.

아이는 크고 뚜렷하고 즉각적인 관심을 바란다. 그것이 긍정적인지 부정적인지는 크게 신경 쓰지 않는다. 어린아이와 청소년들은 크고 뚜렷하고 즉각적인 관심을 받는 가장 빠른 방법이 나쁜 행동을 하는 것임을 알아냈다.

부모의 관심을 원하는 아이의 말에 집중하기보다 자신이 어떻게 반응하는지를 보라. 아이와 아주 가까이에 있는가, 아니면 멀리 떨어져 있는가? 대화가 한동안 이어졌는가, 아니면 정말 짧았는가? 어떤 어조로 말했는가? 목소리 크기는?

관심을 끌려는 게임에서는 더 시끄럽고, 더 가깝고, 더 크고, 더 강렬한 것이 이긴다. 따라서 아이가 올바르게 행동하면 칭찬의 강도를 높이고 잘못된 행동을 하면 목소리를 낮춰라. 아이에게 언성을 높일 때 10의 강도라면 아이를 칭찬할 때는 반드시 11이나 12의 강도로 높이는 것이 좋다. 아이가 부정적인 행동을 했을 때 받는 관심이 긍정적인 행동을 했을 때 받는 관심보다 더 시끄럽고 강렬하면 안 된다.

주말에 외출 금지와 같은 벌을 내린다면 의견을 전한 것이다. 반응을 얻으려고 판돈을 올리는 것은 지나친 과잉 대응이다.

행동에 따른 결과를 아이에게 전달할 때 "거의 로봇이나 사이보그처럼 행동하세요."라고 리 박사는 말한다. "감정적인 상태가 되면 쓸데없는 걱정을 하게 됩니다. 예를 들어 아이가 숙제를 하지 않는 모습을 보고 '저러다 졸업을 못 할 거야, 좋은 대학에 못 갈 거야, 죽을 때까지 나한테 의존해서 살 거야.'라고 생각하기 시작합니다. 부모의 과한 걱정이 그 순간의 반응 강도를 높일 수 있습니다."

십 대 자녀가 게으름을 피울 때 실제로 일어나고 있는 일은 단지 발달상 적절하고 전형적인 행동이다. 부모가 자신의 부정적인 사고 과정으로 인해 수렁에 빠지면 그 상황에 아무런 도움이 되지 않는다. 우리는 부모들에게 침착함을 유지하고 감정적으로 대응하지 말라고 충고한다. 그 순간에 그럴 수 없다면 자제력을 회복할 때까지 잠시 휴식을 취하라.

˙˙ 죽을 때까지 외출 금지?

내 친구의 열다섯 살 된 딸 멜라니는 부모님이 잠들 때까지 기다렸다가 자동차 키를 몰래 가지고 나갔고, 소화전을 들이받고 멈출 때까지 세 블록이나 운전했다. 부모는 한밤중에 경찰에게서 전화를 받았다. 충돌 사고 현장으로 달려가자 딸은 순찰차 뒷좌석에서 울고 있었고, 차의 앞 범퍼는 찌그러져 있었으며, 소화전에서는 물이 뿜어져 나오고 있었다. "자동차 보험 광고를 보는 것 같았어요." 화가 난 멜라니 엄마가 말했

체벌은 절대 금지

여동생에게 쌍절곤을 휘두르는 아이에게 폭력적이지 않은 행동을 강화하고 본보기를 보이고 싶다고 하자. 며칠 동안 무기를 압수해야 할까, 아니면 아이를 직접 쌍절곤으로 후려쳐야 할까?

나는 어떤 이유에서든 아이에게 고통을 가하는 것을 결코 옹호한 적이 없다. 비계 양육은 신체적으로 또는 정서적으로 아이를 해치는 것과는 전혀 아무런 관계가 없다. 엉덩이 때리기는 두 가지 경우 모두에 해당한다. 미국 소아과학회의 최근 연구3에서도 같은 결론을 내렸다. 또 다른 최근 연구4에 따르면 체벌에 노출된 아이들은 통제 집단보다 뇌가 더 작고 IQ가 더 낮았다. 아동정신연구소의 심리학자, 데이비드 앤더슨 박사는 2018년 12월《워싱턴 포스트》지에 이렇게 말했다. "나쁜 행동을 멈추게 할 때 엉덩이 때리기의 부정적인 효과가 어떤 순간적인 이득보다 더 크다. 특권 없애기와 같이 심리적으로 상처를 덜 주면서도 문제의 행동을 줄일 수 있는 대체 처벌을 찾을 수 있다. 아이에게 더 나은 대인관계 기술 또는 더 큰 존중으로 상황을 헤쳐 나가는 방법을 가르치고 싶다면 유일한 방법은 그런 상황에서 아이가 쓰길 바라는 기술들을 가르치고, 장려하고, 강화하는 것이다."

다. "우리 딸이 낸 사고는 보험 처리가 안 된다는 것만 빼면요." 딸의 '무모한 행위'를 수습하는 데 든 비용이 벌금과 수리비를 합해 수천 달러에 달했다.

멜라니의 부모는 분노했다! "아이는 그날 죽을 수도 있었고, 누굴 죽일 수도 있었어요!" 엄마는 말했다. "우리는 딸의 운전 학원 등록을 취소했어요. 앞으로 운전면허를 따거나 차를 사는 일은 없을 거라고 했죠. 다시는 운전을 못 하게 할 거예요!"

멜라니가 한 행동은 분명 잘못되었고 사람들과 재산을 위험에 빠뜨렸지만, 부모가 운전을 금지한 것은 '죽을 때까지 외출 금지'처럼 효과적이지 못한 전략이다. 이 무모한 운전자는 평생 운전 금지를 잠시 속상해할 수도 있지만 친구들에게 태워 달라고 부탁하거나 콜택시를 타면서 적응할 것이다. 결국 아이는 운전면허를 따지 못하는 것에 대해 신경 쓰지 않게 될 것이다. 강화물은 아이가 그것에 신경을 쓸 때만 효과가 있다.

"제가 어릴 때 오빠들에게 쌍절곤이 있었는데 우리는 항상 그것으로 서로를 때리곤 했어요." 리 박사는 말한다. "하루는 부모님이 화가 많이 나셨어요. 쌍절곤을 우리의 손이 닿지 않는 냉장고 꼭대기에 올려놓고 다시는 그걸 가지고 놀 수 없다고 말씀하셨죠. 쌍절곤은 10년도 더 지난 지금까지 거기에 있습니다. 하지만 그걸 빼앗은 것은 아주 훌륭한 양육법은 아니었어요. 오빠들과 저는 이렇게 생각했어요. '좋아, 쌍절곤은 이제 영원히 사라졌어. 다른 걸 찾아서 그걸로 때리자.' 부모님이 '쌍절곤은 3일 동안 냉장고 위에 올려놓을 거야. 너희들이 사이좋게 놀면 다시 돌려줄 거야.'라고 말했다면 우리는 그 말에 따랐을 겁니다. 그러나 그 대신 우리는 쌍절곤 자체를 그냥 잊어버렸습니다."

결과의 효력은 기간과 상관이 없다. 아이는 그 물건을 다시는 되찾을 수 없거나 좋은 행동에 대한 혜택이 없다고 느끼면 행동을 바꾸려고 애쓰지 않는다. 평생 외출 금지 또는 냉장고 위로 쌍절곤이 영원히 사라지는 것은 아이에게 더 나아지려고 애쓸 필요가 없다고 가르친다.

•• 근본적인 원인을 찾기 위해 관찰하기

고든은 열한 살 난 아들 재스퍼가 항상 학교 버스 타는 시간에 늦어서 점점 더 실망하고 있었다. "아이가 아무리 일찍 일어나고 제가 서두르라고 아무리 소리쳐도 아이는 버스를 놓치곤 했고, 그때마다 저는 학교까지 차로 데려다주어야 했습니다." 고든이 말했다. "하지만 비단 버스만이 아니었어요. 아이는 저녁식사나 가족 모임 시간에 언제나 늦었어요. 저는 아이의 지각이 가족들에게 피해를 주었기 때문에 아이가 집에서 더 도움이 될 수 있도록 집안일을 더 많이 시켰습니다.

아이는 집안일을 했고 문제도 없고 반발도 없었어요. 그러나 그것은 중요하지 않았습니다. 다음 날 아침이면 우리는 똑같은 행동을 처음부터 다시 지켜봐야 했습니다."

나는 고든에게 집에서 조사를 좀 해야 할 것 같다고 말했다. 그는 계단 밑에서 재스퍼에게 "서둘러!"라고 고함치는 대신 지체되는 이유를 더 잘 이해하기 위해 아들이 학교 가려고 준비하는 모습을 관찰해야 했다.

"그걸 보고 가슴이 찢어지는 줄 알았어요."고든이 말했다. "재스퍼는 방에서 빈둥거리고 있었던 게 아니었어요. 아이는 문과 침대 사이를 계속 왔다 갔다 하고 있었어요. 아이에게 뭐 하는 거냐고 묻자 아이가 대답했습니다. '몇 번인지 까먹었어요. 처음부터 다시 해야 해요.' 그러고는 다시 걸음 수를 세면서 왔다 갔다 하기 시작했어요. 아이가 방을 무사히 나가려면 걸음 수가 짝수여야 했고 짝수 번 왕복해야 했어요."

재스퍼는 일부러 버스를 놓친 것이 아니었다. 강박장애 Obsessive-Compulsive Disorder(OCD) 때문이었다. 강박장애는 스트레스를 일으키는 원치 않는 생각과 두려움에 사로잡히고, 그것이 의식과 같은 강박적인 행동에 의해서만 완화될 수 있는 뇌 기반 장애다. 재스퍼는 임상의에게 자신이 특정 생각에 사로잡혀 있다고 말했다. 그것은 그가 아침에 여섯 걸음을 한 번의 왕복으로 해서 방을 30번 왕복하지 않고 집에서 나가면 버스 충돌 사고가 나거나 부모님이 출근길에 사고가 날 것이라

강박장애인가요?

정상	문제 있음	장애
• 아이에게 현실적인 두려움이 있고 그것은 부모와 이야기를 나눈 뒤 진정될 수 있다. • 아이가 블록으로 같은 구조물을 반복해서 만드는 것과 같이 특정 행동이나 과업을 반복하지만, 마침내 그것을 완전히 익힌 후에는 새로운 놀이로 넘어간다. • 아이가 질문하고, 답변에 대해 또 추가적인 질문을 하지만, 답변에 만족한 뒤에는 새로운 주제나 활동으로 넘어간다. • 세균을 무서워하지 않고 화장실 사용 후와 식사 전에 손을 씻으라고 상기시켜야 한다.	• 아이가 세균, 병, 사고, 나쁜 일이 일어나는 것을 지나치게 염려한다. 일주일에 여러 번 두려움을 표현한다. • 자신의 방에 물건들이 '제자리에' 있는 것을 좋아하고 누가 자신의 물건을 재배치했다고 생각하면 매우 화를 낸다. • 길을 걸을 때 어느 한쪽으로만 걷거나 뭔가를 정해진 순서로만 하는 것에 대해 미신을 믿는 징후를 보인다. 하지만 다른 할 일이 있거나 부모가 지켜보면 괴로워하지 않고 순서를 바꿀 수 있다.	• 아이에게 세균과 오염, 또는 물건이 어지럽혀지는 것에 대한 과장되고 비현실적인 두려움과 생각이 있다. • 아이가 손 씻기, 횟수 세기, 물건 만지기, 비축, 청소와 같은 의식을 일시적으로 '딱 맞다'고 느낄 때까지 수행해야 한다고 느낀다. • 아이가 자신이 팔을 긁는 것과 같은 어떤 행동을 하면 나쁜 일이 일어나는 것을 막을 수 있다는 '주술적 사고'를 한다. • 아이가 모든 불안에 대해 어른에게서 안심할 수 있는 말과 행동을 구한다. • 아이가 질문을 반복한다. • 아이가 특정한 의식을 수행하느라 학교생활에 집중하지 못하고 친구를 사귀지 못하는 등 정상적으로 활동할 수 없다.

는 생각이었다. 아이는 혼란스럽고 창피해서 자신이 뭘 하고 있었는지 한 번도 설명한 적이 없었다. "저는 엄마와 아빠를 위해 그렇게 했어요. 다치는 것을 막으려고요." 아이는 말했다. "그렇게 해야 할 것 같은데 아빠한테 말하면 제가 그것을 끝내기 전에 아빠가 저를 방 밖으로 끌어낼 거고 그러면 뭔가 나쁜 일이 일어날 것 같았어요."

우리는 재스퍼와 부모를 도와 약물과 인지 행동 치료를 결합해 강박장애를 치료했고, 몇 달 후 아이는 방에서의 의식 없이 버스를 탈 수 있었다. 고든이 자신의 행동 양식을 바꿔 아들이 늦는 이유를 확인하지 않았다면 그는 여전히 나쁜 행동에 대해 상응하는 벌을 주려고 애쓰고 있을 것이고, 재스퍼는 여전히 수치심을 느끼며 조용히 고통받고 있을 것이다.

행동의 대가가 행동에 영향을 주지 않는다면 임상의로서 우리는 실제 무슨 일이 일어나고 있는지 좀 더 자세히 살펴본다. 부모가 알고 있는 것보다 더 큰 문제가 있을 수도 있다.

죄에 맞게 처벌하기

모든 관심은 강화로 이어진다. 아이가 나쁜 행동을 보일 때 반대(좋은) 행동을 강화하려면 아이가 가장 원하는 것(관심)을 제거하라. 타임아웃은 ADHD, 강박장애 아동[5]에 대해서도 적절하고, 효과적이며, 미국 소아과학회와 미국 아동청소년정신과학회가 추천하는 것이다.[6] 일부 부모(와 전문가)는 타임아웃의 고립이 1~2분에 불과하더라도 불안과 우울증을 유발할 수도 있다고 생각해 아이를 무리에서 분리하는 것을 망설인다. 그러나 1,400 가정의 만 3~12세 아동을 대상으로 했던 종단 연구[7]에 따르면 긍정적인 행동을 강화하기 위해 타임아웃을 사용하는 것에는 부작용이 없다.

다음은 타임아웃에 대한 몇 가지 조언이다. 아이를 타임아웃 의자로 보내기 전에 "친구를 때리면 타임아웃을 하는 거야."와 같이 행동을 특정하자. 장난감, TV, 전화기, 컴퓨터가 없는 한 장소를 지정하는 것이 좋다. 한 살당 1분으로 정하라(예를 들어 다섯 살은 5분). 그 시간 동안 아이를 무시해야 한다. 이후에 "사이좋게 놀고 있구나, 잘했어!"와 같이 아이의 좋은 행동을 칭찬하라.

행동을 강화하거나 형성하기 위해 십 대를 의자에 앉히는 것은 비현실적이고 나이에 맞지 않는다. 내가 어릴 때는 청소년을 방으로 보내 자신의 행동을 조용히 생각해 보도록 강제할 수 있었다. 그러나 요즘에는 십 대 자녀가 이렇게 말할 것이다. "잘됐네요. 안 그래도 방에 들어가려고 했어요."

십 대 자녀에게는 아이가 좋아하는 물건에 타임아웃을 적용하라. 아이의 아이패드나 핸드폰이 타임아웃에 들어가고 아이가 목표 행동을 하거나 적응 기술을 보일 때 돌려준다. 십 대 자녀가 통금시간을 어기면 전화기를 돌려받기 위해

3~4일 연속 제시간에 집에 들어옴으로써 믿을 수 있는 아이라는 것을 입증해야 한다. 또 통금시간을 어기면 그에 따른 결과가 일관성 있고 예측할 수 있게 반복되어야 한다. 4일마다 아이가 통금시간을 어겨서 전화기를 압수하는 일이 언제까지고 반복될 것 같다고 생각할 수도 있다. 그러나 포기하지 말라. 언젠가는 아이가 규칙을 지키는 것이 더 편하다는 사실을 깨달을 것이다.

내가 어렸을 때는 부모님들이 "일주일 동안 간식 없어!"라고 선언함으로써 아이를 벌주곤 했다. 과자가 타임아웃에 들어간다. 부모님들이 저녁을 안 주기도 했다.

아이에게 벌로서 음식을 빼앗는 것은 완전히 부적절하고 잘못된 일이다. 우리는 '올리버'가 살던 시대에 살고 있지 않다! 어떤 아이에게도 부모의 훈육을 배고픔과 연관시키도록 가르쳐서는 안 된다. 그것은 평생 음식과 관련된 문제, 때로는 심각한 섭식장애의 원인이 될 수 있다. 나는 부모가 자신의 부모에게서 이러한 벌을 받았을 때 이러한 벌의 형태를 포기하기가 어렵다는 사실을 발견했다. 비계 역할을 하는 부모로서 당신은 칭찬과 달콤한 후식을 포함하는 더 친절한 길을 갈 것이다.

리타는 딸 에린이 돈을 훔쳐 간다는 사실을 알게 되었다. 리타의 전화기가 잠기지 않은 채 조리대에 놓여 있을 때 에린이 재빠르게 벤모Venmo라는 송금 앱을 켜서 자기에게 20달러를 보냈다. 리타는 그 앱을 거의 사용하지 않았기 때문에 그 사실을 몰랐지만… 한 달간의 거래 이력을 이메일로 받았을 때 무슨 일이 있었는지 깨달았다.

가능하면 적절한 대가를 치르게 하기 위해 그 '범죄'에 대해 논의를 시작하라. 나는 에린의 부모에게 에린과 마주 앉아 몇 가지 심문이 아닌 질문을 하라고 권했다.

"왜 돈을 훔쳐야 한다고 생각했어?"

"돈을 어디에 썼어?"

"기분이 어땠어?"

"훔치는 게 잘못된 행동이라는 건 알고 있어?"

리타는 말했다. "처음엔 아이가 부인했어요. 하지만 제 계좌에서 아이의 계좌로 20달러씩 다섯 번 이체된 내역을 보여줬죠. 에린 말고 누가 그랬겠어요? 벤모 요정? 증거를 보고 나서 에린은 아무 말 없이 그저 벽만 쳐다보고 있었어요. 이제 아이의 도둑질'과' 거짓말에 대해 벌을 줘야 하나요?"

가장 먼저 할 일은 범죄 수단이었던 에린의 전화기를 타임아웃하는 것이었다. 에린의 부모는 아이의 벤모 계좌를 삭제했다.

에린이 대화를 거부했기 때문에 나는 에린의 부모에게 아이가 자신이 무슨 일을 저질렀는지 생각할 기회를 주고 거짓말에 대해 벌을 주는 것은 보류하라고 조언했다. 그렇게 함으로써 리타 부부는 충동적으로 너무 약하거나 지나친 벌을 주는 대신 어떻게 할지를 천천히 생각해 볼 수 있었다. 에린은 공짜로 뭔가를 얻으려 했기 때문에 원하는 것을 얻으려면 노력해야 한다는 사실을 아이에게 가르쳐야 했다. "아이에게 고무장갑, 양동이, 대걸레를 주고 지하실을 청소하게 했습니다." 리타는 말했다. "제가 신데렐라의 악독한 계모 같다는 생각도 들었어요. 하지만 사실 신데렐라는 아무것도 훔치지 않았잖아요."

나쁜 행동에도 분명히 단계가 있다. 조리대에 우유를 그대로 둔 것과 부모가 여행 간 사이 집에서 몰래 술을 마신 것을 동일시하는 사람은 없을 것이다. 적당한 반응을 보여야 하고 경우에 따라서는 전혀 반응하지 않아야 한다. 가장 혹독한 대가는 중범죄를 위해 남겨 두어라.

'아이가 다른 누군가에 대해 거짓말한다면' 그 말을 취소하게 하고 그 거짓말이 해를 끼칠 수 있는 모든 사람에게 사실대로 말하게 하라. 온라인에서 거짓말을 했다면 단기적으로 소셜 미디어 사용을 금지해야 한다.

'아이가 커닝한다면' 우선 커닝한 이유를 알아내라. 아이가 내용을 이해하지 못했고 합격하려면 커닝할 수밖에 없다고 느꼈기 때문인가? 그렇다면 아이에게 행동에 따른 결과와 '함께' 보충 수업을 제공해 줘야 한다. 필요하다.

'아이가 통금시간, 음주, 담배에 대한 규칙을 위반하면' 한 주 주말 동안 친구들과 연락을 차단함으로써 자유를 제한하라.

또 위반하면 두 번의 주말 동안 그렇게 하라.

아이가 시험공부를 열심히 했는데 성적이 떨어졌다면 어떤 결과가 주어져야 할까? 노는 시간을 제한하고 TV, 게임, 친구와 함께하는 시간을 공부 시간으로 대체해야 할까?

그렇지 않다. 좋은 행동을 보상하고 나쁜 행동을 바로잡음으로써 비계가 되어야 한다. 열심히 공부한 노력을 보상하라. 모든 성공은 노력에서 온다. 노력을 성공과 연관 짓는 것이 결국에는 더 나은 성과로 이어질 것이다. 성과(나쁜 성적)는 정말 중요한 것이 아니다. 열심히 공부했지만 성적이 떨어진 아이에게 비계가 되기 위해 선생님께 더 도움을 받을 수 있는 기회를 마련하거나 보습 학원에 등록하거나 학습 능력에 관한 평가를 받게 하라.

∷ 집행 전략

행동에 따른 결과를 집행할 때 비계인 부모는 항상 친절한 경찰 역할이고, 친절한 경찰은 음료수를 제공하고 부드럽게 말하는 좋은 사람이다.

아이가 결과에 동의하지 않으면 나쁜 경찰 역할을 하고 싶어질 수도 있지만 그것은 상황을 악화시키기만 할 것이다.

"우리는 아들이 시험공부는 하지 않고 밤새 전화기만 붙들고 있어서 아들의 전화기를 압수했어요." 우리 연구소를 찾은 한 아버지가 말했다. "다음 시험 공부를 열심히 하면 돌려주겠다고 말하자 아이는 눈물을 글썽이며 동의했습니다. 우리는 아이의 전화기를 주방 서랍에 넣어 두었어요. 아이가 그 계획에 찬성한 것으로 완전히 믿었습니다. 다음 날 밤 아이는 약속한 대로 시험공부를 하고 있었어요. 저는 갑자기 궁금해져서 아이의 전화기가 그대로 있는지 주방 서랍을 열어 보았어요. 다행히 전화기는 거기에 있었습니다. 그러나 제가 전화기를 꺼내려고 집었을 때 온기가 느껴졌습니다. 저는 아들에게 잠금을 해제하게 해서 사용 기록을 확인했고 아이가 그것을 하루 종일 보고 있었다는 사실을 알게 되었습니다."

십 대 자녀가 전화기나 컴퓨터를 꺼 두어야 할 때 몰래 사용한다면 금지 기간을 점점 늘릴 수 있다. 앱을 사용해 아이의 전화 사용과 이동을 추적하는 방법도 있다. 십 대 자녀가 시간 약속을 지키지 않으면 외출 금지 시간을 늘리거나 추가적인 혜택을 없애라. 아이와 맞설 때 사이보그 같은 표정과 말투를 유지하는 것을 기억하라. 집행은 감정적이거나 개인적인 것이 아니다. 단지 확립된 가정의 규칙을 유지하기 위해 해야 할 일이다

아들 샘이 파티에 가기 전, 집으로 몰래 보드카를 가져와 친구들과 마신 행동에 대해 우리 부부가 아들과 맞섰을 때, 그 상황에서 나 자신의 불편함을 참아야 하는 것은 혼신의 노력이 필요한 일이었다. 마음 같아서는 "죽을 때까지 외출 금

지야!"라고 소리치고 싶었다. 그러나 그것은 충동성을 본보기로 보여 주는 것이었고 아이가 애초에 이런 일을 저지른 것과 다를 바 없는 행동이었다.

우리 셋은 그 일에 대해 생각하는 시간을 가진 뒤 다음 날 결과를 정하기로 동의했고 그 후에 아내와 나는 친구가 주최하는 파티에 잠깐 참석했지만, 그다지 즐길 기분은 아니었다. 우리는 곧 어려운 결정을 내려야 하고 우리 집 지붕 밑에서 술을 마신 다른 두 아이의 부모들과 어색한 대화를 나눠야 한다는 사실을 알고 있었다.

그런데 그 어머니 중 한 분이 내게 말했다. "걔들 또 그랬어요?" 아이들은 이전에도 이런 일을 벌인 적이 있었던 것이다! 그리고 그 어머니는 이를 알고도 다른 부모들에게 공유하지 않았다. 나는 그런 그녀의 태도에 짜증이 났다. "뭐가 그렇게 대단한 일인가요, 해럴드?" 그 어머니가 덧붙여 말했다. "그 아이들은 그냥 어린애들이에요." 맞는 말이다. 그것이 바로 그 아이들에게 어른이 필요한 이유다!

힘든 결정이었지만 린다와 나는 샘이 계획된 스키 여행에 가는 것을 허락했다. 이미 돈까지 지불이 끝난데다가 샘이 가지 않으면 아이가 상처받는 만큼 친구 가족도 실망할 것이었다. 대신 샘이 돌아오고 한 달 동안 방과 후나 주말에 친구들과 어울리는 것을 허락하지 않았다. 친구들 사이에서 리더가 되는 것을 아주 좋아했던 사교적인 아이에게 그것은 몹시 가

청소년 자녀가 행동에 따른 결과를 배우도록 비계 세우기

- 체계. 가정의 규칙과 아이의 행동에 반응하는 부모의 행동 양식을 확고히 하라. 행동에 따른 결과는 결코 예상치 못한 것이어서는 안 된다. 아이가 처음, 두 번째, 세 번째로 규칙을 위반한 것에 대해 어떤 결과가 있을지 알고 있어야 한다.
- 지지. 잘못에 맞게 처벌함으로써 아이가 적응 기술을 배우는 것을 지지하라. 청소년기의 발달상 정상적인 행동과 규칙 위반을 구분하라.
- 격려. 좋은 경찰 역할을 하고, 감정이 없는 로봇 같은 어조를 유지하며, '가장 큰 목소리로 가장 오래 소리치는 사람이 이기는' 강압적 순환을 피하고, 규칙을 고수함으로써 규칙 준수를 격려하라.

혹한 벌이었다. 그러나 샘이 방에만 갇혀 있지는 않았다. 린다와 샘과 나는 주말에 밖에서 외식하고 영화를 보았다.

그렇다. 열네 살 아이는 토요일 밤에 부모와 노는 것이 즐겁지 않을 수도 있다. 그러나 그것이 일종의 취지였다. 벌이 고통스러워야 하는 것은 아니다. 그러나 영향을 주려면 희생처럼 느껴져야 한다.

샘은 다시는 술을 집으로 가져오지 않았다(고 나는 생각한다). 아이가 그랬고 우리가 그것을 발견했다면 같은 방식으로 처리했을 것이다. 사실 샘은 고등학교를 졸업할 때까지 담배를 피우지 않는 것에 너무 엄격해서 아이의 친구들도 모여서 피울 때 샘에게는 담배를 건네지 않음으로써 아이의 뜻을 존중했다.

결론적으로 우리가 가르치고 아이가 배운 귀중한 교훈은 보드카를 마시지 않는 것이 아니었다. 그것은 아이가 규칙을 존중하지 않으면 대가를 치른다는 것이었다. 대가는 끔찍한 것이 아니었고 그것을 치르는 것이 아이에게 심한 상처를 입히지도 않았다. 그러나 그의 행동은 언제나 반응을 불러왔다.

발판을 단단히 고정하라!

당신이 가볍지만 단호한 걸음으로 발판 위를 걷고 있는 한, 훈육하는 사람이 되기 위해 영혼을 갉아먹을 필요는 없다.

인내심

- 부모가 정해진 행동 양식으로 일관되게 반응해도 아이가 같은 규칙을 자꾸 어기면 인내심이 시험에 들 것이다. 그러나 계속 나아가라. 침착함을 유지하면 아이가 지칠 것이다.

온정

- 좋은 경찰이 되는 것을 기억하라. "콜라 줄까? 편안하니? 좋아. 힘들겠지만 어젯밤 무슨 일이 있었는지 이야

기해 보자."라고 묻는 경찰을 떠올려라. 목표는 규칙을 따르도록 가르치는 것이고 부모가 친절하고 자비롭다면 아이와 같은 편이 될 수 있을 것이다.

관심

- 행동에 따르는 결과를 제시할 때 항상 자신의 어조, 목소리 크기, 태도를 점검하라.
- 처벌 방식이 부모의 어린 시절 유물이 아닌지를 의식하고 비계 기술에 맞춰 더 친절하고 더 자비로워라.

차분함

- 행동의 대가를 정하고 집행할 때 로봇처럼 보이도록 노력하라.

관찰

- 아이가 부모의 요구를 따를 것이라고 지레짐작하지 말라. 전화기 사용량, 물리적 위치, 일과를 관찰함으로써 확인하라.

10장

거주인의 취향에 맞추기

아이는 나와 다르다

아이가 짓는 건물의 건축 양식이 부모의 마음에 들지 않을 수도 있다. 부모는 간결하고 세련된 양식을 더 좋아하지만 아이는 호화 맨션으로 자라고 있다.

부모의 개인적 취향은 중요하지 않다. 중요한 것은 아이의 건물이 안정적이고 튼튼한지, 그리고 부모의 비계가 건물 곁에서 틀을 잡아 주고 떨어지는 낙하물을 받아 내는지다. 부모가 아이의 호화 맨션을 본인 취향으로 바꾸려 하거나 아이의 건물이 언젠가 기적적으로 부모가 꿈꾸던 집으로 바뀌리라 믿으며 자기 자신을 속이려 하면 비계는 건물에 잘 맞지 않을 것이며 건물을 제대로 지지하지 못할 것이다. 아이의 건물이 부모의 눈에 이상하게 보이더라도 그 모습 그대로를 받아들여야 한다. 건물이 완성되면 그 안에 살 사람은 부모가 아니라 아이이기 때문이다.

당시 열한 살이었던 레아의 엄마, 바바라가 아동정신연구소에 처음 왔을 때는 레아의 4학년 선생님들의 제안으로 오게 된 것이었다. "선생님들은 우리 딸에 대해 회의를 하고 함께 결정한 사항을 말하기 위해 저를 학교로 불렀어요. 불시에 공격을 당한 기분이었어요." 바바라는 말했다. "주축은 수학 선생님이었고 그분이 선생님들을 대표해서 말했어요. 이 선생님은 한 번도 마음에 들었던 적이 없어요. 처음부터 레아에게 적대적인 것 같았어요. 그 선생님이 말하길 학교에서 '저한테 말도 안 하고' 학습 및 행동 전문가들을 불러서 딸을 교실에서 관찰하게 했답니다! 저는 화가 나서 참을 수가 없었어요. 그게 법적으로 가능하기는 한가요? 무슨 권리로 사람들을 시켜 우리 딸을 염탐한 겁니까?"

분명히 말하자면 아이를 관찰하겠다고 바바라에게 알리는 것이 더 나은 방법이었을 것이다. 그러나 많은 학교에 외부에서 데려오거나 고용된 전문가들이 있다. 그것은 염탐이 아니라 실사로 여겨진다. 실사의 목적은 학습 또는 행동 문제가 있을 수 있는 학생에 대한 조기 예방이다. 부모와 교육자가 더 빨리 개입할수록 아이가 장애를 극복하는 기술을 배울 가능성이 더 커진다. 하지만 누군가 아이를 지켜보고 문제를 찾는다는 발상이 참견하는 것처럼 느껴지고 빅브라더가 연상될 수 있다는 점도 이해하고 있다. 바바라에게 본능적으로 떠오른 첫 번째 생각은 딸을 보호하고 방어하는 것이었다.

"전문가가 뭐라고 했습니까?" 내가 물었다.

"레아가 불안한 아이고, ADHD와 강박장애가 있는 것 같다고요." 그녀는 화가 나서 대답했다. "말도 안 되는 얘기에 요!"

"전문가들이 왜 레아에게 강박장애가 있다고 하죠?"

바바라는 손사래를 쳤다. "레아에게 자기 속눈썹을 잡아당 기는 성가신 버릇이 있어요. 그건 그냥 습관이에요. 걱정할 일이 전혀 아니에요."

"아이가 속눈썹을 뽑나요?"

바바라는 고개를 저었지만 이렇게 말했다. "네. 하지만 다 시 자라요."

레아가 발모벽일 수도 있겠다고 생각했다. 발모벽은 '털 뽑기 장애'라고도 하고 강박장애의 한 유형으로 분류되며 미 국 인구의 약 1%에 영향을 미치고[1] 종종 불안 증상과 함께 나타난다. 환자는 머리 또는 몸의 모든 부위에서 털을 뽑으려 는 강박적인 욕구가 있다. 이 장애는 인지 행동 치료나 약물 복용, 또는 이 두 가지를 병행해서 치료될 수 있지만, 좀처럼 낫지 않고 개입이 필요하다. 레아가 어느 날 스스로 멈출 것 으로 기대하는 것은 비현실적이다.

그러나 바바라는 치료에 적극적이기는커녕 딸에게 어떤 정신건강 문제가 있다는 사실에 저항하는 것처럼 보였다. 나 는 진단할 수 있게 레아를 데려오라고 그녀를 설득했고 검사 가 끝나면 결과에 대해 논의하기로 했다. 소녀가 도착했을 때 나는 아이의 양쪽 눈꺼풀에 속눈썹이 거의 없고 눈썹이 군데 군데 비어 있다는 사실을 즉시 알아차릴 수 있었다. 레아는 조용했고 몹시 불안해했다. 검사를 받는 두 시간 동안 아이의 정신이 산만해서 주어진 과제로 다시 돌아오도록 유연하게 이끌어야 했다.

나는 레아 학교의 전문가들 의견(ADHD, 불안장애, 강박장애)에 동의했고 바바라에게 진단 결과를 알려 주었다. 레아에게 문제가 있지만, 우리가 가능한 한 빨리 치료를 시작하면 아이가 정상적이고 행복한(그리고 속눈썹이 모두 있는) 삶을 살 수 있다고 설명했다.

바바라는 나를 정신 나간 사람 보듯 쳐다보더니 말했다. "당신이 그런 식으로 내 딸을 진단할 수는 없습니다."

"네?"

"아이가 나중에 대통령이 되고 싶다면 어쩌실래요?"

"우리가 너무 앞서 나가고 있는 것 같군요." 나는 말했다.

바바라는 레아를 데리고 연구소를 떠났다. 나는 모녀를 다시 볼 수 있을지 알 수 없었다.

이 이야기에는 두 가지 문제가 관련되어 있다. 첫 번째 부분은 부모의 기대에 대한 것이다. 두 번째는 정신건강 장애의 오명에 대한 것이다.

바바라가 딸을 무조건 지지할 수 있으려면 바바라의 두 가지 장애물이 모두 극복되어야 했다.

·· 기대와 현실의 차이

부모들은 대부분 아이가 커서 정말로 대통령이 될 것이라고는 생각하지 않지만, 아이에 대한 꿈은 있다. 아이의 훌륭한 점과 부족한 점이 자신이 상상했던 것과 일치하지 않으면 받아들이기 어려워한다. 아이와 말다툼을 한 뒤 아이가 시트콤에 나오는 가족처럼 포용하며 "사랑해."라고 말하지 않으면 실망할 수도 있다. 인기 운동선수를 원했는데 심각한 몸치일 수 있다. 아이가 우등생이 될 것으로 추측했지만 난독증이 있다. 아이가 부모처럼 사교성이 뛰어나지 않다. 부모는 그저 아이가 말을 더 잘 듣기를 기대했을지 모른다. 어떤 방식으로든 부모의 기대는 현실과 충돌할 수 있다.

많은 부모가 아이의 타고난 한계를 외면한다. 그저 레아를 도우려 애썼던 훈련된 모든 전문가에 대해 바바라가 분노를 터트렸던 것이 그 한 가지 예다. 또 지인 중 한 아버지는 아들이 학교에 다니면서 과학 과목을 어려워했는데도 불구하고 아들에게 공학 대학원에 진학할 것을 강요하다시피 했다. 한 학기 후 그 아들은 낙제했다. 아버지는 기대를 현실에 맞추기를 거부함으로써 아이를 실패로 몰아갔고 자책하게 했으며 부자 관계에 긴장과 스트레스를 유발했고, 그런 일은 여전히 계속되었다.

우리가 부모들에게 하는 가장 중요한 조언 중 하나는 많은 사람이 이해하기 어려워하는 것으로 "아이가 누구인지를 부모가 결정하지 마세요."다. 아이는 아이 자신이고 자신만의 길이 있으며 자신만의 여행을 떠나야 한다. 그것은 부모가 바라는 모습이 아닐 수도 있지만 부모가 아이의 여행 경로를 결정하는 것은 공감 부족을 보여 줄 뿐이다.

비계가 된다는 것은 아이의 현실이 어떻게 전개되든 아이를 지지하고 격려하는 것을 의미한다. 당신이 어렸을 때는 어쩌면 부모님이 권위주의자 또는 자비로운 독재자였고 그들의 말이 곧 법이었을 것이다. 아빠가 너는 커서 의사가 될 것이라고 말했다면 아이는 비록 피를 보면 기절을 할지언정 의대에 지원했다. 그러나 연구 결과에 따르면 아이들이 자기 미래를 결정하는 일에 참여할 때 더 나은 결정을 하고 더 나은 결과를 보인다. 아이가 스스로 결정을 내리고 잘못된 결정을 후회하도록 자유를 주는 부모가 실제로는 더 똑똑한 결정을 내리는 법을 배울 수 있게 아이를 돕는 것이다.[2]

아이에게 어린 시절은 무엇이든 가능하다고 믿는 시기여야 한다. 노래하기를 좋아하는 어린 소녀라면 비록 음이 3옥타브까지 올라가지 않더라도 카네기 홀 공연을 꿈꿀 수 있어야 한다. 아이는 자신이 자라서 현실 세계로 들어갈 때 꿈을 조정해야 하는 것을 예상하고 있을 것이다. 부모의 지지가 있다면 아이는 더 쉽게 "영화배우가 되고 싶어."라는 공상에서 행복하고 만족스러운 현실 쪽으로 옮겨올 수 있을 것이다.

부모가 기대에 매달리는 것은 부모-자녀 관계에 악영향을 주고, 독립적으로 대처하고 기능하는 아이의 능력에 심각한 해를 끼칠 수 있다. "저는 대학 생활에 적응하지 못한 한 청년을 치료한 적이 있습니다." 아동정신연구소의 임상 이사 마크 라이네케 박사는 말한다. "그는 휴학을 하고 집으로 돌아와야 했습니다. 부모는 아들이 대학 생활에 실패한 것이 너무 수치스러워서 이웃이 알게 될까 봐 낮에 아들이 혼자 집 밖으로 나가는 것을 허락하지 않았어요."

우리가 아이를 대학에 보내는 이유는 아이가 교육을 받고 독립적으로 사는 법을 배우게 하려는 것이다. 이 사례에서의 아이러니는 부모가 수치심으로 가득해서 아들을 고립시키고 아들이 독립적인 사람이 되는 것을 불가능하게 만들었다는 것이다. 아들은 스무 살의 나이에 점심을 사 먹으러 샌드위치 가게에도 걸어갈 수 없었다.

대학을 중퇴한 청년과 그 부모 사이의 갈등은 그들이 지나치게 높은 기대(아들의 기대를 포함한다)를 가진 것에 그 원인이 있다. "청년은 노벨 문학상을 타야 할 것 같고 그럴 수 없으면 자기 자신을 실패자로 여길 것 같다고 말했어요." 라이네케 박사는 말한다. "저는 말했습니다. '너는 이제 겨우 스무 살이야! 그 상을 탄 사람들은 대부분 60대란다.'" 차세대 완벽주의가 그를 대학에서 탈선하게 한 것이었다. 그것이 부모에게서 왔는지 아니면 자신의 내면에서 왔는지는 별로 중요하지 않았다. 문제가 존재했고 그것을 처리해야 했다. "우리는 합리적인 기대를 가지는 것에 대해 이야기를 나눴고 그가 성취했던 것들을 떠올려 보는 시간을 가졌어요. 그는 자신이 잘하고 있던 것에 대해서는 스스로를 인정하고 칭찬하는 데 매우 서툴렀죠."라이네케 박사가 말했다. "만약 그가 그때 그것을 배우지 못했다면 부모의 집에 아주 오랫동안 갇혀 있었을 것입니다."

결국 청년은 또 다른 대학에 등록하고 다시 시작했으며 그곳에서는 아주 잘 지낼 수 있었다. 그 대학은 집에서 더 멀리 떨어져 있었지만, 이 경우에는 그것이 좋은 생각이었다. 그가 성공할 수 있었던 비결은 비현실적인 기대를 충족시키지 못한 것에 대한 수치심을 내려놓고 그저 두 발을 땅에 딛고 현실적으로 살아가는 것이었다.

왜 부모는 아이가 자신과 같은 길을 갈 것이라 생각하거나 그러길 원하는가? 자신의 인생 전체, 모든 순간이 행복했고 성취감을 느꼈기 때문에 아이도 그러길 바라는 것인가? 나는 그렇게 말할 수 있는 사람은 아직 만나 본 적이 없다. 사람들은 심리적으로 익숙함 속에서 편안해지고 싶어 한다. 익숙한 것이 편안한 것이 아닐 때에도 그렇다. 그래서 부모들은 아이가 자신과 같은 학교와 캠프에 가고, 같은 관심사를 가지고, 같은 운동을 하는 지속성을 안락하게 느낀다. 아이가 성공하면 그것이 부모의 과거 경험이 옳다는 사실을 증명하는 것이 된다. 아이가 골을 넣거나 상을 탔을 때 부모가 "역시 우리 아

아이의 연령에 따른 결정권 부여

아이가 나이에 맞는 결정을 내리게 함으로써 실행 기능을 훈련하게 하라. 부모에게 아직 거부권이 있음을 분명히 하라. 늘 그렇듯 단호함을 본보기로 보이고 칭찬으로 아이의 의사 결정 능력을 강화하라.

- **유아.** 제한된 선택지를 제시함으로써 의사 결정 개념을 소개하라. 채소를 먹는 것은 논의의 대상이 아니지만, 당근을 길게 썰지, 동그랗게 썰지를 결정하게 하라. 날씨에 맞게 옷을 입어야 하지만, 유아가 바지 두 벌 중에 선택할 수 있다.

- **어린이.** 선택지의 개수를 1~2개에서 3~5개로 늘려라. 한번 결정을 내리면(쿠키인지, 사탕인지, 과일인지) 그것을 고수해야 한다는 사실을 가르쳐라. 다음에는 다른 걸 선택할 수 있지만, 기회가 올 때까지 기다려야 할 것이다. 아이가 성급하게 결정을 내리기 전에 잠시 멈춰서 생각하게 하라("곰곰이 생각해 봐.").

- **10대 초반.** 어떤 활동을 하고 어떤 특혜를 얻을지와 같은 부분에서 아이에게 더 큰 선택권을 줌으로써 좀 더 모험을 감행하라. 다시 말하지만, 아이가 발레 대신 태권도를 선택했다면 등록한 수업을 모두 들을 때까지 바꿀 수 없다. 아이가 몇 가지 나쁜 결정을 내리도록 허용하고, 그것을 평가하고 배우는 과정을 거치도록 비계 역할을 함으로써 나중에 아이가 더 현명한 결정을 내릴 수 있게 하라.

- **청소년.** 결과와 의사 결정 사이의 관계와 자신의 선택이 다른 사람에게 영향을 준다는 사실을 잘 인식시켜라. 예를 들어 음주 운전은 도로에 있는 다른 모든 사람에 대해 결정을 내리는 행위

다. 통금시간을 어기기로 결정할 때 그것은 집에 계신 피곤하고 걱정하는 부모님에게 영향을 미친다. 청소년 자녀에게 남을 배려하라고 가르친다면 아이는 대체로 올바른 결정을 할 것이다.

들이야!" 또는 "딸이 나를 많이 닮았어!"라고 말하는 것을 들으면 나는 내심 민망해진다. 차라리 "나는 훌륭한 유전자를 가졌어!"라고 자랑하는 편이 낫겠다.

반면, 부모의 길에서 비틀거리는 아이들도 있다. 부모가 선택한 경기장에서 성공하지 못한 아이도 역시 '그 부모의 아들'이고 '부모를 많이 닮았다.' 부모와 같지 않은 아이도 같은 사랑을 받을 자격이 있다. 아이가 부모의 길을 벗어나 자신만의 길을 찾도록 허용함으로써 조건 없는 지지를 증명하라.

긍정적인 면을 강조하기

물론 부모는 아이가 훌륭하게 자라 오래오래 행복하길 원한다. 그것이 진짜 무엇을 의미하는지 검토하는 것은 정말 유용하다. 아이의 미래에서 장기적인 행복을 보는 한 가지 방법은 아이가 자라서 세상에 필요한 사람이 되고, 독립적으로 살고, 자신의 행복을 추구하며, 자신이 무엇을 잘하는지 아는 어른이 되는 것이다.

아이가 자신의 행복을 추구하도록 비계가 되어 주려면 아이가 지속적으로 자신의 긍정적인 자질을 인식하도록 가르쳐라. "실제로 그것들을 일관된 방식으로 적어 보고, 강조하고, 생각하세요." 아동정신연구소의 심리학자 스테파니 리 박사는 말한다. "최근에 저는 한 엄마에게 말했어요. '아들이 정말 재미있는 성격이라고 말했던 것 기억나세요? 아이의 유머에 대해 말씀하셨죠. 우리가 좋은 것들에 집중할 수 있도록 다음 주에는 아들이 들려주는 농담 세 개를 적어 보세요. 다음 시간에 그것을 가져오세요.' 아이가 무엇을 잘하는지, 단지 부모가 아이에게 상기시키기 위해서만이 아니라 부모 자신이 아이의 긍정적인 면을 더 많이 볼 수 있도록 돕는 것입니다."

한 가지 조심할 것은 부모가 아이에게 실제로 존재하지 않는 긍정적인 면을 확신하는 것이다.

내게는 실리콘 밸리에 사는 친구 부부가 있다. 아버지인 팀은 쉰살이지만 스물다섯 살처럼 보인다. 그는 운동을 좋아해 항상 야외 활동을 즐긴다. 그의 아내도 마찬가지다. 그들은 '캘리포니아 몸짱 커플'이다. 셋이 함께 하이킹을 갔다가 둘을 따라가느라 호되게 혼이 난 적이 있다.

그의 아홉 살 난 아들 에단은 실내에 있기 좋아하는 약간 다루기 힘든 아이로 대단히 총명하다. 외동아들이라서 엄마, 아빠와 어른처럼 농담을 주고받는다.

친구 부부의 집을 방문했던 어느 주말, 나는 에단의 일정이 라크로스와 야구 연습으로 꽉 채워져 있다는 얘기를 듣고 깜짝 놀랐다.

나는 말했다. "에단이 그렇게 운동을 많이 하는지 몰랐네."

팀이 말했다. "음, 아직 에단에게 맞는 운동을 찾고 있어."

내가 에단을 보자 아이는 어깨를 으쓱했다. 아이가 단지 협조적으로 유니폼을 입고 경기장에 억지로 서 있을 뿐이라는 사실을 알 수 있었다. 운동은 어느 시점부터 경쟁이 치열해진다. 아이들은 더욱 열중하게 되고 덜 능숙한 팀 동료에게 무자비하게 잔인해질 수 있다. 부모들은 미친 사람들처럼 사이드라인에서 소리를 지르고 실수를 한 아이에게 항상 친절하지는 않다. 팀은 아들이 그 모든 일을 겪기를 원했을까? 이들은 똑똑하고 사려 깊은 사람들이었지만 팀이 볼 수 없었던 진실은 이것이다. 그의 아들은 결코 그가 원하는 운동선수가 되지 않을 것이다.

비계는 아이의 강점과 약점을 모두 인식해야 가능한 것이다. 그다음에 그것들이 실제로 어떤지 분명하게 파악한 후에 약점을 강점으로 바꾸기 위해 노력할 수 있다. 예를 들어 어떤 불안은 생산성을 높이기도 한다. 나는 부모님께 내가 불안하지 않았다면 연구원 생활을 무사히 마치지 못했을 것이라고 농담하곤 한다.

고집은 끈기로 승화할 수 있다. 고집부리는 아이는 자라서 법률이나 과학 연구 분야처럼 끈기가 성공에 필수 요소인 직업에서 그것을 이용할 수 있다.

열두 살 된 메이시는 사회 불안 증상 때문에 연구소에 왔다. 아이의 어머니인 수잔은 딸이 늘 혼자 앉아 공책에 그림을 그리고 있었기 때문에 아이가 친구를 전혀 사귀지 않을까 봐 두려웠다. 우리는 메이시에게 치료받으러 올 때 공책을 가져와 달라고 부탁했다. 아이는 그래픽 노블처럼 교실을 배경으로 사람 크기의 고양이 이야기를 그린 칸 만화를 창작했다. 그것은 예술적 관점에서도 꽤 인상적이었다. 그러나 우리 임상의가 정말 흥미를 느꼈던 부분은 메이시가 사람을 동물로 묘사하고, 등장인물의 특징을 동물로 나타냈으며, 그것 모두를 매우 재미있게 만들었다는 점이었다. 메이시의 사회 불안은 반 친구들과 이야기하는 것을 어렵게 했을 수도 있지만 아이가 그들을 관찰하고 사회적 상호작용을 배우는 것까지 멈추게 하지는 않았다. 우리 임상의는 수잔에게 메이시가 그림을 그리고 인간의 본성을 관찰하는 데 재능이 있고, 그것은 (심리학을 포함해) 수많은 미래의 직업에서 활용될 수 있는 재능이라고 알려 주었다. 메이시는 사회 불안을 극복할 방법을 배우기만 한다면 자신의 관찰력을 대인관계에서의 대처 기술로 발달시킬 수도 있었다. 갑자기 어머니가 이전에는 걱정하던 딸의 약점을 자랑스러워했다. 수잔의 태도가 바뀌자 모녀 관계에도 즉각적이고 현저한 변화가 있었다. 작은 관점의 변화가 그 모든 변화를 가져왔다.

⠶ 부모 자신을 강화하기

아이에게 비계가 되기 위해 부모 자신이 할 일이 있다. 부모가 자신이 성공적으로 했거나 자신의 잘못을 바로잡게 한 일을 아이에게 하게 하는 것, 또는 자신의 관심사를 아이와 공유하고 싶어 하는 것은 자연스러운 현상이다. 그러나 부모는 자신의 편견을 반드시 알아야 하고, 적극적으로 그것들의 타당성에 의문을 가져야 하며, 즉시 자신의 행동을 바꾸기 위해 노력해야 한다.

게리는 프로 스포츠 TV 중계에 전혀 관심이 없는 청소년이었다. 게리의 아버지 에드는 평생 뉴욕 자이언츠와 뉴욕 메츠의 팬이었고 아버지와 함께 구기 종목 경기장과 슈퍼볼 파티에 갔던 애정 어린 기억이 많았다. 에드는 자신에게 매우 중요하고 특별한 것을 게리가 단순히 좋아하지 않는다는 사실을 받아들이기가 굉장히 힘들었다. 그래서 TV에 중계되는 큰 경기가 있을 때마다 게리에게 앉아서 볼 것을 강요했다. 더 어렸을 때 게리는 아버지의 요구에 따랐지만 자이언츠와 메츠가 이겼을 때 기뻐하는 연기까지는 할 수 없었고, 선수의 이름을 외우고 경기 전략의 세부 요소를 이해하라는 에드의 요구를 결코 만족시킬 수 없었다. 두 사람 모두 서로를 실망시키는 것에 좌절감을 느꼈다. 청소년이 된 게리는 당연히 반항했고, 시청을 거부하거나 경기 내내 노골적으로 전화기를 응시하곤 했다. 에드는 "아이가 도대체 왜 이렇게 반항을 하는 거죠?"라고 물었다. 문제는 아이가 아닌 에드의 일방적인 기대에 있었다. 임상의는 아들이 경기를 함께 보고 싶어 하지 않는다는 사실에 스트레스를 받는 대신 그냥 혼자 보거나 에드만큼 경기 보기를 좋아하는 친구와 볼 수 있다고 제안했다.

부모 자신의 행동을 바로잡는 것을 보상으로 강화하라. 자신에게 뭔가 좋은 것을 주면 긍정적인 변화를 좀 더 이어갈 확률이 높아진다. 스포츠를 매우 좋아하는 아버지 에드는 아들 게리에게 자유를 주기 위해 자기 자신에게 말했다. '오늘은 아들에게 스트레스를 주거나 우리 사이에 갈등을 유발하지 않았어. 정말 잘했다! 나한테 상으로 시원한 맥주를 줘야겠어!' 자신의 변화를 강화하기 위해 시원한 맥주를 계속 제공하라. (맥주를 양육에 활용하라? 이런 이야기는 아마 내가 최초일 것이다.)

이것은 몸을 만들려고 할 때 이번 주에 세 번 운동하면 새 재킷이나 근사한 디저트에 돈을 크게 쓰겠다고 자기 자신과 협상하는 것과 같은 방법이다. 익숙한 이야기처럼 느껴질 수 있는데 내가 아이에게 외적 강화물을 활용하는 것에 대해 이 책의 앞부분에서 이야기했기 때문이다. 아이의 행동을 바꾸기 위해 사용한 전략을 부모 자신의 행동을 바꾸기 위해서도 사용할 수 있다.

여러 명의 보호자가 관련되어 있다면 행동을 강화하는 것이 그만큼 더 쉽다. 이 연습을 시작하고 아이에게 원래는 잔소리하거나 비난하던 배우자가 입을 다무는 것을 알아차렸다면 그것에 대해 칭찬하라. "당신이 그것을 대수롭지 않게 넘기는 걸 봤어, 고마워." 또는 "그냥 그렇게 하도록 둔 거 정말 잘했어."라고 말하라. 우리 자신, 아이, 배우자를 더 많이 칭찬할수록 우리 모두 서로를 더 많이 사랑하고, 지지하고, 격려할 것이다.

·· 아이가 있는 그곳에 가기

부모가 기대를 포기하고, 아이의 관심사를 탐구하면 생각보다 공통점이 많다는 사실을 매우 자주 발견하게 될 것이다. 부모는 그림에 관심이 없고 아이는 스포츠를 좋아하지 않을 수 있다. 그러나 음악이 공통점일 수 있다. 둘 다 클래식 록이나 뮤지컬 곡을 좋아한다. 그것을 공략하면 둘에게 의미 있고 친해질 계기가 될 뭔가를 발견할 수 있다.

스테파니 리 박사는 자신이 치료하고 있는 한 가족의 이야기를 꺼냈다. 그녀는 비판적인 아버지에게 마음을 열고 아이에게 다가갈 것을 설득했다. "코너는 열다섯 살이고 스케이트보드와 게임을 좋아해요. 코너의 누나 라일라는 농구를 아주 좋아해요. 남매의 아버지 폴은 라일라의 관심에만 공감하고 딸의 모든 경기에 참석하는 것은 물론 딸의 대학 진학에 많은 관심을 쏟고 있습니다. 결과적으로 코너는 소외감을 느끼죠."

그녀는 말한다. "저는 폴에게 스케이트보드 공원에 코너를 보러 '딱 한 번만' 가 달라고 간곡하게 말했어요. 거기에서 다른 곳을 보거나 비판적인 말을 하지 않고 어떻게 행동해야 하는지 코치했습니다." 폴은 그곳에 갔고 나무라는 어떤 말도 하지 않았으며 20분 후 더는 집중하기가 너무 어려워졌을 때 떠났다. 그러나 그 작은 관심조차 코너에게는 정말 큰 의미로 남았다. "그때 이후로 몇 달이나 지났지만 코너는 치료 시간에 그 이야기를 계속 꺼냅니다. 거기에서 아빠를 올려다본 게 얼마나 좋았는지 아빠에게 이야기합니다. 그들의 관계가 완전히 회복되었거나 모든 면에서 훌륭한 건 아니지만 폴이 그곳에 나타난 것이 출발점이 되었습니다."

폴이 스케이트보드와 게임에 대해 그렇게 부정적이었던 이유는 코너의 취미가 직업이 될 수 있는지 확신하지 못했기 때문이다. "저는 말했어요. '그러면 딸은 미국 여자프로농구에서 뛸 거라고 생각하세요?'" 리 박사는 말한다. "폴과 저는 프로 스포츠나 게임 중 무엇이 더 성공할 수 있는 진로인지에 대해 논의하고 논쟁할 수 있었어요. 아마 가능성은 거의 같을 것입니다. 그러나 제가 폴에게 설명하려고 노력했던 것은 아들에게 중요한 것을 반대하는 것이 그들의 관계에 악영향을 미치고 서로 연결되는 것을 방해할 것이라는 사실입니다."

아이가 어릴 때 부모가 아이와 함께 '그곳'에 갈 수 있다면 아이가 어른이 되어서도 지속될 친밀감을 형성할 수 있다.

아동 자녀를 받아들이는 비계 세우기

- 체계. 자신 있게 결정하는 능력은 유용한 삶의 기술이다. 주체
  의식을 가르치기 위해 아이가 걸음마를 배울 때부터 (어느 정도)
  결정할 기회를 주어라. 항상 아이의 의견에 동의하지 않더라도
  아이의 의견과 생각을 받아들이는 모습을 보여 줘라. 부모에게
  거부권이 있지만, 약간의 자유를 주어야 한다.
- 지지. 아이에게 부모와 더 닮을 것을 강요하는 대신 아이의 감
  정을 인정하는 데 집중하고 아이의 관심사에 함께 참여하라. 아
  이와 뭔가를 함께할 수 있도록 공통점을 찾으려고 노력하라.
- 격려. 아이의 부족한 점에 대해 자연스럽게 행동하는 동시에 긍
  정적인 자질을 알아차리고 칭찬함으로써 아이가 훌륭한 모습으
  로 성장할 수 있도록 도와라. 부모가 자기 자신의 강점과 약점
  을 받아들이는 것을 본보기로 보여 주고 아이에게 관심을 기울
  여라.

"아이가 부모에게 다가오는 것이 아닙니다. 아이에게 다가가
는 것이 부모의 역할입니다. 아이가 좋아하는 것을 알아내고
있고 싶어 하는 곳으로 같이 가세요." 리 박사는 말한다.

오명은 현실

이 장의 앞부분에서 나는 부모가 아이를 무조건 지지할 수

없게 하는 두 가지 요인이 있다고 말했다. 첫 번째는 기대와 관련이 있었다. 두 번째는? 부모가 아동 또는 청소년 자녀의 정신건강 문제에 대해 느끼는 오명, 두려움, 수치심이다.

정신 질환의 오명은 세월이 흐르면서 많이 줄어들었지만, 완전히 사라지지는 않았다. 진단을 받는 것은 치료를 위해 필수적이지만 부모들은 종종 "아이는 절대 좋아지지 않을 거야.", "죽을 때까지 약을 먹게 될 거야.", "영원히 이 꼬리표를 달고 살겠지."라고 말하며 영원이라는 개념을 걱정한다. 많은 사람이 과잉 진단과 과잉 약물 치료에 대한 두려움 때문에 즉시 진단을 받기를 거부한다. 두렵다고 해서 아이에게 진짜 문제가 있고 부모가 그것을 받아들여야 한다는 사실이 바뀌지는 않는다.

"제가 지금 치료하고 있는 가족은 엄마가 아이에게 자폐증이 있다는 말을 하지 못해요." 리 박사는 말한다. "아이는 벌써 열일곱 살이고 아이가 자폐증이라는 데에는 의문의 여지가 없어요. 엄마는 아이에게 문제가 있다는 걸 알지만 그 단어를 쓸 수가 없죠. 저는 그 엄마에게 자폐증 진단을 받았든 안 받았든 아이가 달라진 게 아니라고 했어요. 진단 결과가 아이와 부모가 받아야 할 치료를 알려 주기 때문에 진단을 받아야 하는 겁니다. 그러나 진단이 아이를 규정하는 것은 아니에요. 아이는 검사지 뭉치가 아닙니다. 부모가 '자폐증' 또는 다른 진단명에서 막히면 우리는 처음부터 이렇게 말할 수 있어요. '그 얘기는 하지 맙시다. 아이가 무엇을 잘하고 있고 무엇을 힘들어하고 있는지에 대해 이야기해요. 우리가 아이를 위해 무엇을 목표로 삼을지 그 목표들이 현실적인지에 대해 이야기합시다.' 우리가 항상 발견하는 것은 부모가 아이의 현실적인 목표 달성을 지지하는 것에 집중할 때 진단을 더 잘 받아들일 수 있다는 겁니다."

치료받고 있지 않은 아이의 부모도 똑같이 할 수 있다. 비계에서는 아이의 건물을 더 분명하게 볼 수 있다. 건물이 올라가게 하는 아이의 강점과 강점으로 바꿀 수 있는 아이의 한계를 발견할 수 있다. 모든 사람에게는 정말 잘할 수 있는 뭔가가 있다. 모든 사람에게는 보완해야 하는 뭔가가 있다. 문제가 있다는 것은 그 문제가 무엇이든 부끄러운 일이 아니다. 그 꼬리표(불안, 우울, 강박)에 전전긍긍하는 대신 아이를 위해 상황을 변화시킬 수 있는 것에 에너지를 집중하라.

정신건강 장애가 있는 아이를 앞으로 나아가게 하려면 개입이 필요하다. 문제를 무시하거나 거부하면 아이의 치료가 지연된다. 우리는 모든 아이에게 한계가 있다고 말한다. 마찬가지로 모든 어른에게도 한계가 있다. 아이의 문제점에 갇혀서 아이의 모든 훌륭한 점을 보지 못하는 것이 부모의 한계일 수도 있다.

조슈아가 만 두 살 때 아이를 데리고 놀이터에 가면 또래 여자아이들이 얼마나 말을 잘하는지 깜짝 놀라곤 했다. 여자 아이들은 이렇게 완전한 문장으로 말할 수 있었다. "엄마, 땅 콩버터랑 잼 바른 샌드위치, 빵 껍질 부분은 잘라 내고 먹어 도 돼요?" 같은 시기에 조슈아는 그저 손가락으로 뭔가를 가 리키며 웅얼거릴 뿐이었다. 나는 린다에게 "우리 아이는 누구 닮아서 이렇게 느린 거지? 그나마 얼굴이 귀여워서 다행이 야!"라고 말했던 것을 기억한다. 조슈아의 언어 발달은 지극 히 평범했지만, 그 특출난 여자아이들과 비교하니 비극적으 로 보였다. 우리 아이가 천재가 아니라는 사실이 내게는 충격 이었다.

어린이집에 갔을 때 그 생각이 바뀌었다. 아이가 똑똑하지 않은 것이 아니었다. 그저 말수가 적고 생각에 잠길 때가 많 은 아이였고 세부적인 것에 관심이 많았다. 아이의 어린이집 선생님들은 아이를 교수님이라고 부르곤 했는데 선생님들이 어떤 일과를 순서대로 하지 않으면 아이가 "아니에요. 원래는 그렇게 안 했잖아요. 순서가 틀렸어요."라고 말했기 때문이었 다. 그 외에는 아이가 거의 말을 하지 않았다.

조슈아의 외삼촌 중 하나가 사람들과 함께 있을 때 말수가 적었다. 처조카의 생일 파티에서 처남과 조슈아가 손을 잡고 걷는 모습을 지켜보며 그들의 약간 어색한 걸음걸이며, 툭 튀어나온 귀가 매우 닮았다는 것을 깨달았다. 나는 생각했다. '조슈아가 사회 불안 유전자를 물려받았구나.' 같은 방식으로 내 동료 마크 라이네케는 장모님에게서 뜻밖의 사실을 발견하고 나서 아내에게 선언했다. "우리는 아이를 용감한 아이로 키울 거야!" 나는 생일 파티에 갔던 날 맹세했다. "조슈아를 사회성 있는 아이로 키울 거야." 조슈아를 조슈아가 아닌 다른 사람으로 바꾸려 한 것은 아니었다. 아이는 절대 수다쟁이가 될 수 없었다. 그러나 우리는 아이가 세상에 더 적극적으로 참여하는 데 필요한 도구를 줄 수 있었다. 아이가 누구인지 받아들이고 아이의 강점과 약점을 객관적으로 인식하라. 그리고 아이가 현실적인 기대를 가지고 문제를 바로잡는 올바른 방향으로 상황을 변화시킬 수 있도록 지지하라.

아내와 나는 조슈아가 사람들과 소통하는 방식에 대해 비계가 되기 시작했다. 신뢰를 주는 악수를 연습하고 사람들의 홍채 색깔을 볼 수 있을 때까지 눈을 보도록 가르쳤다. 우리는 '상대방에 관한 질문'을 여러 개 준비했다. 사람들은 자신에 대해 말하기를 좋아하고 그 점을 이용하면 아이가 많이 말할 필요가 없었다.

조슈아가 2학년일 때 같은 반 친구의 어머니가 센트럴파크 유지에 필요한 자금을 조달하는 비영리단체의 대표였다. 이 엄마를 통해 우리 가족은 호수 위 보트 창고 근처 공원에서 열리는 자선 행사에 초대받았다. 행사에 참석한 뉴욕시 공원 관리국의 헨리 스턴 위원이 내게 다가왔고 우리는 인사를 나눴다. 나는 이어서 헨리를 조슈아에게 소개했다. 조슈아는 그와 (흐물거리지 않게 힘줘서) 악수를 주고받았다.

나는 말했다. "조슈아, 스턴 씨는 공원 관리국 위원님이란다."

조슈아는 '상대방에 관한 질문'을 해야 한다는 것을 알았고 이렇게 물었다. "무슨 일을 하세요?"

"나는 호수에 물이 충분한지, 말에게 먹이를 주었는지, 잔디가 잘 자라고 있는지 확인한단다."

두 사람이 이야기를 나누고 있었다! 아내와 나는 희망에 부풀었다! 조슈아는 아주 잘하고 있었다.

"정말 흥미로운 일이에요." 조슈아가 말했다. "어떻게 그런 일을 하게 되셨어요?"

헨리는 아주 기발한 사람이었기에 이렇게 대답했다. "내일 학교에 가면 주위를 둘러보고 나중에 반 친구 중 누가 시장이 될 것 같은지 알아내서 그 친구와 친하게 지내렴."

린다와 나는 웃었다. 조슈아는 농담을 잘 이해하지 못했지만 그것은 괜찮았다. 헨리가 작별 인사를 할 때 그와 조슈아는 다시 악수를 했다. 조슈아는 헨리의 눈을 자세히 볼 수 있도록 몸을 기울여 헨리의 얼굴에 자기 얼굴을 아주 가까이 가져갔다.

헨리가 가고 나서 조슈아가 말했다. "헨리 씨의 눈은 갈색이에요."

우리는 거의 말이 없던 아이를 어른 파티에서 VIP 손님과 씩씩하게 담소를 나눌 수 있는 아이로 바꿔 놓았다. 나는 그 것을 비계의 승리로 기록했다.

받아들이는 것은 감사받지 못하는 일

부모에게 받아들이는 것의 주된 어려움은 다음과 같다. 부모는 아이에게 비계가 되어 주기 위해 겪지 않아도 될 많은 어려운 과정을 거칠 것이다. 그것에 대해 많이 고마워할 것이라고 기대하지 말라. 나는 이 이야기를 부모들에게서 종종 듣는데 모든 돈을 지불하고 모든 곳에 데려가고, 학교, 활동, 치료에 참여시키지만 그에 대한 보답으로 하고 싶은 말을 참아야 하고 아이가 변덕스럽게 행동하거나 잘못된 줄 알면서도 멍청한 결정을 내릴 때조차 끝없이 지지해야 한다.

아이에게 정신건강 장애가 있을 때는 훨씬 더 양육이 '모든 것을 주고 아무것도 못 받는 것'처럼 느껴질 수 있다. 그러나 아이는 태어나고 싶어서 태어난 것이 아니다. 불안하거나 학습장애가 있는 것도 그러고 싶어서 그러는 것이 아니다. 우울하기를 바란 적은 결코 없지만, 내년에 미국의 십 대 가운데 320만 명은 적어도 한 번의 우울 삽화를 겪을 것이다.[3]

"어느 날 딸이 그냥 침대로 들어가서는 나오고 싶어 하지

슬픔인가요, 우울증인가요?

정상	문제 있음	장애
• 아이가 특정 경험이나 사건과 관련해 슬픔을 느낀다. 아이가 "저 슬퍼요. 왜냐하면…"이라고 자신의 감정에 대해 분명한 이유를 말할 수 있다. • 울고, 감정을 터뜨리면 기분이 나아진다. • 아이의 슬픔이 몇 분, 몇 시간, 또는 하루 내에 지나가거나 진정된다.	• 아이가 특정 경험이나 사건과 무관하게 슬픔을 느낀다. 왜 마음이 울적한지 정확히 말하지 못하고 그냥 그렇다고 말한다. • '기분이 안 좋을' 때는 기운과 의욕이 없지만, 기분이 나아지면 다시 회복된다. • 울고, 이야기를 나눠도 기분이 그다지 좋아지지 않는다. • 아이의 감정이 이틀 이내에 지나간다.	• 아이가 적어도 2주 동안 일주일 중 대부분의 날, 하루 중 대부분의 시간 동안 슬프거나 화가 난 상태다. • 아이가 이전에 정말 즐겼던 일들에 흥미를 잃었다. • 아이의 식습관이나 수면 습관이 바뀌었다. • 아이가 기운이나 의욕, 집중력이 없어서 대부분의 일을 할 수 없다. • 아이가 스스로 쓸모없다고 느끼거나 절망하거나 자신의 잘못이 아닌 일들에 죄책감을 느낀다. • 성적이 떨어졌다. • 자살 생각을 한다. 이 경우라면 정신건강 전문가에게 연락하고 즉시 응급실로 가라.

않았습니다." 우울증을 앓고 있는 열네 살 소녀의 어머니가 말했다. "아이가 저와 쇼핑하러 가거나 밖에서 점심 먹는 것을 좋아했었는데 그런 것들을 하게 하려고 계속 노력했어요. 그러나 제가 뭔가를 하라고 할 때마다 아이는 침대 속으로 파고들었습니다. 정말 답답했습니다. 아이와 대화하려고 하다

가 몇 번 소리를 지르기도 했습니다. 하지만 그것도 효과가 없었어요. 아이는 제가 어떤 말을 하고 어떤 행동을 했어도 정상으로 돌아오지 않았을 거예요." 엄마가 딸을 '정상'으로 되돌리려 했던 것은 딸의 기분이 나아지거나 모녀 관계가 강화되는 데 아무런 도움이 되지 않았다.

아이의 건물이 무너지고 있을 때 부모가 비계에 서서 "야! 그만 무너져!"라고 소리쳐서는 안 된다. 이 사례에서 엄마는 딸에게 "너는 쓸모없는 사람이 아니야! 그런 말 그만해!"라고 반복해서 말했다. 애정 어린 걱정이 비난으로 나올 수 있다. 그렇게 하는 대신 우울한 십 대 자녀에게 연민과 공감으로 다가가라. 기분이 어떤지 묻고 비판하지 말고 들어라. 이렇게 말함으로써 아이의 감정을 인정하라. "알겠어. 네가 정말 어려운 일을 겪고 있다는 걸 알아."

비이성적으로 보이는 아이의 감정을 인정하는 게 옳은 일인지 이해가 되지 않을 수도 있지만 그렇게 하는 것이 그 무엇이라도 부모가 받아들일 수 있다는 사실을 아이에게 전달하는 방법이다. 그것은 아이에게 어떤 '해결책'보다 더 큰 의미가 있고 더 큰 도움이 될 것이다.

우울하든 아니든 부모의 무조건적인 지지를 깨닫고 감사할 수 있는 아이는 거의 없다. 그러니 아이가 돌파구를 찾거나 성공을 경험할 때마다 아이에게 감사의 인사를 기대하기보다 스스로 자신을 칭찬하라. 그 승리들은 당신이 가르친 결과고 당신이 준 선물이다. 우울한 아이가 수치심과 죄책감 없이 자신을 표현할 정도로 당신을 신뢰할 때 스스로를 칭찬하라. 또 모든 시험에 겁을 먹었던 불안한 십 대 자녀가 불안감을 이겨 내고 전 과목에서 A를 받았을 때, 운동을 싫어하고 만화책을 좋아하던 아들을 위해 부끄러움을 무릅쓰고 스파이더맨 복장을 하고 코믹 콘ComicCon에 함께 가기도 했는데 그런 아들이 마블Marvel사에 취직했을 때 스스로를 칭찬하라. 그때는 아이가 살아갈 준비를 마칠 수 있도록 크고 작은 일들을 한 것에 대해 마음속으로 흐뭇해할 수 있다.

바바라는 우리와 처음 만났을 때 딸 레아의 (학교 전문가에 의해 확인된) 복잡한 문제를 받아들일 준비가 되지 않은 상태였다. 우리가 딸을 감정한 후에도 레아가 관심을 받고 싶어서 일부러 그런 증상을 꾸며 낸다는 믿음을 놓지 않았다. 그러다가 '지하철 사건'으로 부르게 된 그 일이 발생했다.

"우리는 이전에도 여러 번 그랬던 것처럼 레아의 할머니를 뵈러 시 외곽으로 가기 위해 기차역 승강장에 있었어요." 바바라는 말했다. "레아가 갑자기 당황한 얼굴로 제 팔을 잡아당기기 시작했어요. 아이는 거기에서 나가야 한다고 말했어요. 저는 그냥 진정하라고, 기차가 곧 도착할 거라고 말했어요. 아이는 가슴이 조여드는 것 같다며 바람을 쐬어야 할 것 같다고 했습니다. 저는 계속 진정하라고 말했지만 아이는 점점 더 어쩔 줄 몰라 하다가 결국 승강장에서 심한 공황발작을 일으켰어요. 아이의 표정이 정말 끔찍했어요. 아이는 숨을 쉬려고 안간힘을 썼고 땀을 흘리기 시작했어요. 저에게 매달리는 아이를 보며 이러다 죽는 게 아닌가 하는 생각이 들었어요. 공황발작을 본 것은 처음이었지만 진짜라는 걸 바로 알수 있었어요. 그건 꾸며 낼 수 있는 것이 아니었어요. 누구도그런 것을 일부러 할 수는 없을 겁니다."

바바라는 레아를 부축해 지상으로 올라온 다음 택시를 타고 곧장 집으로 돌아왔다. "그 택시에서의 시간은 제 인생에서 가장 슬픈 시간이었어요." 그녀는 말했다. "딸에게 정말못되게 굴었다는 사실을 깨달았습니다. 아이의 문제나 그것에 대해 경고했던 선생님들에 대해 인내심이 없었어요. 저는선생님들이 저를 공격한다고 생각했지만, 사실은 저를 도우려고 했던 거예요."

레아는 지금까지 1년 동안 약물을 복용하며 치료를 받았고 바바라는 부모관리훈련을 받고 있다. 바바라가 내게 말했다. "아이가 속눈썹 뽑는 것을 보고 제가 '그것 좀 그만해.'라고말해 버리면 딸은 울음을 터트리고 저도 기분이 정말 안 좋아요. 레아가 하룻밤 사이에 완전히 바뀌는 일은 없을 거고 아마 저도 그렇겠죠. 하지만 우리는 둘 다 노력하고 있습니다."

모든 전략에 마음을 연 바바라는 레아가 손을 올려 속눈썹을 뽑는 동작을 할 때마다 진동이 울리는 전자 팔찌를 구입했다. 아이는 진동을 느끼면 손을 내리고 심호흡하거나 잠시 산책하러 가는 등 다른 뭔가를 해야 한다는 것을 알게 되었다. "그 방법이 정말 효과를 보였고 이제 레아는 속눈썹이 다시 자라고 있어요. 아이는 세상을 마주하는 일에 훨씬 더 자신감이 생겼어요. 아이보다 제가 더 안심하고 있는 것 같아요." 바바라는 말했다.

그것은 바바라가 레아의 문제를 무시하다가 그것을 받아들이고 아이에게 공감하기까지의 순탄치 않은 과정이었다. 그러나 바바라가 마침내 변화를 선택하자 곧바로 레아의 증상과 모녀 관계가 빠르게 개선되었다.

청소년 자녀를 받아들이는 비계 세우기

- 체계. 좋고 나쁜 의사 결정이 아이 자신을 넘어서 다른 사람에게도 영향을 준다는 점을 인식시킴으로써 실행 기능을 발달시켜라.
- 지지. 아이의 관심사가 이상하고 어리석어 보이더라도 아이를 위해 그것에 참여하고 모습을 드러내라. 항상 공통점 영역과 유대감 형성의 기회를 찾으려고 노력하라. 현실적인 기대를 가지고 아이를 위해 상황을 진전시킬 방법을 찾아라.
- 격려. 아이를 받아들이는 자신의 행동을 스스로 보상하여 동기부여하라. 아이가 행복해질 수 있는 친사회적이고 적극적이고 건강한 방법을 탐구하도록 격려하라.

발판을 단단히 고정하라!

아이가 누구인지를 그대로 받아들이고 사랑과 관심으로 비계를 세우면 아이와의 관계와 미래에서 좋은 것들을 기대할 수 있다.

인내심

- 인내심을 발휘하라! 모든 기대와 두려움을 떨치고 익숙함에서 오는 편안함을 포기하는 것은 쉬운 일이 아니다.

온정

- 스스로를 위로하라! 아이가 당신이 원하는 길을 선택하지 않은 것에 마음이 아플 것이다. 슬퍼해도 괜찮다.

관심

- 항상 이 질문을 생각하라. "목표가 뭐지?", "무엇이 아이의 상황을 변화시킬 수 있을까?" 무엇이 잘못되었는지에 대해 생각하기보다 문제 해결을 위해 할 수 있는 일에 계속 집중하라.

차분함

- 아이가 결정을 내리고 자신의 행복으로 향하는 길을 탐험할 때 부모는 몇 가지 의견과 질문을 건넬 수도 있다. 이때 감정과 판단이 느껴지지 않는 사이보그 목소리로 말하라.

관찰

- 아이가 특정 활동에 참여하거나 진료실에서 치료를 받을 때에는 지켜보고 들어라. 그리고 아이가 누구인지를 더 잘 이해하기 위해 마음을 열어라. 자신의 생각과 판단이 아이를 어떻게 방해하는지 관찰하라.

11장

갈라진 틈 보수하기

비계 정기 점검

건물을 짓는 동안 건축팀은 항상 갈라진 틈이 있는지 살핀다. 모든 틈이 문제가 되는 것은 아니다. 일부는 표면적일 뿐이어서 시멘트로 금방 메울 수 있다. 그러나 일부는 모든 다른 일을 멈추고 오로지 보수에 집중해야 한다. 건물 자체에서 틈을 찾는 것과 더불어 비계도 확인해야 한다. 비계가 부서지면 건물에 틀과 지지가 되어 줄 수 없다. 비계를 항상 잘 수리된 상태로 유지하는 것이 건물 자체에서 틈을 찾는 것만큼이나 건축에서 중요하다.

마흔네 살인 타냐는 맏아들인 존을 포함해 네 아이의 엄마다. 존은 중학교에서 운동선수였고 고등학교에 올라와 더 나이 많은 아이들과 경쟁하게 되자 선수 명단에서 아래로 밀려났다. "아이는 정말 속상해했어요." 타냐가 내게 말했다. "저는 아이에게 그래도 포기하지 말고 좀 더 몸을 단련해서 코치에게 의지를 보여 주라고 격려하는 것으로 비계 역할을 했어요. 저는 말했어요. '네 실력이 문제가 아니라 단지 체격 때문이고 그 문제는 시간이 해결해 줄 거야. 걱정할 것 없어.' 아이는 그 문제에 대해 더는 괴로워하지 않고 더 실용적으로 접근하는 것처럼 보였고 운동을 더 열심히 했어요. 저는 속으로 생각했어요. '나는 비계 역할을 정말 잘하는 것 같아. 이번에도 훌륭하게 해냈구나.'"

6개월이 흘렀을 때 타냐는 문득 존이 하루 종일 운동을 하고 있는 것 같다는 생각이 들었다. 하지만 걱정을 하지는 않았다. "아이가 친구와 있었고 괜찮아 보였어요." 그녀는 말했다. "성적도 떨어지지 않았어요. 아이 아빠도 나서서 아이와 함께 차고에서 역기를 들기 시작했어요. 그땐 긍정적으로만 보였어요."

하지만 계속 긍정적이지는 못했다. 존이 먹는 것에 까다롭게 굴기 시작했다. 탄수화물은 절대 안 먹고 매일 직접 만든 단백질 셰이크를 큰 통에 담아 두 통씩 마셨다. 아이가 식단과 운동 일정에 너무 엄격해서 가족이 그에 맞춰 외출 계획을 세워야 했다. "8개월이 지나서야 우리에게 문제가 있다는 사실을 깨달았어요." 타냐는 말했다. "저는 뭔가를 보관하려고 차고로 가지고 갔다가 존을 보게 되었어요. 직접 설치한 거울에 비친 자기 모습을 응시하면서 혼자 역기를 들고 있었어요. 한동안 셔츠를 벗은 아이를 본 적이 없었는데 아이의 몸은 완전히 바뀌어 있었습니다. 근육이 더 커지고 부풀어서 피부 아래로 모든 근섬유의 윤곽이 다 보이는 것 같았어요. 몸에 지방이 전혀 없었죠. 그걸 보고 너무 놀랐습니다. 아이는 원래 정상적인 운동선수의 몸이었어요. 그런데 이것은 열여섯 살에게는 너무 과했어요. 제가 놀라는 소리를 듣고 아이는 멋쩍어하며 셔츠를 다시 입었어요."

타냐 부부는 다른 세 명의 아이(그중 한 명은 불안장애가 있다)를 돌보느라 너무 바빴고, 많은 사람들이 그렇듯 남자아이는 섭식장애를 겪지 않는다고 생각했기 때문에 아들의 문제를 간과했다. 사실 남자아이는 섭식장애가 나타날 확률이 여자아이들보다 낮지만, 섭식장애를 앓는 사람들의 25~33%가 남자고 그 비율이 급격히 증가하고 있다.[1] 타냐는 딸이 음식을 거부하거나 화장실로 토하러 가는 징후가 있는지 계속 지켜봐야 한다는 것을 알았지만 아들에 대해서는 아니었다. 소년과 남성들이 근육을 더 크고 뚜렷하게 만드는 데 집착하게 되는 장애, '식욕과다증'에 대해서는 들어본 적이 없었다. 이들은 거식증이 있는 사람들처럼 강박적으로 먹고 운동하는 과정을 반복하지만, 목표는 반대다. 더 작아지는 게 아니라 더 커지려고 애쓴다.

"더 빨리 알아차리지 못한 것을 정말 많이 자책했어요." 타냐가 말했다. "아이를 관찰하는 데 소홀했어요. 비계 역할에 실패했어요."

나는 그녀에게 자신을 탓하지 말아야 한다고 힘주어 말했다. 그녀가 몇 가지 위험신호를 놓친 건 맞지만 갑작스러운 성적 하락이나 사회적 고립 같은 다른 징후들은 일어나지 않았다.

부모가 최선의 노력을 다했는데도 뭔가를 알아차리지 못할 때가 있다. '딸의 절친이 최근에 딸과 놀지 않는 것 같다.'와 같은 상황은 부모도 놓칠 수 있다. 아들이 역사 과목에 낙제한 것도(성적표가 도착할 때까지) 모를 수 있다. 비계에 생긴 틈은 잔소리하고 소리 지르던 예전 버릇이 다시 나오는 것일 수도 있고, 행동에 따른 결과 방침을 고수하는 것에 해이해진 탓일 수도 있다.

'아, 이런, 내가 많은 것을 놓치고 있구나.'라는 생각에 가슴이 철렁할 때 죄책감에 시간과 에너지를 낭비하지 말라. 내 친구(심리학자는 아니고 단지 조종하는 어머니를 둔 사람이다)는 그것을 '쓸모없는 감정'이라고 부른다. 맞는 말이다. 죄책감은 누구에게도 좋을 것이 없다. 그럴 때 가장 좋은 것은 자신의 대처 기술 공구 상자를 열고 비계를 고치기 시작하는 것이다.

문제에 정면으로 맞서기

비계의 틈 중 '덮어 두기'는 문제를 나중에 처리하려고 미뤄 두는 것이다. 부모는 해야 할 일이 쌓여 있고 동시에 모든 일을 할 수는 없다. 그러나 아이를 교사나 의사 같은 전문가에게 데려가야 하는 문제처럼 결코 덮어 두어서는 안 되는 문제들이 있다. 그러한 요청을 망설이지 말라. 평균적으로 부모는 학습장애나 기분장애에 대해 전문적인 도움을 구할 때까지 첫 번째 증상이 나타나고부터 2년이 걸리고 그것은 너무 긴 시간이다. 아이가 치료를 받고 좋아지면 문제 해결을 미룬 것을 두고 몹시 자책할 수 있다. 그러나 대부분의 경우에는 당신이 찾아야 할 징후를 알지 못했다는 것을 기억하라. 당신은 정보를 얻었을 때 그것에 반응했다.

조금이라도 의심되는 부분이 있다면 검사를 받아 보라. 학습장애, 스펙트럼 장애, 강박장애, ADHD, 불안감, 우울증이 있는 아이는 치료를 빨리 받을수록 예후가 더 좋다.

이러한 장애들은 무시한다고 해서 사라지지 않는다. 그러나 부모들은 종종 치료를 받는 것에 대해 긴급하다는 인식이 부족하다(꼬리표를 두려워하거나 모든 장애를 즉각 부인하는 사람들이 아닌 경우에도 그렇다). ADHD로 진단할 수 있는 40%의 아이들이 치료를 받지 않는다. 우울증이 있는 아이들은 60%, 불안감이 있는 아이들은 80%가 치료를 받지 않는다. 불안을 조장할 생각은 없지만 미국에서만 매년 6,000명 이상의 십 대가 자살하고, 그중 90%는 정신건강 장애가 있었다. 2007년부터 2015년까지 자살 생각이나 시도로 응급실에 이송된 아동과 십 대의 수는 두 배가 되었고 2015년 120만 명에 달했다. 이것은 미국에서 1분에 2명의 십 대가 자살 충동 때문에 응급실에 간다는 의미다.[2]

불안감을 예로 들면 치료를 미루는 동안 아이는 불안감을 악화시키는 모든 상황을 당연히 피할 것이다. 회피하면 기분이 나아진다. 하지만 걱정을 일시적으로 없애 줄 뿐 근원적인 상태를 해결하는 데에는 아무런 도움이 안 된다. 아이가 수년 동안 회피하는 행동 양식을 고수하면 필수적인 발달상의 이정표를 놓치게 될 것이다. 친구 사귀기를 멈추거나 친구를 잃을 수도 있다. 수업 시간에 손을 들지 않을 것이다. 한때는 자존감을 높여 줬지만, 이제는 곤란하게 하는 방과 후 활동을 그만둘 것이다. 누군가에게 말하는 것을 아이가 완전히 고립되어 장애로 밝혀질 때까지 미루지 말라. 의기소침해지게 만드는 그러한 행동 증상에 더해 이 장애들은 뇌가 일하는 방식을 바꾸기 위해 신경생물학적 수준에서도 영향을 미친다. 그러한 변화는 후에 우울증 위험을 증가시킨다. 달리 말하면 불안장애는 아이의 활동만 제한하는 것이 아니라 말 그대로 뇌에 나쁜 영향을 미친다.

행동하고 싶지 않은 마음을 이해한다. 우리는 감기에 걸렸다고 바로 병원에 가지 않는다. 저절로 나아지길 기다린다. 아이에게 정신 질환이 있을 때 반드시 증상을 인식하는 건 아니다. 의료보험이 적용되는지 조사해 보고 아이를 치료사에게 데려가기 위해 직장에서 휴가를 얻기가 어려울 수 있다. 부모는 또 아이의 병에 대해 여러 가지 이유(이혼, 부모 자신의 불안감이나 우울증, 경제적인 스트레스 등)로 자신을 탓하고 마음

치료를 거부하는 십 대

'덮어 두기'가 부모들만의 전유물은 아니다. 특히 십 대는 치료받는 것에 저항하는 경우가 많다. 치료사를 만난다는 것은 낯선 사람과 한방에 앉아 가장 깊고 어두운 비밀, 감정, 취약점을 털어놔야 하는 것을 의미한다. 게다가 십 대는 꼬리표가 붙는 것을 걱정하거나 문제가 있는 것에 창피해하고 친구들이 '미쳤다'고 생각할까 봐 두려워한다. 기존의 편견(친구나 각종 매체, 과거 경험을 통해 형성된 것) 때문에 치료나 약물이 도움이 되지 않을 거라고 생각할 수도 있다.

잘 알고 있겠지만 십 대 자녀에게 쓰레기 버리기처럼 하기 싫은 일을 하게 하는 것은 결코 쉽지 않다. "네가 치료사를 만났으면 좋겠어."라고 말하는 것은 발달 단계상 자신의 자율성을 시험하고 있는 반항하는 청소년에게 터무니없는 요구다.

힘들어하는 십 대가 도움을 받아들이도록 조심스럽게 설득하기 위해서 상황을 다른 관점에서 바라보게 하는 비계 전략을 이용하라.

치료사를 만나는 것은 의사를 만나는 것과 다르지 않다. 아이가 배가 아프다면 그 증상에 대해 검사를 받을 것이다. 이 상황에서도 마찬가지다. 아이에게 이렇게 말한다. "기분이 많이 안 좋은가 보구나. 네가 최대한 생산적이고 행복할 수 있도록 무엇이 잘못되었는지 알아내는 게 부모로서 우리의 일이야. 너한테는 너를 고통스럽게 하는 증상이 있고 우리는 네가 그 고통을 없애 줄 사람을 만났으면 좋겠어. 우리는 그걸 고칠 수 없고 너도 그걸 고칠 수 없어. 그러니 고칠 수 있는 사람에게 도움을 받자."

> 치료는 문제에 관한 것이 아니다. 우선순위에 관한 것이다. 자신의 문제에 관해 이야기해야 하는 시간으로 묘사하는 대신 아이가 스스로 원하는 것, 부모가 아니라 자신의 우선순위를 이야기할 기회라고 말하자. 아이가 이 단계에서 무엇을 찾을 것인가? 아이가 학업적으로 그리고 사회적으로 무엇을 개선하길 원하는가? 아이의 관심사를 기준으로, 아이에게 이익이 되는 것에 초점을 맞춘다면 전문가와 함께 해결하는 것에 아이의 마음이 더 열릴 것이다.

이 너무 심란한 탓에 외면하는 쪽을 선택한다. 정신 질환은 누구의 잘못도 아니지만 현실은 부모가 개입을 미루면 상황이 더 안 좋아질 수도 있다는 것이다. 일단 예약을 하고 거기에서부터 시작하는 것으로 아이에게 비계가 돼라.

지금까지도 나의 둘째 아들 아담은 아내와 내가 자신의 난독증을 덮어 두었다고 주장한다.

아이가 네 살 때 첫 번째 느낌이 왔다. 플로리다주에서 휴가를 보내고 떠나려고 할 때 장모님이 우리에게 말씀하셨다. "나는 아담이 말하는 걸 듣고 있는 게 너무 좋아. 그런데 무슨 말을 하는지 모르겠어."

나는 말했다. "아, 아직 발음이 정확하지 않아서요."

"아니, 그게 문제가 아닌 것 같네." 장모님이 말씀하셨다. "이야기 순서가 다 뒤바뀌어서 이해할 수가 없어. 아담이 광대랑 수영장이 있는 파티에 갔었나? 다 뒤죽박죽 섞어 말하니 무슨 말인지 모르겠네. 그리고 내 이름을 기억하지 못하는 것 같아. 나를 '멜 부인'이라고 부르더라고."

집으로 돌아오는 비행기에서 나는 린다에게 말했다. "장모님이 과도하게 긍정적이거나 부정적인 분은 아니잖아. 장모님이 어쨌든 우리에게 이런 의견을 말씀하신 것은 우리가 그것에 주목해야 한다는 의미야."

아내는 어린이집에 전화해 같은 것을 느꼈는지 물었다. 원장은 이렇게 말했다. "아담의 말을 다 알아듣는다고는 말할 수 없지만 큰 문제는 아닐 거예요. 아담은 씩씩한 아이예요. 걱정하지 마세요."

그러나 걱정되었다. 아이를 진단할 언어 치료사를 찾았다. 몇 시간 동안의 검사가 끝나고 치료사가 아담을 데리고 대기실로 와서 우리에게 말했다. "아이가 정말 영리해요! ERB(사립학교 입학시험)에서 아주 높은 점수를 기록할 겁니다."

"그러면 할머니의 이름은 왜 기억하지 못했을까요?" 린다가 물었다.

단어를 떠올리지 못하는 것은 난독증의 증상이지만 그녀는 아이가 괜찮다고 장담했다. 그 이야기를 어린이집에 했더니 어린이집에서 우리를 또 다른 언어 치료사와 연결해 주었다. 아담은 훨씬 잘 말할 수 있게 되었고 첫 번째 전문가가 예측한 것처럼 ERB에서 상위 1%의 점수를 기록했다.

아이는 유치원생이 되었고 그다음에 1학년, 2학년이 되었다. 우리는 일주일에 두 번 언어치료사를 만나고 읽기 과외 교사의 도움을 받아 이 문제를 성공적으로 관리하고 있다고 생각했다. 그러다가 아담이 3학년 때 어떤 아이의 코를 주먹으로 때렸으니 학교로 면담 오라는 연락을 받았다. 나는 아담이 공격적인 아이가 아니라는 것을 알았고 이유가 있을 거라고 생각했다. 우리는 집에서 아담과 자리에 앉아 이야기를 나누었다. 아담이 때린 소년이 아담을 '바보'라고 불렀고 다른 아이들이 가담했다고 했다. 아담은 초등학교에 다니는 동안 줄곧 자신이 수학에서는 두 단계 앞서 있고 읽기에서는 세 단계 뒤떨어져 있다고 말했었다. 그 주에는 수학 시간에 서술형 문제('제인에게 2달러가 있고 하나에 50센트짜리 사과를 사고 싶다면…'과 같이 문장 형식으로 표현된 문제)를 공부하기 시작했고 아담은 당황했다. 아담은 눈물을 흘리며 말했다. "저는 참새 읽기 그룹에 있는데 똑똑한 애들은 매 읽기 그룹에 있고 매가 참새를 잡아먹잖아요."

나는 생각했다. '아니야, 너는 바보가 아니야. 그따위 이름들을 붙인 선생님이 바보야.'

우리는 훌륭한 신경심리학자 리타 해거티Rita Haggerty 박사에게 아이를 데려가 다시 검사를 받았고 박사는 말했다. "아이의 이해력은 훌륭합니다. 질문을 읽어 주면 아이는 대답할 수 있어요. 그러나 글자를 소리로 바꾸는 규칙을 몰라요. 단어를 통째로 수천 개나 암기하고 있어요. 하지만 컴퓨터가 가득 찼어요. 아담은 '샐리', '수잔', '사라'라는 단어를 볼 때 그것이 소녀의 이름인 걸 알지만 그냥 짐작하는 거죠. 임의의 알파벳으로 조합된 의미 없는 단어를 보여 주면 아이는 그것을 읽어 낼 방법이 없습니다."

나쁜 소식이었다. 우리는 많은 전문가의 도움을 받았고 아담은 꾸준히 노력했지만 진전이 거의 없었다는 이야기를 듣게 된 것이었다. 우리에게는 최우선적으로 관심을 기울여야 할 문제가 주어졌다.

우리는 당시에 매사추세츠주 벨몬트에 있던 린다무드벨 Lindamood-Bell이라는 집중적인(하루에 네 시간씩 한 달간 진행되는) 읽기 프로그램을 발견했다. 일대일 전문적인 개인 교습을 통해 아담에게 해독하는 법과, 결과적으로는 읽는 법을 가르칠 수 있었다. 린다와 아담은 주중에 벨몬트에 갔다가 주말에 집으로 돌아왔다. 우리 부모님은 내가 일하는 동안 조슈아와 샘을 돌보았다. 4주 후 뉴욕으로 돌아온 아담은 배운 기술을 연습하기 위해 개인 교사와 매일 1시간씩 과제를 했다. 아이는 매우 의욕적이고 협조적이었으며 특히 개인 교습이 효과를 보이자 더욱 열심히 노력했다.

우리는 또한 아담이 프로그램에서 가능한 한 많은 것을 얻을 수 있도록 외적 강화물을 이용했다. 나는 아담에게 말했다. "네가 협조적인 태도를 보이면 하루에 1달러씩 줄게. 비협조적이면 50센트만 줄 거야."

학습장애인가요?

'정상적인' 학습 속도와 기술의 범위는 아이마다 크게 다르다. 어떤 아이들은 항상 다른 아이들보다 더 빠르고 맞춤법, 이해력, 어휘에서 더 뛰어날 것이다. 그러나 만 8세까지 글자를 읽거나 맞춤법에 맞게 글을 쓰거나 필기를 할 수 없는 아이는 아마도 난독증이 있을 것이다. 난독증과 지능은 관계가 없다는 점을 확실히 알았으면 좋겠다. 샐리 셰이윗츠Sally Shaywitz 박사와 조나단 셰이윗츠 Jonathan Shaywitz 박사가 《난독증의 진단과 치료Overcoming Dyslexia》[3]에 밝혔듯이 난독증은 종종 평균 이상의 지능, 표현력, 호기심, 상상력, 창의력에서 나타난다. 이 장애는 뇌의 이상이지 지능의 이상이 아니다. 평생 증상이 드러나는 것이 아니라 관리의 문제다. 난독증이 있는 아이는 이런 특성을 보인다.

- 간단한 운율 배우기를 어려워한다.
- 말이 늦게 트인다.
- 지시를 따르는 데 어려움이 있다.
- 짧은 단어를 어려워한다. 반복하거나 빠뜨린다.
- 좌우를 잘 구별하지 못한다.
- 읽는 법을 배우고, 새로운 단어를 소리 내어 말하고, 음절을 세는 데 상당한 어려움이 있다.
- 만 8세 이후에도 글자나 숫자의 모양을 뒤집어 읽는다.
- 필기하거나 칠판 글씨를 베껴 적는 것을 힘들어한다.
- 소리와 글자를 연관 짓지 못하고 소리를 듣고 들은 순서대로 쓰지 못한다.
- 익숙한 단어조차 철자를 잘 쓰지 못한다.

- 유창하게 읽지 못하고 다른 아이들이 속도를 낼 때 계속 천천히 읽는다.
- 큰 소리로 읽는 것을 피한다.
- 읽는 것을 피곤해하는 것으로 보인다.
- 로고와 표지판을 이해하는 데 어려움이 있다.
- 게임 규칙 배우기를 어려워한다.
- 다단계 지시를 기억하는 데 어려움이 있다.
- 시계를 보고 시간을 말하는 데 어려움이 있다.
- 새로운 언어를 배우는 것을 특히 어려워한다.
- 좌절감 때문에 감정을 폭발시킨다.

아이는 말했다. "뭐가 협조적인 거예요?"

나는 말했다. "선생님께 무례하게 굴면 50센트만 줄 거야."

"아." 아이가 말했다. "오늘 무례하게 굴었어요."

여름이 끝날 무렵 아이는 4학년 수준을 해독하고 있었다. 우리는 문제를 잘 처리했다고 생각했다. 그러나 아이는 학기 중에 더 많은 개입이 필요했다. 하루에 4시간은 정규 학교 수업을 들었고, 그것이 끝나면 오후에 또 4시간 동안 린다무드 벨 선생님과 공부했다. 그렇게 하는 데에는 상당한 시간과 비용이 들었지만, 아들은 읽는 법을 배워야 했다.

우리 가족은 아담이 이 치료를 받게 하려고 삶을 재조정했다. 되돌아보니 우리가 결국 문제를 해결할 수 있었다는 게

뿌듯하다. 우리는 아담이 여섯 살 때부터 열 살 때까지는 올바른 해결책을 찾지 못했다. 그러나 아이가 아직 매우 어릴 때 효과 있는 입증된 프로그램을 마침내 찾아냈다.

예일 난독증 및 창의력 센터의 공동 이사, 셰이윗츠 박사에 따르면 5명 중 1명의 아동에게 난독증이 있고 그것은 가장 흔한 학습장애가 되었다. 미국 인구의 20%에 영향을 미치고[4]학습장애가 있는 사람들의 80~90%가 해당된다. 나는 정신건강 장애와 학습장애의 오명을 씻기 위한 아동정신연구소의 캠페인 '#MyYoungerSelf'를 위해 장애가 있는 유명인들을 많이 만나고 인터뷰했다. 한번은 배우 올랜도 블룸Orlando Bloom 과 긴 시간 이야기를 나눴다. 아담은 올랜도를 만났을 때 이렇게 말했다. "저희 아빠한테 난독증이 선물이라고 말씀하셨다는 게 사실이에요? 그게 선물이면 어디로 반납할 수 있는지 알려 주실래요?" 아담은 아직 읽는 속도가 느리고, 쓰는 데는 엄청난 노력을 기울여야 한다. 난독증은 분명 아담의 중학교와 고등학교 생활에 영향을 미쳤다. 그래서 아담이 나나 올랜도 블룸, 또는 누군가가 결점이 자산으로 바뀌는 것에 관해 이야기할 때 듣고 싶어 하지 않는 것이다.

그러나 아담은 읽는 법을 배웠다. 그것을 위한 끈기와 노력이 브라운 대학과 콜롬비아 경영대학원에 들어가는 데 도움이 되었다. 아이는 자신의 분야에서 큰 성공을 거두었다. 열 살 때까지 읽지 못했던 아이치고는 나쁘지 않다. (아담에 대해 조금 자랑하는 것은 양해해 주시길. 그것은 비계 부모의 특권이라고 생각한다.)

반면에 읽는 법을 배우지 않고 고등학교를 졸업하는 아이들도 있다. 그들은 시스템의 틈 사이로 빠져나간다. 아마 친구들의 도움을 받을 것이다. 부모는 세심하고 충분한 관심을 기울이지 않고 '낙제하지만 않으면 괜찮아.'라고 생각하면서 성과에만 집착한다. 그러나 아이들이 대학에 들어갈 때 그것은 재앙이 된다.

부모는 성과를 중시하기보다 부모 자신이 더 노력해야 한다는 점을 강조하고 싶다. 아이가 마천루가 아닌 방갈로라는 사실을 알기 위해 노력해야 한다. 아이의 말에 귀를 기울이고 아담의 할머니가 그랬던 것처럼 신호를 알아차리기 위해 노력하라. 아이에게 읽는 법을 가르칠 수 있는 전문가를 찾으려고 노력하라. 당신의 노고가 아이의 성공으로 돌아올 것이다.

∵ 편법은 절대 괜찮지 않다

브라이언의 아들 마이클은 열 살인데 ADHD를 앓고 있다. 마이클의 상태는 공부에 방해가 되었지만, 학교 공부를 하기 위해 특별한 편의(예를 들어 시험 볼 때 추가 시간)를 봐주어야 할 만큼은 아니었다. 하지만 브라이언은 마이클에게 편의를 제공 받을 수 있는 자격을 얻어 학업적으로 유리해질 수 있도록 학습 평가를 망치라고 지시했다.

그것은 매우 잘못되었다고밖에 말할 수 없을 것 같다! 남을 기쁘게 하는 것이 좋은 열 살에게 일부러 시험을 망치라고 하는 것은 완전히 잘못된 처사다. 비계가 되려면 성과가 아닌 노력을 칭찬하고 보상하라. C를 받으려고 몇 시간 동안 공부한 아이는 게으름을 피우다가 A를 받은 똑똑한 아이보다 더 칭찬받을 자격이 있다. 브라이언의 제안은 성과에 집착하는 것보다 훨씬 더 나빴다. 아들에게 편법을 쓰라고 코치했다.

항상 아이에게 최선을 다하라고 말하라. 최선을 다하지 말라는 말은 절대 해서는 안 된다. 부모는 아이에게 어떤 상황에서도, 설령 못하는 것이 어떤 면에서는 도움이 되는 상황에서도 잘하려고 노력해야 한다는 메시지를 일관되게 보내야 한다.

아주 부드럽게 하려고는 노력했지만, 마이클에게 열심히 하지 말고 정직하지 말라고 코치한 것에 대해 브라이언을 꾸짖어야 했다. "마이클에게 다음 하키 경기 때 얼음판으로 나가서 일부러 져 주라고 말할 겁니까?" 나는 물었다. 그 말을 듣고 그도 고개를 떨구었다. 그는 시험을 못 보는 것이 아들의 앞날에 도움이 될 것으로 생각했지만 정말 장기적으로 생각한다면 아들에게 속임수를 쓰라고 가르치는 것은 훨씬 더 큰 대가를 치르게 할 것이다. 아이들은 남을 속이는 행위가 얼마나 위험한지 잘 모른다. 남을 속이는 자신의 능력이 출중

하다고 착각해 심각한 문제를 일으킬 수도 있다.

발달 단계상 열 살 아이도 사람들이 때로는 선의의 거짓말을 한다는 사실을 배워야 한다. 그러나 아이에게 어릴 때부터 속임수를 써도 괜찮다고 가르치는 것은 괜찮지 않다.

진짜 어려움이 있는 아이들조차 항상 최선을 다해야 한다. 사회적 상호작용은 이미 충분히 복잡한데 왜 그것에 불필요한 단계를 추가하는가? 솔직함은 정말 최선의 방책이다. 사회생활에서 정직하고 열심히 노력하는 것이 중요하다는 점을 일깨우는 대화만큼 좋은 것은 없다.

·· 사과하고 번복하기

원래의 조치 또는 '최종 결정'이 잘못되었거나 결함이 있다는 사실을 깨닫더라도 그것을 고수해야 한다고 느낄 수도 있다. 그만 놓아주자. 어떤 결정도 고수해야 한다는 절대 법칙은 없다. 번복해도 된다. 모든 것을 타협할 수는 없지만 많은 결정과 선택이 재평가될 수 있고 재평가되어야 한다.

또 아이의 나이에 따라 아이를 의사결정 과정에 참여시켜야 한다. 부모가 아이와 앉아서 "그때 내가 틀렸어. 좋은 결정이 아니었다는 걸 깨달았어. 그러니까 이제 뭘 할지 이야기해보자."라고 말할 수 있다면 타협, 사려 깊음, 융통성, 겸손을 본보기로 보이는 것이다. 부모가 틀렸다는 걸 인정함으로써 진짜 중요한 것이 무엇인지 아이에게 전달하는 것이다. 그것은 항상 '옳지는' 않다는 깨달음이다. 아이가 살아가는 동안 변화에 쉽게 적응할 수 있도록 비계로서 이 이야기를 어릴 때부터(만 5~7세) 하라.

어떤 일을 두고 부모 중 한쪽은 찬성했는데 한쪽은 반대했다고 하자. 엄마와 아빠가 미리 소통하지 않았고 이제 난처한 상황이 되었다. 그것은 정말 부모도 인간이라는 사실을 아이에게 보여 줄 좋은 기회다. 우리 모두 아이들이 그렇듯 실수할 때가 있고 사과가 필요하면 용서를 구하고, 보상하고, 넘어가라.

내 동료인 레이첼 버스먼 박사는 몇 년 전 학회 기간에 집을 너무 많이 비운 것을 아들에게 사과해야 했다. "9월에 3일인가 4일 정도 다녀왔는데 10월에 두 번 더 학회가 있었어요." 그녀는 말했다. "두 번째 출장 전날 밤 아들에게 잘 자라고 인사하면서 말했어요. '엄마는 내일 샌디에이고에 갈 거야.' 아이는 속상해하며 말했어요. '엄마, 시카고도 갔었는데 이제 샌디에이고에 가요? 너무해요.' 가슴이 아팠지만 학회에 안 갈 수는 없었습니다. 저는 말했어요. '그거 알아, 잭슨? 네 말이 맞아. 너무한 거야. 너무해. 너한테도, 그리고 나한테도.'"

그녀는 아이를 떠나는 것이 끔찍하게 느껴졌다. "침실로 들어가 '나는 등신이야.'라고 생각하면서 울었어요. 이번 일만 끝나면 그렇게 자주 집을 떠나는 일은 다시는 없을 거라고 맹세하고 아침에 잭슨에게도 말해 줬어요." 그녀는 말했다. "이 일이 계속 제 마음에 남아 있었던 두 가지 이유는 '알겠어. 미안해.'라고 말하면서 제 실수를 인정했기 때문이고, 일과 육아의 균형에 관한 일이었기 때문입니다. 저는 이렇게 말할 수도 있었습니다. '아빠하고 둘이서만 집에 있으면 재미있지 않을까?' 또는 '엄마가 출장 가면 빈손으로 오지 않는다는 거 알지?' 하지만 그것은 제 마음이 편하려고 하는 말이었을 겁니다. 그런 말은 연막 같은 거예요. 아이의 감정을 무력하게 해요. 아이의 감정과 부모 자신의 감정을 인정하고, 사과하고, 바꾸기 위해 앞으로 뭔가를 하는 것이 더 낫습니다."

그 외에도 비계가 삐끗해서 화내게 되는 순간들이 있다. 일곱 살인 자말의 어머니 신디가 내게 말했다. "아, 저는 정말 엉망진창이에요. 길을 잃어버린 것 같은 기분이에요." 자말은 엄마가 업무 전화를 받는 동안 같은 질문을 연속으로 서른다섯 번 했고 그것은 누구에게나 좌절감을 주는 일이었다. "아이에게 닥치라고 소리쳤어요." 그녀는 말했다. "자말이 울음을 터트렸고 저도 울고 싶었어요. 저는 자말을 꼭 안아 주면서 말했어요. '울지 마, 엄마가 화나서 그랬어. 큰소리쳐서 미안하지만 엄마가 누구와 이야기할 때 그러면 안 돼. 정말 곤란해!'"

나는 신디에게 그녀가 잘 대처했고 그녀도 어쨌든 감정이 있는 인간이라고 다독였다. 신디가 화를 낸 것은 두 사람 모두에게 배움의 기회였다. 자말은 엄마가 전화할 때 관심을 끌려고 괴롭히면 안 된다는 것을 배웠다. 신디는 자신의 대처가 꽤 훌륭했다는 사실을 배웠다.

우리 대부분은 선의로 상호작용을 시작하지만 전달하는 과정에서 선의를 잃는다. 그래도 괜찮다. 부모가 잘못을 인정하고 "미안해."라고 말할 수만 있다면 문제가 되지 않는다.

•• TV 보는 시간과 말투 제한하기

대부분의 부모가 아이의 화면 보는 시간을 제한하라는, 이제는 너무 일반화된 충고를 알고 있고 받아들인다. 그러나 여전히 너무 많은 부모가 아이가 좋아하는 프로그램을 아이와 '함께' 시청하라는 비계 전략을 실천에 옮기지 않는다. 또 그렇게 하면서 아이가 무엇에 노출되는지 가정에서 세심하게 관찰하는 것과 더불어 친구 집이나 다른 장소에서 무엇을 보는지도 경계해야 한다.

"제 딸은 다른 아이들이 노출되어 있던 일부 프로그램 때문에 1학년 생활이 쉽지 않았어요." 아동정신연구소의 소아신경심리학자 매튜 크루거는 말한다. "그 프로그램에 나오는 사회적 상호작용은 비난하고 빈정대고 건전하지 않은 경향이 있어요. 우리 가정에서는 그렇게 말하지 않아요. 그러나 딸의 친구들은 그 프로그램에서 배운 대로 이런 식으로 말했어요.

'나 말고 딴 애랑 놀면 죽여 버린다.' 그 말투는 아이를 혼란스럽고 불편하게 했어요."

아이가 특정 말투를 쓰거나 용인할 수 없는 단어나 어구를 말하는 것을 들었을 때 그 새로운 말을 어디서 들었는지, 당신이 그 말을 좋아하는지 아닌지에 대해 대화를 나눠야 한다. 크루거 박사는 말한다. "이 특정 프로그램에서 말하려는 궁극적인 메시지는 상대방에게 친절하라는 것이었습니다. 그러나 등장인물들이 서로 의사소통하기 위해 사용한 말투는 너무 불쾌한 것이었어요. 핵심 메시지가 사라지고 비꼬는 펀치라인처럼 보였어요. 그래서 아이들은 그것에서 친절함을 배우지 않아요. 비꼬는 의사소통 방식을 받아들이죠."

많은 학교에서 엄격하게 학업에만 중점을 두기보다는 교실에 있는 아이들의 사회적, 정서적 성공에 중점을 두는 조기 교육 과정을 개발하려고 노력하고 있다. 그러나 그런 교육 과정이 언젠가 효과를 거둘 것이라 하더라도 책임을 학교나 텔레비전으로 미루기보다 부모가 직접 관여하고 노력해야 한다.

당신을 탓하려는 것이 아니다! 당신은 분명 TV를 보겠다는 아이의 요구와 당신이 해야 하는 다른 모든 책무들 때문에 많이 힘들 것이다. 아이의 가치관과 교훈에 관해 대화할 수 있는 '모든' 기회를 잡으라는 것은 무리한 부탁이다. 그냥 항복하고 "좋아, 가서 TV 보렴."이라고 말하는 것이 때로는 방책이 될 수도 있다.

아동 양육의 틈을 메꾸는 비계 세우기

- 체계. 가정의 규칙과 가치를 유지하는 것에 대해 주기적으로 틈이 생겼는지 살펴라.
- 지지. 배우자, 친구, 가족 구성원에게 비계에 대해 도움을 요청하라. "내가 요즘 아이에게 잔소리하거나 소리 지르는 것 같아? 인내심이나 융통성이 없어 보이지는 않니?"라고 물어라. 아이가 행동을 바로잡는 피드백을 받아들이길 기대하는 것처럼 부모로서 피드백을 받을 때도 융통성을 발휘하라.
- 격려. 비록 몇 가지 실수가 있었더라도 아이에게 비계 역할을 하는 자기 자신의 노력에 경의를 표하라. 완벽한 부모가 되는 것은 불가능하기 때문에 실수하는 것에 좀 느긋해져야 한다.

하지만 아이의 가치관 형성에 도움이 되려면 아이와 함께 앉아 TV를 보며 "저렇게 말한다고 해서 정말 저렇게 생각하는 건 아니야. 저 여자는 친구를 정말로 죽이고 싶은 게 아니야."와 같은 말로 비난하는 말에 바로 반응해야 한다.

시간이 많이 드는 일이라는 걸 안다. 그러나 아이와 대화하고 사회적 상호작용의 미묘한 차이에 관해 이야기하기 위해서는 시간을 들이는 수밖에 다른 방법이 없다.

가족 식사의 가치

4장 내내 부모관리훈련, 유대감을 형성하는 의식, 가족과의 비판단적인 오붓한 시간에 관해 이야기했던 것을 기억하는가? 아이가 자라 더 많은 시간을 친구와 보내고 싶어 하면 그것을 지속하기가 어렵다. 중학생의 세계관은 가정생활에서 학교 밖의 사회생활로 옮겨 간다. 이 시기는 아이에게, 이상적으로는 부모의 관찰과 감독 아래, 소셜 미디어 계정 만드는 것을 허용해서 상황을 살펴보기 시작하는 때이기도 하다. 이때 일어나는 일은 아이가 집에 자주 없고 집에 머물더라도 전화기를 보고 있거나 자기 방에서 방문을 닫고 컴퓨터를 할 것이다.

십 대들에게는 분명 초등학교 아이들보다 혼자 있는 시간이 더 많이 필요하다. 그러나 아이가 컴퓨터 하느라 바쁘더라도 합당한 시간만큼 거실에 나와서 지낼 것을 여전히 기대하고 요구할 수 있다. 중학교 2학년 때까지는 다른 가족이 있는 개방된 공간에서 숙제하게 하라. 그것이 결국 큰 말다툼이나 논쟁으로 이어지면 그냥 부모 말대로 하라고 주장하기보다 협상에 대해 가르칠 좋은 기회로 삼을 수 있다.

나는 수십 년 동안 가족들을 치료해 왔고 아동 청소년 심리학과 양육 전략에 대해 우리가 가진 모든 지식을 근거로 가족이 함께 밥을 먹을 때의 영향력을 매우 중요하게 평가한다. 일주일에 세 번 이상 함께 식사할 수 있다면 가장 좋지만 살다 보면 그런 여유가 항상 있는 것은 아니므로 그럴 수 없더라도 지나치게 자책하지 말라. 그러나 그 오래된 기준과 전통은 열망할 가치가 있다. 만약 유대감을 형성하는 가족 의식을 일주일에 한 번이라도 할 수 있다면 아예 안 하는 것보다는 낫다.

잔소리를 생략하라

잔소리하는 행위는 상습적인 경우가 정말 많다고 한다. 우리가 부모들에게 매일 상기시키듯 잔소리는 효과적인 동기 요인이 아니라는 사실을 당신 스스로에게 상기시켜야 할 것이다. 부모가 잔소리를 멈출 때 아이의 행동에서 좋은 결과를 볼 수 있다. 그러나 그때 아이가 약간 게으름을 피우면 부모는 다시 잔소리 모드로 되돌아갈 수도 있다. 가령 아이가 숙제를 안 한 것 같을 때, 했는지 확인하고 "얼른 숙제해."라고 말하는 것을 미루려면 초인적인 자제력이 필요하다. 아이가 "나 좀 그냥 내버려 둬."라고 말하면 상호작용은 거기서부터 내리막길로 접어드는 것이다.

아이는 특히 숙제에 대해서는 부모와 정말로 싸우고 싶지 않다. 잔소리는 아이의 근면성과 능력을 믿지 않는다는 메시지를 보내는 것이므로 (또) 잔소리하는 것에서 벗어나기 위해 신뢰와 존중에 초점을 맞춰라. 아이에게 오늘의 과제 목록을 작성하도록 하고 이렇게 말하라. "너한테 그걸 다 하기 위한 계획이 있을 거야. 혹시 아직 아니라면 내가 계획 짜는 걸 도와줄 수 있어."

아이가 혼자 할 수 있다고 말하면 부모는 이제 머리만 쏙 내밀어 뭐 마실 건지 물어볼 수는 있지만 그런 경우가 아니라면 물러나 있어라.

아이가 숙제를 하지 않으면 독립적으로 할 수 있도록 공부 계획 짜는 것을 도와주되 소리치거나 잔소리하지 말라. 아이의 노력을 칭찬하고 강화하며 끝까지 해내면 보상하라. 금전

청소년 양육의 틈을 메꾸는 비계 세우기

- **체계.** 부모와 십 대 자녀가 아무리 바쁘더라도 둘 다 즐기는 뭔가를 함께하는 시간을 항상 가져라. 가족 식사 시간은 유대감을 형성하고 안부를 확인하는 가장 좋은 시간이다.
- **지지.** 배우자, 친구, 가족 구성원으로부터 비계에 대한 도움을 요청하라. "내가 요즘 부모로서 잔소리하고 소리 지르고 성급하게 구는 것 같아?"라고 물어라. 피드백을 받아들이고 자기 자신의 목소리를 들어라. 잔소리하고 소리 지르는 자기 목소리를 듣는 즉시, 십 대 자녀는 한 귀로 흘리고 있다는 사실을 직시하라.
- **격려.** 부모가 자신의 가장 좋은 모습을 보임으로써 아이가 자신의 가장 좋은 모습이 되도록 고무시켜라. 아이에게서 보고 싶은 행동을 몸소 실천함으로써 본보기를 보이고 강화하라.

적 보상일 필요는 없다. 가족이 금요일 밤에 갈 식당을 고르게 하는 것도 보상이 될 수 있고 그렇게 되면 유대감 형성 의식과 긍정 강화 두 가지 모두에 좋은 일거양득이다.

근육을 만드는 것에 너무 집착하게 되면서 섭식 및 운동 장애가 생긴 존의 어머니 타냐는 이미 한 자녀가 우리에게 치료받고 있었기 때문에 바로 우리에게 도움을 구할 수 있었다. 그러나 타냐와 같은 경우는 일반적이지 않다. 부모들은 도움을 구하고 아이에게 적합한 의사를 찾는 과정에서 문제에 맞닥뜨리는 일이 많다. 경험적으로, 흔히 한 의사와 치료를 시작하려면 2~3명의 임상의와 이야기해 보는 과정이 필요하다.

존의 첫 번째 치료 시간에 치료사는 아이가 미식축구팀에서 코치나 다른 선수들로부터 근육을 키우라는 압력을 많이 받고 있음을 알았다. 혼자서 지나치게 군 것이 아니었다. 아들을 지지하는 타냐의 비계는 공동체의 다른 아이들에게도 영향을 미치던 위험을 드러냈고 관계자들이 함께 고민할 수 있게 되었다. 이 사례는 당신이 자녀에게 비계 역할을 할 때 그 영향은 모두를 위해 다른 가족에게도 퍼져 나갈 수 있다는 사실을 상기시킨다는 점에서 의미가 있다. 그것이야말로 온 마을이 아이를 키우는 것이다.

존은 지금 잘 지내고 있다. "정상적으로 먹고 있지만 여전히 운동을 아주 좋아해요." 타냐가 말했다. "존은 순수하게 근육을 만드는 운동은 하루에 30분으로 제한하기로 우리와 약속했어요. 그리고 저는 저녁마다 최대한 자제하며 잘하고 있는지 안부를 물어요. 아이는 내가 귀찮다는 듯이 딴청을 피우지만 제가 곁에서 관심을 기울이는 것을 기쁘게 생각한다는 사실을 저는 알고 있어요. 결국 그것이 진정한 비계죠. 우리는 모두 아이 곁에서 훌륭한 사람으로 키우기 위해 최선을 다하고 있어요."

곁에서 관심을 기울여라.

타냐는 비계를 단 몇 마디 말로 아름답게 요약해 냈다.

발판을 단단히 고정하라!

아이에게 비계가 되려면 발판 위에 굳건히 서는 것이 가장 좋은 방법이다.

인내심

- 아이가 당신을 아무리 '미치게' 하더라도 심호흡을 하고 나서 양육은 끝이 없고 정말 힘든 것 같지만 순식간에 지나간다는 것을 자신에게 상기시켜라. 아이가 다 자라 성인의 삶을 시작하면 한때 당신을 미치게 했던 것이 그리워질 수도 있다. 설불리 반응하기 전에 2초간 멈추어라.

온정

- 비계 시절을 되돌아보며 이렇게 말하는 부모는 없을 것

이다. "아이가 어리고 연약했을 때 아이에게 더 냉정하고 잔인했다면 정말 좋았을 텐데." 부모는 아이에게 온정과 사랑을 주는 첫 번째 사람이다. 아이가 반항할 때조차 마음속에 같은 감정을 유지하라.

관찰

• 자신을 점검하는 습관을 들이지 않으면 실수한 것을 알 수 없다. 따라서 매달 대출금을 갚는다든지 집세를 내는 것과 같이 "내 비계는 어떻게 되어 가고 있지?"라고 주기적으로 자문하라. 그러고 나서 필요한 곳을 보수하라.

결론

비계를 철거해야 할 때

비계는 사실 건물을 받치고 있는 것이 아니다. 건물에 틀, 지지, 기준을 제공하지만, 무게를 지탱하지는 않는다. 따라서 건축업자가 너무 이르게 비계를 철거한다고 해도, 건물은 다소 불안정할지언정 무너져 내리지는 않을 것이다. 그러나 태풍이 오거나 외부 압력이 건물에 가해져 벽이 무너지면 사람들이 다칠 수도 있다. 그다음에는 알다시피 관할 구청의 안전건설과에서 비계를 너무 빨리 철거한 건축업자를 고발할 것이다.

부모가 양육 비계를 너무 이르게 철거한다면 구청에 전화해 신고하는 사람은 없겠지만 그렇더라도 그것은 신중하지 못한 조치다. 부모는 비계를 철거하기 전에 아이의 건물이 홀로 서고 누군가 들어가서 안전하게 살 수 있는지 확인해야 한다. 따라서 중요한 질문은 바로 다음과 같다.

•• 아이가 준비되었나요?

십 대 또는 어린이가 "나 혼자 할 수 있어. 안 도와줘도 돼."라고 말할 때 그것은 기술적으로는 사실일 수 있다. 아이는 혼자서 신발 끈을 묶거나 옷을 사러 쇼핑몰에 갈 수 있다. 그러나 그렇다고 해서 아이의 건물 공사가 반드시 끝난 것은 아니다. 아이는 아직 이사 나가거나 취직하거나 세금을 내거나 독립적으로 살 수 없다.

좋은 예로 아이는 혼자서 쇼핑몰에는 잘 도착하지만 지갑을 도둑맞는다. 비계를 철거해도 될 수준이라면 아이는 어른과 같은 방식으로 대처할 수 있을 것이다. 경찰관 찾기. 범죄 신고하기. 효과적인 방법으로 마음을 가라앉히기.

우리는 아이가 "나는 할 수 있어."라고 말할 수 있는 자기 효능감, 즉 능숙함과 독립심의 긍정적인 감정을 '지향하도록' 비계 역할을 한다. 또 그 반대 관점인 "나는 못 해."라고 말하게 되는 무능함과 의존의 부정적인 감정에서 '멀어지도록' 비계 역할을 한다. 부모는 아이에게 미래에 좋은 일이 일어날 것이라는 낙관주의는 물론 "무슨 일이 일어나도 처리할 수 있어."라는 의식도 심어 주고 싶다.

능숙하다는 자각은 어떤 일을 스스로 해 보고, 실수를 저지르고, 어려움을 극복하는 데서 온다. 이는 아이가 발달시킬 수 있도록 부모가 본보기를 보이고 강화하고 지도한 모든 적응 기술이다. 부모가 "힘든 건 알지만 너는 그것을 처리할 수 있을 거야(너는 괜찮을 거야).”라고 말하며 아이를 격려할 때 능숙하다는 자각이 강화된다. 하지만 “네가 이 세상에서 최고야!” 또는 “너는 최악이야!”라고 말해서는 안 된다. 아이의 과거 경험과 성공을 기준으로 아이를 격려하라.

아이가 스트레스 요인을 다룰 수 있다고 자각할 때 비계의 일부를 철거해도 좋다.

진정한 성숙의 징후는 다음과 같다. 쇼핑몰에서 지갑을 도둑맞았을 때 아이는 먼저 경찰서에 연락하고 두 번째로 부모에게 전화한다. 새로운 도시로 이사 가면 스스로 일자리와 주거지를 물색한다. 아이가 “배관공을 불러야 해요.”라는 말을 하려고 항상 부모에게 먼저 전화한다면 그는 아직 자립할 수 없고, 즉 스스로의 비계가 될 수 없다.

준비가 되었음을 나타내는 또 다른 징후는 스탠퍼드 대학교의 심리학 교수, 캐럴 드웩Carol Dweck이 ‘성장 사고방식’이라고 부르는 것으로 “나는 배울 수 있어.”라고 말하는 것이다. 가령 아이가 배관공을 직접 부르는 시도를 했다가 바가지를 썼다면 아이가 이렇게 말하는 것이다. “좋아, 다음번엔 더 잘할 수 있어. 내가 바가지를 쓴 것은 단지 충분한 조사를 하지 않았기 때문이야.” 성장 사고방식은 실패를 대수롭지 않게 여긴다. 실패는 해결책이 필요한 문제일 뿐이고 결국에는 해결책을 알아낼 수 있다고 생각한다.

아이가 처리할 수 없는 문제와 맞닥뜨릴 때 “나는 그렇게 똑똑하지 않아." 또는 "나는 그렇게 유능하지 않아."로 반응한다면 거기에서 끝인 것이다. 아이를 성장 사고방식, 대처 전략, 자기 효능감을 지니도록 격려하고 지지하고 지도하기 위해 비계 역할을 더 해 줘야 한다.

아이가 도전 과제들에 유연하게 대처할 수 있고 해결하는 법을 배울 수 있다고 느낀다면(그리고 그렇게 한다면) 비계의 또 다른 부분을 철거할 준비가 된 것이다.

에릭은 우리에게 몇 년간 불안장애 치료를 받은 아이다. 아이가 대학에 지원할 때가 되었을 때 장애 때문에 실패할 수도 있었다. 그러나 에릭은 부모의 지도와 지지로 가장 스트레스가 많았던 과정인 면접 전형을 끈기 있게 준비했다.

에릭은 면접을 보기 전에 항상 예상 질문의 답변을 연습했고 그것이 불안 증상을 크게 누그러뜨렸다. 에릭은 미처 준비하지 못한 자유 주제에 대해 입학 사정관이 의견을 물었을 때 심장이 쿵쾅거리기 시작했고 손에는 땀이 흥건해졌다. 모든 걸 망칠 수도 있는 상황이었지만 에릭의 부모는 아들에게 아주 훌륭한 비계 역할을 해 왔기에 에릭은 대응책을 사용하기 시작해야 한다는 것을 즉시 깨달았다. 가령 심호흡을 하고 질문을 다시 말하면서 진정할 시간을 가지는 동시에 무슨 말을 할지 생각하는 것이었다. 에릭은 1지망이었던 대학에 합격했고 우리는 에릭의 인내심과 회복력에 그 어느 때보다 자랑스럽고 뿌듯했다. 에릭의 부모가 에릭의 어린 시절에 지지, 체계, 격려를 제공하지 않았다면 에릭은 아마 그 면접들에 능숙해지지 못했을 것이고 진짜 가고 싶었던 학교에 입학하지 못했을 수도 있다. 에릭의 부모는 아이의 장애 진단을 두려워하거나 무시하거나 부정적으로 보지 않았다. 그들은 아이가 시도하고 실패하도록 허용했고 바로잡을 수 있게 피드백을 주었으며 의미 있는 칭찬을 했고 아이가 감정을 말하고 실수에서 배우고 다시 회복하도록 가르쳤다.

아이가 과제 해결을 잘하는 것처럼 보이더라도 부모가 상황을 잘못 판단하고 너무 이르게 비계를 철거할 가능성이 있다. 다행스러운 점은 부모가 언제든 다시 비계를 올릴 수 있다는 것이다. 내 친구는 딸 제니에게 좋은 비계가 되었고 잘해낼 것이라는 큰 희망을 가지고 대학에 보냈다. 아이가 힘들어할까 봐 두려워할 이유는 없었다. 그러나 데려다주고 온 지 일주일도 되지 않아 제니가 매일 밤 전화해 새로운 문제들을 꺼내 놓기 시작했다. 제니는 친구를 사귀지 않았고 과학 수업 등록을 잊어버렸고 스트레스를 너무 많이 받았으며 먹지 않았다.

제니가 대학에 가서 순조롭게 적응하지 못했다고 해서 제니의 부모가 아이의 성장을 충분히 지지하고 격려하지 못했다고 말할 수는 없다. 그것은 단지 필요한 보수를 하기 위해 비계가 다시 조립되어 좀 더 오래 유지되어야 하는 것을 의미한다.

그것이 비계의 아름다움 중 하나다. 비계는 해체할 수 있고 다시 설치할 수 있으며 필요에 따라 전체 건물을 둘러싸거나 한 부분에 대해서만 설치할 수도 있다.

내가 제니의 엄마에게 건넨 조언은 아이를 곤경에서 구하기 위해 소매를 걷어붙이고 개입하고 싶은 충동을 누르되 딸이 어릴 때 내내 사용하던 비계 전략을 계속 이어 가라는 것이었다. 그것은 정서적으로 의지할 수 있게 곁에 있어 주고, 친사회적이고 적극적인 긍정적 행동을 칭찬하며, 필요하다면 아이가 전문가의 도움을 받을 수 있게 함으로써 지지하고, 아이의 감정을 인정하고 대처 기술을 쓰도록 격려하는 것이었다. 제니가 마침내 대학에 적응했을 때 그 성취는 제니 스스로 이룬 것이었고, 그래서 제니는 자신에 대해서 좋은 감정을 느낄 수 있었다.

이제 제니의 부모는 딸이 집에 전화를 자주 안 한다고 불평한다. 그들은 제니를 그리워하지만, 그것은 비계의 성공에 따른 씁쓸하면서도 달콤한 만족감이다. 우리는 모두 자녀가 자신감 있고 능숙하길 바란다. 내가 이 책에서 논의한 열 가지 전략이 아이와 당신에게 필요한 모든 것을 제공할 수 있을 것이다.

•• 당신은 준비되었나요?

부모는 본능적으로 아이를 보호하려고 한다. 하지만 삶의 모든 역경에서 아이를 보호할 수는 없다. 부모가 할 수 있는 일은 아이가 스스로 대처하고 회복하는 법을 배울 수 있게 돕는 것이다.

아이가 비계 철거에 대해 준비가 되었을 때 부모도 준비가 되어야 한다. 부모는 "아이가 나를 찾을 때 내가 곁에 없으면 어쩌지?"와 같은 경계심 때문에 비계 철거를 주저할 수도 있다.

그러나 사실 부모는 계속 곁에 있다는 사실을 명심하라. 당신은 건물 밖에 서서 건물을 즐겁게 바라보고 있다. 단지 이제는 건물 주위를 완전히 에워싸고 있지 않을 뿐이다.

부모로서 우리는 아이들을 보살피고 지도하는 부모의 삶을 산다. 아이가 고등학생이 되면 독립심이 생기고 대학생이 되면 더 그렇게 되며, 취직하고 멀리 떠날 때는 부모의 삶에 큰 구멍을 남긴다. 우리가 뭔가를 지었는데 갑자기 그것이 사라지는 것이다. 우리는 그 공간을 채울 뭔가를 다시 찾아야 한다.

그러나 부모가 "나는 너를 '영원히' 보살필 거야."라고 말하면 그것은 러브스토리가 아니라 공포 영화다! 부모는 아이가 성장할 수 있도록 공간을 주어야 한다.

"제 책상 위에 딸이 처음 걸음마를 뗀 순간의 사진이 있어요." 라이네케 박사가 말했다. "그레이시가 14개월쯤 됐을 때였어요. 우리는 일리노이주 에번스턴의 장미 정원에 있었어요. 그레이시가 정원을 둘러싼 낮은 벽돌담에 기대 걸음마 연습을 하고 있을 때 아내와 저는 다른 곳을 보고 있었어요. 그런데 갑자기 그레이시가 벽에서 떨어져 우리 쪽으로 걸어왔어요. 아내는 급히 카메라를 꺼내 사진을 찍었습니다. 그레이시는 벽에서부터 세 걸음을 걸었는데 손은 공중에 떠 있었고 정말 즐거운 얼굴이었어요. 지지해 주던 것을 놓았을 때 아이의 신난 표정이 우리가 무엇을 위해 노력하고 있는지를 매일 저에게 상기시켜 주었습니다. 아이는 우리에게 걸어오기 위해 첫 발걸음을 떼었고 결국에는 우리에게서 멀어지게 할 기술을 배웠어요."

아이 건물의 첫 번째 벽돌에서부터, 부모 비계의 첫 번째 발판에서부터, 부모와 아이는 끊임없이 교감하고 소통하면서 함께 올라가고 성장하고 있다. 비계는 건물 공사의 필수적인 부분이다. 연장과 자재가 비계를 통해 올라온다. 비계는 기준이 되고, 지지하고, 떨어지는 조각들을 받아 내기 위한 안전망을 제공한다. 그리고 결국 건물이 완성되는 날이 오면 불필요해진다.

다시 한번 떠올리고 명심하라. 비계는 결코 영원한 것이 아니다. 비계의 목적은 틀이 되어 주고 지지하는 것이고 필연적으로 시간이 갈수록 점점 덜 중요해진다. 비계를 없애는 것이 당신을 초조하게 할 수도 있지만 아이가 준비되었다면 비계는 철거되어야 한다. 그렇게 하지 않으면 시야를 가릴 뿐이다.

비계를 철거하는 것은 당신에게 영광스러운 순간일 것이다. 뒤로 물러나 당신이 키워 낸 멋지고 튼튼한 건물을 감상하면서 자부심과 기쁨을 만끽할 수 있다. 그런 다음에 완전히 당신만의 것인 새로운 뭔가를 지으러 또다시 출발할 수 있을 것이다.

미주

2장

1. Reinecke, L., Hartmann, T., and Eden, A. "The Guilty Couch Potato: The Role of Ego Depletion in Reducing Recovery Through Media Use." *Journal of Communication*, 2014.
2. Mikolajczak, Moïra, Gross, James J., and Roskam, Isabelle. "Parental Burnout: What Is It, and Why Does It Matter?" *Clinical Psychological Science*, August 2019.
3. Roskam, Isabelle, Raes, Marie-Emilie, and Mikolajczak, Moïra. "Exhausted Parents: Development and Preliminary Validation of the Parental Burnout Inventory." *Frontiers of Psychology*, February 2017.
4. Mikolajczak, Moïra, and Roskam, Isabelle. "A Theoretical and Clinical Framework for Parental Burnout: The Balance Between Risk and Resources." *Frontiers in Psychology*, June 2018.

3장

1. Rosenthal, R., and Jacobson,L. *Pygmalion in the Classroom*. Holt, Rinehart and Winston, 1968.
2. Merten, Eva Charlotte, et al." Overdiagnosis of Mental Disorders in Children and Adolescents (in the Developing World)." *Child and Adolescent Psychiatry and Mental Health*, 2017.
3. Sultan, Ryan S., et al. "National Patterns of Commonly Prescribed Psychotropic Medications to Young People." *Journal of Child and Adolescent Psychopharmacology*, 2018.
4. Madsen, T., Butten-schøn, H. N., Uher, R., et al. "Trajectories of Suicidal Ideation During 12 Weeks of Escitalopram or Nortriptyline

Antidepressant Treatment Among 811 Patients with Major Depressive Disorder." *The Journal of Clinical Psychiatry*, 2019.

5. Cuffe, Steven P. "Suicide and SSRI Medications in Children and Adolescents: An Update." *American Academy of Child and Adolescent Psychology*, 2007.

4장

1. Hales, C. M., Carroll, M. D., Fryar, C. D., and Ogden, C. L. "Prevalence of Obesity Among Adults and Youth: United States, 2015–2016." *NCHS Data Brief*, 2017.

2. Sutaria, S., Devakumar, D., Yasuda, S. S., et al. "Is Obesity Associated with Depression in Children? Systematic Review and Meta-Analysis." *Archives of Disease in Childhood*, 2019.

3. Perle, J. G. "Teacher-Provided Positive Attending to Improve Student Behavior." *TEACHING Exceptional Children*, 2016.

4. American Psychiatric Association. *Diagnostic and Statistical Manual of Mental Disorders.* American Psychiatric Publishing, 2013.

5. Brestan, E. V., and Eyberg, S. M. "Effective Psychosocial Treatments of Conduct-Disordered Children and Adolescents: 29 Years, 82 Studies, and 5,272 Kids." *Journal of Clinical Child Psychology*, 1998.

6. Evans, Steven W., Owens, Julie Sarno, Wymbs, Brian T., and Ray, A. Raisa. "Evidence-Based Psychosocial Treatments for Children and Adolescents with Attention Deficit/Hyperactivity Disorder." *Journal of Clinical Child & Adolescent Psychology*, 2017.

7. Kross, E., Berman, M. G., Mischel, W., Smith, E. E., and Wager, T. D. "Social Rejection Shares Somatosensory Representations with Physical Pain." *Proceedings of the National Academy of Sciences of the United States of America*, 2011.

5장

1. Eisenberg, Nancy, et al. "Parental Reactions to Children's Negative Emotions: Longitudinal Relations to Quality of Children's Social Functioning." *Child Development*, April 1999.

2. Holland, Kristin M., et al. "Characteristics of School-Associated Youth Homicides — United States, 1994–2018." *CDC*, January 2019.

3. Karnilowicz, Helena Rose, Waters, Sara F., and Mendes, Wendy Berry. "Not in Front of the Kids: Effects of Parental Suppression on Socialization Behaviors During Cooperative Parent-Child Interactions." *Emotion*, 2018.

4. Washington State University. "Emotional Suppression Has Negative Outcomes on Children: New Research Shows It's Better to Express Negative Emotions in a Healthy Way Than to Tamp Them Down." *Science Daily*, 2018.

5. Jankowskia, Peter J., et al. "Parentification and Mental Health Symptoms: Mediator Effects of Perceived Unfairness and Differentiation of Self." *Journal of Family* Therapy, 2011; Jurkovic, Gregory J. *Lost Childhoods: The Plight of the Parentified Child.* Routledge, 1997.

6. Cigna's U.S. Loneliness Index, 2018: https://www.multivu.com/players/English/8294451-cigna-us-loneliness-survey/.

7. American Psychological Association, Stress in America Survey, 2018. Gen Z research: https://www.apa.org/news/press/releases/stress/2018/stress-gen-z.pdf.

8. Gottman, John, and Silver, Nat. *The Seven Principles for Making Marriage Work: A Practical Guide from the Country's Foremost Relationships Expert.* Random House, 2015.

6장

1. Lieberman, M. D., et al. "Putting Feelings into Words: Affect Labeling Disrupts Amygdala Activity in Response to Affective Stimuli." *Psychological Science*, May 2007.

2. Rideout, V. "Generation M2: Media in the Lives of 8-to-18-Year-Olds." Kaiser Family Foundation, 2010.

3. Council on Communications and Media. "Children, Adolescents, and the Media." *Pediatrics,* November 2013.

4. Child Mind Institute. *Children's Mental Health Report: Social Media, Gaming and Mental Health,* 2019.

5. Wong, P. "Selective Mutism." *Psychiatry,* March 2010.

6. Coles,N.A.,et al."A Meta-Analysis of the Facial Feedback Literature: Effects of Facial Feedback on Emotional Experience Are Small and Variable." *Psychology Bulletin,* June 2019.

7장

1. Vygotsky, L. S. *Mind in Society: The Development of Higher Psychological Processes.* Harvard University Press, 1978.

2. Medina, J., Benner, K., and Taylor, K. "Wealthy Parents Charged in U.S. College Entry Fraud." *The New York Times,* March 2019.

3. Gonzalez, A., Rozenman, M., Langley, A. K., et al. "Social

Interpretation Bias in Children and Adolescents with Anxiety Disorders: Psychometric Examination of the Self-report of Ambiguous Social Situations for Youth (SASSY) Scale." *Child Youth Care Forum*, 2017.

4. https://www.princeton.edu/news/2018/12/12/princeton-offers-early-action-admission-743-students-class-2023.

5. Kahneman, D., and Deaton, A. "High Income Improves Evaluation of Life but Not Emotional Well-Being." *PNAS*, 2010.

8장

1. Perry, N. B., et al. "Childhood Self-Regulation as a Mechanism Through Which Early Overcontrolling Parenting Is Associated with Adjustment in Preadolescence." *Developmental Psychology*, 2018.

2. "Helicopter Parenting May Negatively Affect Children's Emotional Well-Being, Behavior." APA.org, 2018.

3. Mischel, W., and Ebbesen, E. B."Attention in Delay of Gratification." *Journal of Personality and Social Psychology*, 1970.

4. Mischel, W., Shoda, Y., and Rodriguez, M. I. "Delay of Gratification in Children." *Science*, 1989.

5. Mischel, W., et al. "Preschoolers' Delay of Gratification Predicts Their Body Mass 30 Years Later." *The Journal of Pediatrics*, 2013.

6. Mischel, W. *The Marshmallow Test: Mastering Self-Control*. Little Brown, 2014.

7. Mischel, W., et al. "Behavior and Neural Correlates of Delay of Gratification 40 Years Later." *PNAS*, 2011.

8. Alloy, L. B., Abramson, L., et al. "Attribution Style and the Generality of Learned Helplessness." *Journal of Personality and Social Psychology*, 1984.

9. Mills, J. S., et al. "'Selfie' Harm: Effects on Mood and Body Image in Young Women." *Body Image*, 2018.

9장

1. Perle, J. G. "Teacher-Provided Positive Attending to Improve Student Behavior." *TEACHING Exceptional Children*, 2016.

2. Zoogman, S., et al. "Mindfulness Interventions with Youth: A Meta-Analysis." *Mindfulness*, 2014.

3. Abbasi, J. "American Academy of Pediatrics Says No More Spanking or Harsh Verbal Discipline." *JAMA*, 2019.

4. Tomoda, A., Suzuki, H., Rabi, K., Sheu, Y. S., Polcari, A., and Teicher,

M. H. "Reduced Prefrontal Cortical Gray Matter Volume in Young Adults Exposed to Harsh Corporal Punishment." *NeuroImage,* 2009.

5. "How to Give a Time-Out," American Academy of Pediatrics via healthychildren.org
6. "Oppositional Defiance Disorder." American Academy of Child and Adolescent Psychiatry, 2019.
7. Knight, R., et al. "Longitudinal Relationship Between Time-Out and Child Emotional and Behavioral Functioning." *Journal of Development & Behavioral Pediatrics,* 2019.

10장

1. Huynh, M., Gavino, A. C., and Magid, M. "Trichotillomania." *Seminars in Cutaneous Medicine and Surgery,* 2013.
2. O'Connor, E., et al., "Do Children Who Experience Regret Make Better Decisions? A Developmental Study of the Behavioral Consequences of Regret." *Child Development,* 2014.
3. Depression stats per the National Institute of Mental Health, 2017. https://www.nimh.nih.gov/health/statistics/major-depression.shtml.

11장

1. Lavender, J. M., et al. "Men, Muscles, and Eating Disorders: An Overview of Traditional and Muscularity-Oriented Disordered Eating." *Current Psychiatry Reports,* 2017.
2. Burstein, Brett, et al. "Suicide Attempts and Ideation Among Children and Adolescents in US Emergency Departments." *JAMA Pediatrics,* 2019.
3. Shaywitz, Sally. *Overcoming Dyslexia: A New and Complete Science-Based Program for Reading Problems at Any Level.* Vintage, 2008.
4. http://dyslexia.yale.edu/dyslexia/dyslexia-faq/.